设计师职业培训教程

UG NX 10 中文版模具和数控加工培训教程

张云杰　张云静　编著

清华大学出版社
北　京

内 容 简 介

　　UG NX 是当前三维 CAD/CAM 软件中使用最为广泛的应用软件之一，广泛应用于通用模具设计和数控加工各行业中，其最新版本是 UG NX 10 中文版。本书从实用的角度介绍了 UG NX 10 中文版软件的模具设计和数控加工功能。全书分 6 个教学日，共 45 个教学课时，主要包括模具设计入门、初始化设置、腔体设计、分型线设计、分型面设计、型芯与型腔设计、模架设计、数控加工基本操作、面铣削加工、型腔铣削加工、轮廓铣加工、点位加工和数控车削加工等内容。另外，本书还配备了交互式多媒体教学光盘，便于读者学习使用。

　　本书结构严谨、内容翔实，知识全面，写法创新实用，可读性强，设计实例专业性强，步骤明确，主要面向使用 UG NX 进行模具设计和数控加工的广大初、中级用户，可以作为大专院校计算机辅助设计课程的指导教材和公司模具设计培训的内部教材。

图书在版编目(CIP)数据

　　UG NX 10 中文版模具和数控加工培训教程/张云杰，张云静编著. --北京：清华大学出版社，2016
　　(设计师职业培训教程)
　　ISBN 978-7-302-42381-2

　　Ⅰ. ①U… 　Ⅱ. ①张… ②张… 　Ⅲ. ①模具—计算机辅助设计—应用软件—职业培训—教材 ②数控机床—加工—计算机辅助设计—应用软件—职业培训—教材 　Ⅳ. ①TG76-39 ②TG659-39

　　中国版本图书馆 CIP 数据核字(2015)第 296357 号

责任编辑：张彦青
装帧设计：杨玉兰
责任校对：周剑云
责任印制：沈　露

出版发行：清华大学出版社
　　　　网　　　址：http://www.tup.com.cn, http://www.wqbook.com
　　　　地　　　址：北京清华大学学研大厦 A 座　　　邮　　编：100084
　　　　社 总 机：010-62770175　　　　　　　　　邮　　购：010-62786544
　　　　投稿与读者服务：010-62776969, c-service@tup.tsinghua.edu.cn
　　　　质量反馈：010-62772015, zhiliang@tup.tsinghua.edu.cn

印 装 者：清华大学印刷厂
经　　销：全国新华书店
开　　本：203mm×260mm　　　印　张：22.5　　　字　数：601 千字
　　　　附 DVD 1 张
版　　次：2016 年 2 月第 1 版　　　　　　印　次：2016 年 2 月第 1 次印刷
印　　数：1～3000
定　　价：52.00 元

产品编号：065427-01

前　　言

本书是"设计师职业培训教程"丛书中的一本，这套丛书拥有完善的知识体系和教学套路，按照教学天数和课时进行安排，采用阶梯式学习方法，对设计专业知识、软件的构架、应用方向以及命令操作都进行了详尽的讲解，可以循序渐进地提高读者的使用能力。丛书本着服务读者的理念，通过大量的经典实用案例对功能模块进行讲解，以期提高读者的应用水平，使读者全面地掌握所学知识，并投入到相应的工作中去。

本书主要介绍 UG NX 软件的模具设计和数控加工，目前 Siemens 公司推出的最新版本 NX 10 已广泛应用于通用模具设计和数控加工各行业中，无论资深的企业中坚，还是刚跨出校门的从业人员，都将熟练掌握并应用该软件作为必备素质加以提高。为了使读者能更好地学习软件，同时尽快熟悉 UG NX 10 中文版软件的机械设计功能，笔者根据多年在该领域的设计经验，精心编写了本书。本书将模具设计职业知识和 UG NX 软件模具专业设计方法相结合，通过分课时的培训方法，以详尽的视频教学讲解 UG NX 10 中文版的机械设计方法。全书分 6 个教学日，共 45 个教学课时，详细介绍了 UG NX 10 的模具设计方法、数控加工方法和设计职业知识。主要包括模具设计入门、初始化设置、腔体设计、分型线设计、分型面设计、型芯与型腔设计、模架设计、数控加工基本操作、面铣削加工、型腔铣削加工、轮廓铣加工、点位加工和数控车削加工等内容。

笔者的 CAX 设计教研室长期从事 UG NX 的专业设计和教学，数年来承接了大量的项目，参与 UG NX 的教学和培训工作，并积累了丰富的实践经验。本书就像一位专业设计师，将设计项目时的思路、流程、方法和技巧、操作步骤逐一展现给读者，既可以作为广大读者快速掌握 UG NX 10 模具设计和数控加工的自学实用指导书，也可以作为大专院校计算机辅助设计课程的指导教材和公司模具设计培训的内部教材。

本书还配备了交互式多媒体教学演示光盘，将案例制作过程制作为多媒体视频进行讲解，由从教多年的专业讲师全程多媒体语音视频跟踪教学，便于读者学习使用。同时光盘中还提供了所有实例的源文件，以方便读者练习使用。关于多媒体教学光盘的使用方法，读者可以参看光盘根目录下的光盘说明。另外，本书还提供了网络的免费技术支持，欢迎大家登录云杰漫步多媒体科技的网上技术论坛进行交流：http://www.yunjiework.com/bbs。论坛分为多个专业的设计板块，可以为读者提供实时的软件技术支持，解答读者问题。

本书由云杰漫步科技 CAX 教研室编著，参加编写工作的有张云杰、张云静、靳翔、尚蕾、郝利剑、刁晓永、杨飞、贺安、董闯、宋志刚、李海霞、贺秀亭、彭勇、白晶、陶春生等。书中的设计范例、多媒体和光盘效果均由北京云杰漫步多媒体科技公司设计制作。

由于本书编写时间紧张和编写人员的水平有限，因此在编写过程中难免有不足之处，在此，编写人员对广大读者表示歉意，望广大读者对书中的不足之处给予批评和指正。

编　者

目 录

目录

设 计 师 职 业 培 训 教 程

第 ① 教学日

UG NX 10.0 提供了塑料注塑模具、铝镁合金压铸模具、钣金冲压模具等模具设计模块，由于塑料注塑模具设计模块涵盖了其他模具设计模块的流程和功能，所以本书主要介绍塑料注塑模具建模的一般流程和加工模块，本书中的所有模具均指注塑模具。

本教学日主要讲解注塑模具设计的一些基础知识、塑料注塑模具建模的一般流程和 NX 10.0 注塑模向导模块的主要功能，以及使用 NX 10.0 注塑模向导模块进行模具设计时，如何通过过程自动化、参数全相关技术快速建立模具型芯、型腔、滑块、镶件、模架等模具零件三维实体模型。

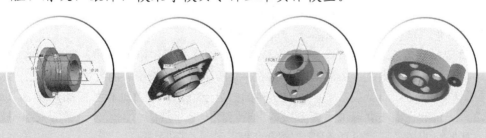

第1课 1课时 设计师职业知识——模具塑料及成型工艺

1.1.1 模具成型工艺

由于本书所讲解的模具是注塑模具，模具的主要材料为塑料，所以要讲解模具的成型工艺，首先要介绍一下塑料的分类和性能，然后再介绍注塑成型的工作原理和工作参数。

1. 塑料的分类

目前，塑料品种已达 300 多种，常见的约 30 多种。可根据塑料的成型性能、使用特点和微观聚集状态对塑料进行分类。

1) 按成型性能分类

根据成型工艺性能划分，塑料可分为热塑性塑料和热固性塑料。

(1) 热塑性塑料。热塑性塑料的分子链为线性或支链型结构，成型加工时发生物理变化，可反复多次加热软化和冷却硬化。常用的热塑性塑料包括聚氯乙烯、聚乙烯、聚丙烯、聚苯乙烯等。

(2) 热固性塑料。热固性塑料的分子链为体型结构，成型加工时发生化学反应，引起分子间的黏结或交联、硬化或聚合，即使再加热也不能使其恢复到成型前的原始软化状态。常用的热固性塑料包括酚醛塑料、环氧树脂等。

2) 按塑料的使用特点分类

(1) 通用塑料。通用塑料是指常用的塑料品种，这类塑料产量大、用途广、价格低，包括聚氯乙烯、聚二烯、聚丙烯、聚苯乙烯、酚醛和氨基塑料 6 种。其产量占整个塑料产量的 80% 以上。

(2) 工程塑料。工程塑料是指具有优良力学性能的一类塑料，它能代替金属材料，制造承受载荷的工程结构零件。常见的工程塑料包括 ABS、聚甲醛、聚碳酸酯、聚酰胺等。

(3) 特种塑料。特种塑料是指具有某一方面特殊性能的塑料(如导电、导磁、导热等)，用于特殊需求场合。常见的有氟塑料、有机硅等。

3) 按高分子化合物的微观聚集状态分类

(1) 结晶型塑料。结晶型塑料中，存在树脂大分子的排列呈三相远程有序的区域，即结晶区。一般的结晶型高聚物如尼龙、聚乙烯等，其结晶度为 50%～95%。

结晶区的大小对塑料性能有重要影响，一般结晶区越大，分子间作用力越强，塑料的熔点、密度、强度、刚性、硬度越高，耐热性、化学稳定性也越好，但弹性、伸长率、耐冲击性则降低。

(2) 非结晶型塑料。在非结晶型塑料中，组成塑料的大分子链杂乱无章地相互穿插交缠着，无序地堆积在一起。这类塑料的性能主要取决于高聚物本身的特性、分子链的结构、分子量的大小和分子链的长短等因素。常见的非结晶型塑料有 ABS、聚碳酸酯、聚苯乙烯等。

2. 塑料的性能

塑料的性能主要指塑料在成型工艺过程中所表现出来的成型特性。在模具的设计过程中，要充分考虑这些因素对塑件的成型过程和成型效果的影响。

1) 塑料的成型收缩

塑料制件的收缩不仅与塑料本身的热胀冷缩性质有关，而且还与模具结构及成型工艺条件等因素有关，故将塑料制作件的收缩通称为成型收缩。收缩性的大小以收缩率表示，即单位长度塑件收缩量的百分数。

设计模具型腔尺寸时，应按塑件所使用的塑料的收缩率给予补偿，并在塑件成型时调整好模温、注射压力、注射速度及冷却时间等因素以控制零件成型后的最终尺寸。

2) 塑料的流动性

塑料的流动性是指在成型过程中，塑料熔体在一定的温度和压力作用下填充模腔的能力。

流动性差的塑料，在注塑成型时不易填充模腔，易产生缺料，在塑料熔体的汇合处不能很好地熔接而产生熔接痕。这些缺陷会导致零件报废。反之，若材料的流动性太好，注塑时容易产生溢料飞边和流延现象。浇注系统的形式、尺寸、布置，包括型腔的表面粗糙度、浇道截面厚度、型腔形式、排气系统、冷却系统等模具结构都对塑料的流动性起着重要影响。

热塑性塑料按流动性可分为以下 3 类。

(1) 流动性好的，有尼龙、聚乙烯、聚苯乙烯、聚丙烯、醋酸纤维等。

(2) 流动性一般的，有 ABS、有机玻璃、聚甲醛、聚氯醚。

(3) 流动性差的，有聚碳酸酯、硬聚氯乙烯、聚苯醚、氟塑料。

3) 塑料的取向和结晶

取向是指由于各向异性导致的塑料在各个方向上收缩不一致的现象。影响取向的因素主要有塑料品种、塑件壁厚、温度等。除此之外，模具的浇口位置、数量、断面大小对塑件的取向方向、取向程度和各个部位的取向分子情况有重大影响，是模具设计中必须重视的问题。

结晶是塑料中树脂大分子的排列呈三相远程有序的现象，影响结晶的主要因素有塑料类型、添加剂、模具温度、冷却速度。结晶率对于塑料的性能有重要的影响，因此在模具设计和塑件成型过程中应予以特别的注意。

4) 吸湿性

吸湿性是指塑料对水分的亲疏程度。在成型加工过程中，当塑料的水分含量超过一定的限度时，水分在高温料筒中变为气体，促使塑料高温分解，导致成型缺陷。

据此塑料大致可以分为两类：一类是具有吸湿或黏附水分倾向的塑料，例如聚酰胺、聚碳酸酯、ABS、聚苯醚等；另一类是吸湿或黏附水分极少的塑料，如聚乙烯、聚丙烯等。

5) 热敏性

某些热稳定性差的塑料，在高温下受热时间长、浇口截面过小或剪切作用大时，料温增高就容易发生变色、降解、分解的倾向，塑料的这种特性称为热敏性。为防止热敏性塑料出现过热分解现象，可采取加入稳定剂、合理选样设备、合理控制成型温度和成型周期、及时清理设备等措施。另外，还可以采取给模具表面镀铝、合理设计模具的浇注系统等措施。

3. 注塑成型的工作原理

注塑成型又称注射成型，可以用来生产空间几何形状非常复杂的塑料制品。由于其具有应用广、成型周期短、生产效率高、模具工作条件可以得到改善、制品精度高、生产条件较好、生产操作容易实现自动化和机械化等诸多方面的优点，因此在整个塑料制品生产行业中占有非常重要的地位。

利用塑料的可挤压和可模塑性，首先将松散的粒料或粉状成型物料从注塑机的料斗送入高温的机筒内加热熔解塑化,使之成为黏流态熔体;然后用柱塞或螺杆压缩并推动塑料熔体向前移动,使熔体以很大的流速通过机筒前端的喷嘴,并以很快的速度,注射进入温度较低的闭合模具型腔中;经过一段保压冷却成型时间后,开启模具便可以从模腔中脱出具有一定形状和尺寸的塑料制品。

4. 注塑成型的工艺参数

注塑成型工艺的核心问题,就是采用一切措施以得到塑化良好的塑料熔体,并将塑料熔体注射到型腔中,在控制条件下冷却成型,使塑料达到所要求的质量。注塑成型有三大工艺条件,即温度、压力和成型时间。

1) 温度

注塑成型过程需控制的温度主要包括模具温度和料温。

(1) 模具温度。模具温度直接影响塑料熔体的充模能力以及塑件的内在性能与外观质量。通常,提高模具温度可以改善熔体的流动性、增强制件的密度和结晶度及减小充模压力。但制件的冷却时间、收缩率和脱模后的翘曲变形将会延长和增大,且生产效率也会因为冷却时间的延长而下降。因此模具冷却系统的设计对于塑件的成型质量和成型效率有着非常重要的影响,是模具设计中需要特别注意的问题。

(2) 料温。料温指塑化物料的温度和从喷嘴注射出的熔体温度。其中,前者称为塑化温度,后者称为注射温度,分别取决于机筒和喷嘴两部分的温度。

料温应根据塑料的熔点和软化点、制作的大小、厚薄、成型时间来确定。通常靠近料斗处较低,喷嘴端较高。

2) 压力

注塑成型时需要选择与控制的压力包括注射压力、保压力和背压力。其中,注射压力与注射速度相辅相成,对塑料熔体的流动和填充模具有决定性作用。注射压力的大小根据塑料的性能、制件的大小、厚薄和流程长短来确定。在塑料熔体黏度较高、壁薄、流程长等情况下,适合采用较高的注射压力。

3) 成型时间

成型时间是指完成依次注射成型全过程所需要的时间。成型时间过长,在料筒中原料会因受热时间过长而分解,制件会因应力大而降低机械强度。成型时间过短,会因塑化不完全导致制件易变形。因此,合理的成型时间是保证制件质量、提高生产率的重要条件。

1.1.2 模具的结构和类别

下面介绍注塑模具的结构和类别。

1. 注塑模具的典型结构

注塑模具由动模和定模两部分组成,动模安装在注射机的移动模板上,定模安装在注射机的固定模板上。成型时,动模与定模闭合构成浇注系统和型腔,开模时动模与定模分离,以便取出塑料制品。根据各部件的作用,注塑模具可分为以下几个基本组成部分。

1) 浇注系统

浇注系统又称流道系统,其作用是为塑料熔体提供从注射机喷嘴流向型腔的通道,包括主流道、分流道、浇口、冷料穴、钩料杆等。

2) 成型部件

成型部件主要是由型腔和型芯组成。型芯形成制品的内表面形状，型腔形成制品的外表面形状。

3) 导向部件

导向部件的主要作用是保证各结构组件相互之间的移动精度。导向部件通常由导柱、导套或导滑槽组成。

4) 推出机构

推出机构或称顶出机构，主要作用是将塑件从模具中脱出，以及将凝料从流道内拉出并卸除。推出机构通常由推杆(或推管、推环、推块、推板)、推杆固定板、推板、拉料杆、流道推板组成。

5) 温控系统

为了满足注射工艺对模具温度的要求，需要调温系统对模具的温度进行调节，对模具进行加热或冷却。热塑性塑料的模具温控系统主要是对模具进行冷却。常用的方法是在模具内开设冷却水道，利用循环冷却水带走模具冷却时需要散除的热量。对于热固性塑料，采用注塑模具或热流道模具通常需要加热，可以采取通蒸汽的方法提高或保持模具温度，有时也需要在模具内部和周围安装电加热元件，因此需要在模具内设置加热孔或安装加热板以及防止热量散失的隔热板。

6) 排气槽

排气槽的作用是将成型过程中的气体充分排除，防止塑件产生气穴等缺陷，常用的办法是在分型面处或容易困气的部位开设排气沟槽。分型面、镶块、推杆之间存在微小的间隙，若它们可以达到排除气体的目的，可不必开设排气槽。

7) 侧抽芯机构

对于带有侧凹、侧凸或侧孔的塑件，若将成型部件做成整体，则成型完成后塑件将无法脱模。因此需要在模具中设置侧抽芯机构，以便在塑件成型后，该机构能在塑件脱模之前先行让出，保证塑件顺利脱模。

8) 模架

模架的主要作用是将各结构件组成整体的连接系统，包括定模座板、定模板、动模板、动模座板等。通常采用标准件，以减少繁重的模具设计与制造工作量。

2. 塑料模具的一般类别

塑料模具的一般类别可以按照模具的板模层数来划分，大致可分为下面几种。

1) 两板模

两板模(2 PLATE MOLD)又称单一分型面模，它是注塑模中最简单的一种。但是，其他模具都是两板模的发展，可以说，两板模是其他模具的基础。

两板模以分型面为界将整个模具分为两部分：动模和定模。

两板模的一部分型腔在动模，一部分型腔在定模；主流道在定模部分，分流道开设在分型面上。开模后，制品和流道留在定模，定模部分设有顶出系统以便取出制品，其常用结构如图1-1所示。

2) 三板模或细水口模

三板模或细水口模(3 PLATE MOLD, PIN-POINT GATE MOLD)是由两个分型面将模具分成三部分的塑料模具，它的结构比两板模复杂，设计和加工的难度也比较高。三板模比两板模增加了浇口板，适用于制品的四周不准有浇口痕迹的场合，这种模具采用点浇口，所以叫细水口模具。这种模具的结构比较复杂，启动动力一般使用山打螺丝或拉板机构，如图1-2所示。

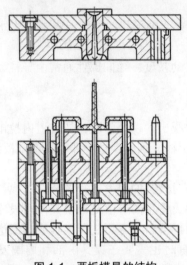 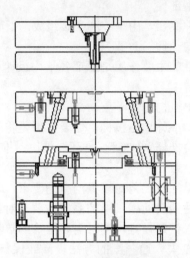

图 1-1 两板模具的结构　　　　　　　　　图 1-2 三板模具的结构

　　3) 热流道模

　　热流道模(HOT RUNNER MANIFOLD)是一种新兴的模具类型,它的制作成本相比前两种模具结构都要高,制作复杂,不易加工。但是热流道模有很多无法比拟的优点,例如热流道模借助加热装置使浇注系统中的塑料不会凝固,也不会随制品脱模,更节省材料和周期,所以热流道模又称无流道模。

　　一般认为,热流道模具有如下优点:①无废料产生;②可降低注射压力,可以采用多腔模;③可大幅缩短成型周期;④可大幅提高制品的品质。

　　但是,并不是所有的塑料都适合使用热流道模具进行加工,适合热流道模的塑料一般具有如下特点:①塑料的熔融温度范围较宽,在处于低温状态时,流动性好;高温状态时,具有较好的热稳定性。②用于热流道模具的塑料对压力相对敏感,不加压力不流动,但施加压力时即可流动。③比热小,易熔融,而且又易冷却。④导热性好,便于在模具中很快冷却。

　　目前,用于热流道模具的塑料有 ABS、PC、PE、POM、HIPS、PS 等。我们现在常用的热流道有两种: 加热流道模具(见图 1-3),绝热流道模具(见图 1-4)。

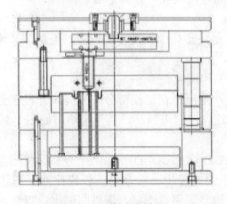 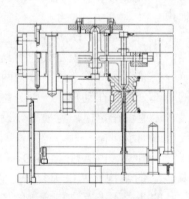

图 1-3 加热流道模具　　　　　　　　　　图 1-4 绝热流道模具

下面介绍模具设计的基本流程，以及模具型腔设计的一些基本概念和方法。

1.2.1 模具设计的基本流程

由于注塑模具的多样性和复杂性，很难总结可以普遍适用于实际情况的注塑模具的设计步骤，这里所列出的设计步骤仅为基本流程，实际的流程可能还会有很大变化。

(1) 选择成型设备。

(2) 拟定模具结构方案。

拟定模具结构方案的主要内容如下。

① 分析塑件注塑工艺性。

② 确定成型方案与模具的总体结构。

③ 选择模具零件材料。

④ 设计成型零件。

⑤ 确定型腔数目。

⑥ 确定型腔布局与尺寸。

⑦ 选择分型面。

⑧ 创建浇口和流道。

⑨ 设计冷却系统。

⑩ 设计机械运动机构。

⑪ 设计顶出及导向定位机构。

⑫ 考虑排气系统设计。

⑬ 模具总装等。

(3) 绘制模具装配草图。

(4) 绘制装配图。

(5) 绘制零件图。

1.2.2 模具型腔的设计

下面介绍设计模具型腔的基本方法。

1. 注塑模成形零部件的结构

成形塑料件外表面的零件称为凹模或型腔，型芯是成形塑料件的内表面，成形杆可以用作成形制品的局部细节。成形零部件是在一定温度和压力下使用的零件，故对其尺寸、强度和刚度、材料和热处理工艺、机械加工都有相应的要求。

2. 型腔的结构设计

型腔按结构形式可分为整体式、整体嵌入式、局部镶嵌式和组合式四种。

1) 整体式型腔

整体式型腔是把型腔加工在一个整块零件上，如图 1-5 所示。整体式型腔具有强度高、刚度好的优点，但对于形状复杂的塑料件，其加工困难，热处理不方便，因而适用于形状比较简单的塑料件。

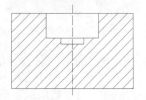

图 1-5　整体式型腔

随着加工方法不断的改进，整体式型腔的适用范围已越来越广。

2) 整体嵌入式型腔

整体嵌入式型腔仍然是把型腔加工在一个整块零件上，但会在该零件中嵌入另一个零件，主要适用于塑料件生产批量较大时采用一模多腔的模具。为了保证各型腔的尺寸和表面状况一致，或为减少切削工作量，有时也是为了型腔部分采用优质钢材，整体嵌入式型腔采用冷挤压或其他方法，如图 1-6 所示。

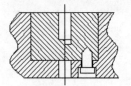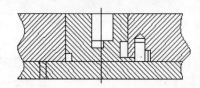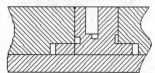

图 1-6　整体嵌入式型腔

3) 局部镶嵌式型腔

型腔的某一部分形状特殊，或易损坏需要更换时，可以采用整体型腔，但特殊形状部分采用局部镶嵌方法。如图 1-7 所示，型腔侧表面有突出肋条，可以将此肋条单独加工，然后采用 T 形槽、燕尾槽或圆形槽镶入型腔内；图 1-8 所示型腔底部中间带有波纹，可将该部分单独加工为独立零件，再镶入型腔底部构成完整型腔。

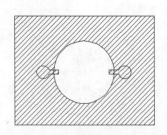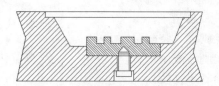

图 1-7　局部镶嵌式型腔　　　　　图 1-8　型腔底部中间带有波纹

4) 组合式型腔

组合式型腔的侧壁和底部由不同零件组合而成，多用于生产尺寸较大的塑料件，为了型腔加工、热处理、抛光研磨的方便，可以将完整的型腔分为几个部分，分别加工后再组合为一体。根据塑料件结构的特点，组合式型腔大致有整体侧壁与腔底组合、四壁组合后再与底部组合两种不同形式。

图 1-9 所示是将侧壁用螺钉连接，无配合部分，结构简单，加工迅速，但在成形过程中连接面容易楔入塑料，且加工侧壁时应防止侧面下端的棱边损伤。

图 1-10 所示是底部与侧壁拼合时增加了一个配合面，螺钉穿过配合面进行连接。配合面采用过

渡配合，可防止塑料捥入连接面。

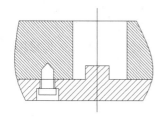

图 1-9 侧壁用螺钉连接的组合式型腔

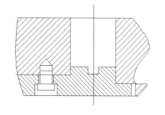

图 1-10 增加了配合面的组合式型腔

图 1-11 所示的结构形式在型腔组成上与图 1-10 相同，但不是用螺钉直接将型腔底部与侧壁连接，而是增加了一块垫板，靠垫板将两者压紧，再将垫板与侧壁用螺钉紧固连接。

图 1-12 所示是四壁相拼合套入模套中，再与腔底拼合，下面垫上垫板，用螺钉与模套连接。四壁拼合采用互相扣锁形式，为保证扣锁的紧密性，四处边角扣锁的接触面应留有一段非接触部分，留出 0.3～0.4mm 的间隙。基于同样原因，四壁转角处的圆角半径(R)应大于模套转角处的半径(r)。

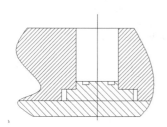

图 1-11 增加了垫板的组合式型腔

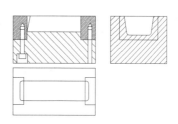

图 1-12 侧壁组合后再与底部组合的型腔

图 1-13 所示的是四壁互相扣锁拼合后与腔底扣锁并连接的形式。

设计镶嵌式和组合式型腔时，应尽可能满足下列要求。

(1) 将型腔的内部形状变为镶件或组合件的外形加工。

(2) 拼缝应避开型腔的转角或圆弧部分，并与脱模方向一致。

(3) 镶嵌件和组合件的数量要力求少，以减少对塑料件外观和尺寸精度的影响。

(4) 易损部分应设计为独立的镶拼件，便于更换。

(5) 组合件的结合面应采用凹凸槽互相扣锁，防止在压力作用下产生位移。

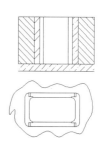

图 1-13 四壁互相扣锁拼合后与腔底扣锁并连接的型腔

3. 型芯和成形杆的设计

成形塑料件内表面的零件统称凸模或称为型芯。对于结构简单的容器、壳、罩、盖、帽、套等塑料件，成形其主体部分内表面的型芯称为主型芯或凸模，而将成形其他小孔或细微结构的型芯称为小型芯或成形杆。型芯按复杂程度和结构形式大致分为以下几种类型。

1) 整体式型芯

这是形状最简单的主型芯，用一整块材料加工而成，结构牢固，加工方便，但仅适用于塑料件内表面形状简单的情况，如图 1-14 所示。

2) 嵌入式型芯

嵌入式型芯的外形比较简单，主要有圆形、方形等。最常采用的嵌入形式是型芯带有凸肩，型芯嵌入固定板的同时，凸肩部分沉入固定板的沉孔部分，再垫上垫板，并用螺钉将垫板与固定板连接，如图 1-15 所示。另一种嵌入方法是在固定板上加工出盲沉孔，型芯嵌入盲沉孔后用螺钉直接与固定板连接，如图 1-16 所示。

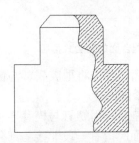 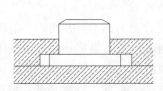 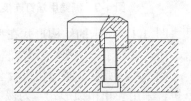

图 1-14　整体式型芯　　　图 1-15　带有凸肩的型芯　　　图 1-16　嵌入盲沉孔的型芯

3) 异形型芯结构形式

对于形状特殊或结构复杂的型芯，需要采用组合式结构或特殊固定形式，但应视具体形状而定，下面以具体实例说明。

图 1-17 中，型芯成形部分断面是矩形，但为了便于在固定板中固定，固定部分设计为圆形。

图 1-18 中，型芯比较复杂，可以分别设计为两个零件，组合后再固定到模板中。

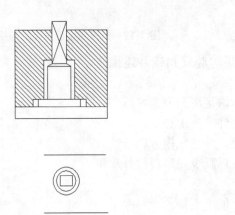 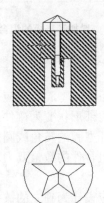

图 1-17　成形部分断面是矩形的型芯　　　图 1-18　成形部分是五角形的型芯

4) 小型芯安装固定形式

直径较小的型芯，如果数量较多，采用凸肩垫板安装方法比较好。若各型芯之间距离较近，可以在固定板上加工出一个大的公用沉孔(如图 1-19 所示)，因为对每个型芯分别加工出单独的沉孔，孔间壁厚较薄，热处理时易出现裂纹。各型芯的凸肩如果重叠干涉，可将相干涉的一面削掉一部分。

对于单个小型芯，既可以采用凸肩垫板的固定方法，也可采用省去垫板的固定方法。

图 1-20 是凸肩垫板的固定方法。

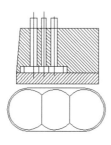

图 1-19　加工出公用沉孔的型芯

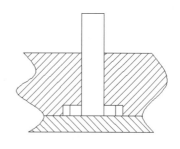

图 1-20　凸肩垫板的固定方法

图 1-21 中，为使安装方便，可将型芯固定部分仅留 3～5mm 的长度，以防止塑料进入，其余部分可扩大 0.5～1mm。

图 1-22 所示型芯的修磨与更换方便，打开垫板更换型芯下部的支撑销，即可调节型芯的安装高度。

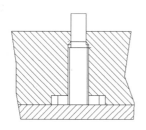

图 1-21　固定部分仅留 3～5mm

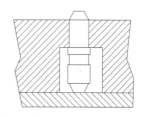

图 1-22　修磨与更换方便的型芯

图 1-23 和图 1-24 都是省去垫板的固定方法。图 1-23 采用过渡配合或小间隙配合，另一端铆死；图 1-24 中的型芯仍带凸肩，用螺丝将凸肩拧紧。

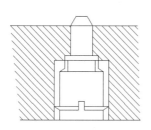

图 1-23　过渡配合或小间隙配合的固定

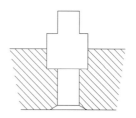

图 1-24　带凸肩的固定

第3课　2课时　UG NX 10.0 模具模块

　　NX 注塑模向导是一个非常好用的工具，它使模具设计中耗时、烦琐的操作变得更精确、便捷，使模具设计完成后的产品能自动更新相应的模具零件，大大地提高了模具设计师的工作效率。在介绍

NX 注塑模向导之前，首先来了解一下 NX 模具设计的术语。

1.3.1 NX 模具设计术语

> **行业知识链接**：塑料模具用于压塑、挤塑、注塑、吹塑和低发泡成型，它主要包括由凹模组合基板、凹模组件和凹模组合卡板组成的具有可变型腔的凹模，由凸模组合基板、凸模组件、凸模组合卡板、型腔截断组件和侧截组合板组成的具有可变型芯的凸模。模具凸、凹模及辅助成型系统的协调变化，可加工不同形状、不同尺寸的系列塑件。图 1-25 所示是塑料模具的下半部分。
>
>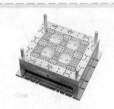
> 图 1-25　塑料模具

NX 的模具设计过程使用了很多术语描述设计步骤，这些是模具设计所独有的，熟练掌握这些术语，对理解 NX 模具设计有很大的帮助，下面将分别说明。

(1) 设计模型：模具设计必须有一个设计模型，也就是模具将要制造的产品原型。设计模型决定了模具型腔的形状，成型过程是否要利用砂芯、销、镶块等模具元件，以及浇注系统、冷却水线系统的布置。

(2) 参照模型：设计模型在模具模型中的映像。如果在零件设计模块中编辑更改了设计模型，那么包含在模具模型中的参照模型也将发生相应的变化；但是若在模具模型中对参照模型进行编辑，修改其特征，则不会影响设计模型。

(3) 工件：表示直接参与熔料(如顶部和底部嵌入物成型)的模具元件的总体积。使用分型面分割工件，可以得到型腔、型芯等元件。工件的体积应当包围所有参考模型、模穴、浇口、流道和模口等。

(4) 分型面：分型面由一个或多个曲面特征组成，如图 1-26 所示，可以分割工件或者已存在的模具体积块。分型面在 NX 模具设计中占据着重要和最为关键的地位，应当合理地选择分型面的位置。

(5) 收缩率：注塑件从模具中取出冷却至室温后尺寸缩小变化的特性称为收缩性，衡量塑件收缩程度大小的参数称为收缩率。对高精度塑件，必须考虑收缩给塑件尺寸形状带来的误差。

(6) 拔模斜度：塑料冷却后会产生收缩，使塑料制件紧紧地包住模具型芯或型腔突出部分，造成脱模困难。为了便于塑料制件从模具中取出或是从塑料制件中抽出型芯，防止塑料制件与模具成型表面黏附，从而防止塑件制件表面被划伤、擦毛等问题的产生，塑料制件的内、外表面沿脱模方向都应该有倾斜的角度，即脱模斜度，又称为拔模斜度。

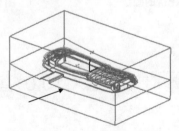

图 1-26　分型面

1.3.2 注塑模设计界面介绍

行业知识链接：塑料模具是在塑料加工工业中和塑料成型机配套、赋予塑料制品以完整构型和精确尺寸的工具。由于塑料品种和加工方法繁多，塑料成型机和塑料制品的结构又繁简不一，所以，塑料模具的种类和结构也是多种多样的。如图 1-27 所示是塑料扇叶的注塑模具结构。

图 1-27　扇叶模具

打开 UG NX 10.0 后，选择【文件】|【所有应用模块】|【注塑模向导】命令，进入注塑模向导应用模块，如图 1-28 所示。

图 1-28　选择【注塑模向导】命令

此时将打开【注塑模向导】选项卡，如图 1-29 所示。使用 UG NX 10.0 注塑模向导提供的实体工具和片体工具，可以快速、准确地对分模体进行实体修补、片体修补、实体分割等操作。鼠标指针放到选项卡工具条中的按钮上会显示按钮的名称，常用按钮的功能简述如下。

图 1-29　【注塑模向导】选项卡

(1)　【初始化项目】按钮：用来载入需要进行模具设计的产品零件。载入零件后，系统将生成用于存放布局、型腔、型芯等的一系列文件。所有用于模具设计的产品三维实体模型都是通过单击该按钮进行产品装载的，设计师要在一副模具中放置多个产品需要多次单击该按钮。

(2)　【多腔模设计】按钮：在一个模具里可以生成多个塑料制品的型芯和型腔。单击该按钮，选择模具设计当前产品模型，只有被选作当前产品才能对其进行模坯设计和分模等操作；需要删除已装载产品时，也可单击该按钮进入产品删除界面。

(3)　【模具 CSYS】按钮(又称坐标系统)：该功能用来设置模具坐标系统。模具坐标系统主要用来设定分模面和拔模方向，并提供默认定位功能。在 UG NX 10.0 的注塑模向导系统中，坐标系统的 XC-YC 平面定义在模具动模和定模的接触面上，模具坐标系统的 ZC 轴正方向指向塑料熔体注入模具主流道的方向。模具坐标系统设计是模具设计中相当重要的一步，模具坐标系统与产品模型的相对位置决定了产品模型在模具中的放置位置和模具结构，是模具设计成败的关键。

(4) 【收缩】按钮 ☑：单击该按钮设定产品收缩率可以补偿金属模具模腔与塑料熔体的热胀冷缩差异。UG NX 10.0 注塑模向导按设定的收缩率对产品三维实体模型进行放大并生成一个名为(shrink part)的三维实体模型，后续的分型线选择、补破孔、提取区域、分型面设计等分模操作均以此模型为基础进行操作。

(5) 【工件】按钮 ◈(又称作模具模坯)：单击该按钮设计模具模坯，UG NX 10.0 注塑模向导自动识别产品外形尺寸并预定义模坯的外形尺寸，其默认值在模具坐标系统六个方向上比产品外形尺寸大 25mm。

(6) 【型腔布局】按钮 ▦：单击该按钮设计模具型腔布局，注塑模向导模具坐标系统定义的是产品三维实体模型在模具中的位置，但它不能确定型腔在 XC-YC 平面中的分布。注塑模向导模块提供该按钮设计模具型腔布局，系统提供了矩形排列和圆形排列两种模具型腔排布方式。

(7) 【模架库】按钮 ▤：模架是用来安放和固定模具的安装架，并把模具系统固定在注塑机上。单击该按钮可以调用 UG NX 10.0 注塑模向导提供的电子表格驱动标准模架库，模具设计师也可在此定制非标模架。

(8) 【标准件库】按钮 ▥：单击该按钮可以调用 UG NX 10.0 注塑模向导提供的定位环、主流道衬套、导柱导套、顶杆、复位杆等模具标准件。

(9) 【顶杆后处理】按钮 ⬆：单击该按钮可以利用分型面和分模体提取区域对模具推杆进行修剪，使模具推杆长度尺寸和头部形状均符合要求。

(10) 【滑块和浮生销库】按钮 ⬛：单击该按钮可以调用 UG NX 10.0 注塑模向导提供的滑块体、内抽芯三维实体模型。

(11) 【子镶块库】按钮 ⬛：单击该按钮可以对模具子镶块进行设计。子镶块的设计是对模具型腔、型芯的进一步细化设计。

(12) 【浇口库】按钮 ▥：单击该按钮可以对模具浇口的大小、位置、浇口形式进行设计。

(13) 【流道】按钮 ▥：单击该按钮可以对模具流道的大小、位置、排布形式进行设计。

(14) 【冷却标准件库】按钮 ▤：单击该按钮可以对模具冷却水道的大小、位置、排布形式进行设计，同时可按设计师的设计意图在此选用模具冷却水系统使用的密封圈、堵头等模具标件。

(15) 【电极】按钮 ⬛：单击该按钮可以对模具型腔或型芯上形状复杂、难于加工的区域设计加工电极。UG NX 10.0 注塑模向导提供了两种电极设计方式，即标准件方式和包裹体方式。

(16) 【修边模具组件】按钮 ⬛：单击该按钮利可以利用模具零件三维实体模型或分型面、提取区域对模具进行修剪，使模具标件的长度尺寸和形状均符合要求。

(17) 【腔体】按钮 ⬛：单击该按钮可以对模具三维实体零件进行建腔操作。建腔即是利用模具标准件、镶块外形对目标零件型腔、型芯、模板进行挖孔、打洞，为模具标准件、镶块安装制造空间。

(18) 【物料清单】按钮 ▥：单击该按钮可以对模具零部件进行统计汇总，生成模具零部件汇总的物料清单。

(19) 【装配图纸】按钮 ▥：单击该按钮可以进行模具零部件二维平面出图操作。

1.3.3　NX 塑料注塑模具的设计流程

> 行业知识链接：塑料模具的设计采用通用流程，模具由几组零件构成，组合内有成型模腔。注塑时，模具装夹在注塑机上，熔融塑料被注入成型模腔内，并在腔内冷却定型，然后上下模分开，经由顶出系统将制品从模腔顶出离开模具，最后模具再闭合进行下一次注塑，整个注塑过程是循环进行的。图 1-30 所示是塑料模具上的定位孔设计。

图 1-30　塑料模具的定位孔

NX 塑料注塑模具的设计过程遵循模具设计的一般规律，主要的流程如下。

1. 产品模型准备

用于模具设计的产品三维模型文件有多种文件格式，UG NX 10.0 注塑模向导模块需要一个 NX 文件格式的三维产品实体模型作为模具设计的原始模型。如果模型不是 NX 文件格式的三维实体模型，则需用 NX 软件将文件转换成 NX 文件格式的三维实体模型或是重新创建 NX 三维实体模型。正确的三维实体模型有利于 UG NX 10.0 注塑模向导模块自动进行模具设计。

2. 产品加载和初始化

产品加载是使用 UG NX 10.0 注塑模向导模块进行模具设计的第一步，产品成功加载后，NX 注塑模向导模块将自动产生一个模具装配结构，该装配结构包括构成模具所必需的标准元素。

3. 设置模具坐标系统

设置模具坐标系统是模具设计中相当重要的一步，模具坐标系统的原点须设置于模具动模和定模的接触面上，模具坐标系统的 XC-YC 平面须定义在动模和定模的接触面上，模具坐标系统中 ZC 轴的正方向指向塑料熔体注入模具主流道的方向。模具坐标系统与产品模型的相对位置决定产品模型在模具中的放置位置，是模具设计成败的关键。

4. 计算产品收缩率

塑料熔体在模具内冷却成型为产品后，由于塑料的热胀冷缩大于金属模具的热胀冷缩，所以成型后的产品尺寸将略小于模具型腔的相应尺寸，因此模具设计时模腔的尺寸要求略大于产品的相应尺寸以补偿金属模具型腔与塑料熔体的热胀冷缩差异。UG NX 10.0 模具向导处理这种差异的方法是将产品模型按要求放大生成一个名为"缩放体"的分模实体模型，该实体模型的参数与产品模型参数是全相关的。

5. 设定模具型腔和型芯毛坯尺寸

模具型腔和型芯毛坯(简称模坯)是外形尺寸大于产品尺寸，用于加工模具型腔和型芯的金属坯料。UG NX 10.0 注塑模向导模块自动识别产品的外形尺寸，并预定义模具型腔、型芯毛坯的外形尺寸，其默认值在模具坐标系六个方向上比产品外形尺寸大 25mm。NX 模具向导通过"分模"将模具坯料分割成模具型腔和型芯。

6. 模具型腔布局

模具型腔布局即是通常所说的"一模几腔"，指的是产品模型在模具型腔内的排布数量。UG NX 10.0 注塑模向导模块提供了矩形排列和圆形排列两种模具型腔排布方式。

7. 建立模具分型线

UG NX 10.0 注塑模向导模块提供了 MPV(Mould Part Validation，分模对象验证)功能，可以将分模实体模型表面分割成型腔区域和型芯区域两种面，两种面相交产生的一组封闭曲线就是分型线。

8. 修补分模实体模型破孔

塑料产品由于功能或结构需要，在产品上常有一些穿透产品孔，即所称的"破孔"。为将模坯分割成完全分离的两部分(型腔和型芯)，UG NX 10.0 注塑模向导模块需要用一组厚度为零的片体将分模实体模型上的这些孔"封闭"起来，这些厚度为零的片体和分型面、分模实体模型表面可将模坯分割成型腔和型芯。NX 注塑模向导模块提供了自动补孔功能。

9. 建立模具分型面

分型面是由分型线向模坯四周按一定方式扫描、延伸、扩展而形成的一组连续封闭曲面。UG NX 10.0 注塑模向导模块提供了自动生成分型面功能。

10. 建立模具型腔和型芯

分模实体模型破孔修补和分型面创建后，即可用 UG NX 10.0 注塑模向导模块提供的建立模具型腔和型芯功能，将模坯分割成型腔和型芯。

11. 使用模架

模具型腔、型芯建立后，需要提供模架以固定模具型腔和型芯。UG NX 10.0 注塑模向导模块提供有电子表格驱动的模架库和模具标件库。

12. 加入模具标准件

模具标件是指模具定位环、主流道衬套、顶杆、复位杆等模具配件。UG NX 10.0 注塑模向导模块提供有电子表格驱动的三维实体模具标件库。

13. 模具建腔

建腔是指在模具型腔、型芯、模板上建立腔、孔等特征以安装模具型腔、型芯、镶块及各种模具标件。

课后练习

> 📄 **案例文件**： ywj\01\01.prt
>
> 💿 **视频文件**： 光盘\视频课堂\第 1 教学日\1.3

练习案例的分析如下。

本课课后练习创建塑料瓶盖。不同的瓶盖有不同的用途，如无菌冷灌装盖、热灌装盖、常温无内压(水)盖和汽盖。瓶盖从结构上又分内塞型和垫片型。图 1-31 所示是完成的塑料瓶盖模型。

　　本课案例主要练习 NX 10 的模型创建知识,其中草图是进行三维特征生成前需要了解的基础知识。在 UG 中,草图的绘制原则和常见的 CAD 软件类似,可以快速上手。学好本案例内容能更容易地掌握 NX 10 的草图绘制和模型创建基本知识。创建塑料瓶盖模型的思路和步骤如图 1-32 所示。

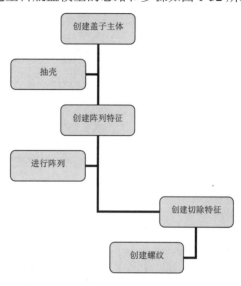

创建盖子主体 → 抽壳 → 创建阵列特征 → 进行阵列 → 创建切除特征 → 创建螺纹

图 1-31　塑料瓶盖模型　　　　　　　　图 1-32　创建塑料瓶盖模型的步骤

练习案例的具体操作步骤如下。

step 01　创建瓶盖的主体。选择【文件】|【新建】命令,弹出【新建】对话框,设置文件名称,如图 1-33 所示,单击【确定】按钮。

图 1-33　新建模型

step 02　在【直接草图】工具条中单击【草图】按钮 ⬚,弹出【创建草图】对话框,选择草绘平面，如图 1-34 所示，单击【确定】按钮。

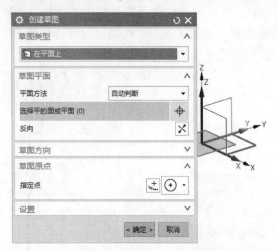

图 1-34　【创建草图】对话框

step 03　在【直接草图】工具条中，单击【圆】按钮○，绘制直径为 20 的圆(本书数字单位按机械惯例统一为毫米，不再专门标出)，如图 1-35 所示。

step 04　在【特征】工具条中，单击【拉伸】按钮▥，弹出【拉伸】对话框，选择圆形草图，设置【距离】参数为 15，如图 1-36 所示，单击【确定】按钮，创建拉伸特征。

step 05　在【特征】工具条中，单击【边倒圆】按钮▱，弹出【边倒圆】对话框，创建半径为 2 的圆角，如图 1-37 所示，单击【确定】按钮，创建圆角。

step 06　在【特征】工具条中，单击【抽壳】按钮▦，弹出【抽壳】对话框，选择去除面，设置【厚度】为 0.8，如图 1-38 所示，单击【确定】按钮，创建抽壳特征。

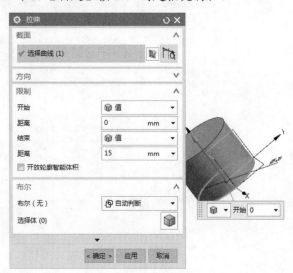

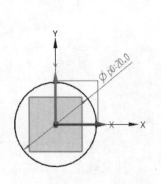

图 1-35　绘制直径为 20 的圆形　　　　　**图 1-36　拉伸圆形**

图 1-37　创建圆角　　　　　　　　　　图 1-38　创建抽壳特征

step 07　创建阵列特征，在【特征】工具条中，单击【基准平面】按钮 ⬜，弹出【基准平面】对话框，创建【距离】为 13 的基准平面，单击【确定】按钮，如图 1-39 所示。

step 08　在【直接草图】工具条中单击【草图】按钮 🔱，弹出【创建草图】对话框，选择草绘平面，如图 1-40 所示，单击【确定】按钮。

step 09　在【直接草图】工具条中，单击【圆】按钮 ○，绘制直径为 20 的圆，如图 1-41 所示。

step 10　在【直接草图】工具条中，单击【矩形】按钮 ▢，弹出【矩形】对话框，绘制 0.4×0.4 的矩形，如图 1-42 所示。

step 11　在【直接草图】工具条中，单击【三点圆弧】按钮 ⌒，绘制半圆弧，如图 1-43 所示。

step 12　在【直接草图】工具条中，单击【快速修剪】按钮 ⤬，修剪草图，如图 1-44 所示。

step 13　在【特征】工具条中，单击【拉伸】按钮 ▥，弹出【拉伸】对话框，选择草图，设置【距离】参数为 9，如图 1-45 所示，单击【确定】按钮，创建拉伸特征。

step 14　在【特征】工具条中，单击【阵列特征】按钮 ▦，弹出【阵列特征】对话框，设置圆形阵列【数量】为 72，如图 1-46 所示，单击【确定】按钮，创建阵列特征。

step 15　在【直接草图】工具条中单击【草图】按钮 🔱，弹出【创建草图】对话框，选择草绘平面，如图 1-47 所示，单击【确定】按钮。

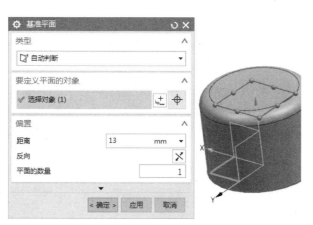

图 1-39　创建基准面　　　　　　　　　　图 1-40　【创建草图】对话框

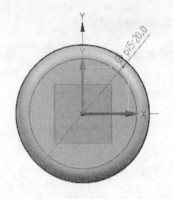

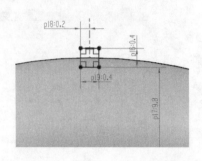

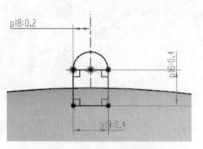

图 1-41 绘制直径为 20 的圆形　　　图 1-42 绘制 0.4×0.4 的矩形　　　图 1-43 绘制半圆弧

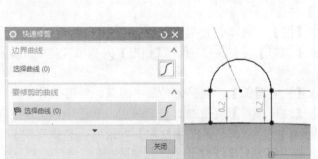

图 1-44 修剪草图　　　　　　　　　　　图 1-45 创建拉伸特征

图 1-46 创建阵列特征　　　　　　　　　图 1-47 【创建草图】对话框

step 16 在【直接草图】工具条中，单击【矩形】按钮 □，弹出【矩形】对话框，绘制 14×0.5 的矩形，如图 1-48 所示。

step 17 在【特征】工具条中，单击【拉伸】按钮 ▥，弹出【拉伸】对话框，选择草图，修改 【距离】参数为 15，如图 1-49 所示，单击【确定】按钮，创建拉伸切除特征。

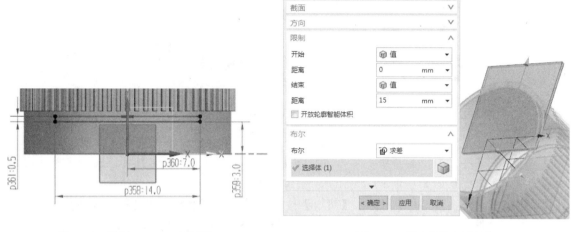

图 1-48　绘制 14×0.5 的矩形　　　　　　图 1-49　创建拉伸切除特征

step 18 在【特征】工具条中，单击【阵列特征】按钮 ▦，弹出【阵列特征】对话框，设置圆 形阵列【数量】为 4，如图 1-50 所示，单击【确定】按钮，创建圆形阵列。

step 19 在【直接草图】工具条中单击【草图】按钮 ▤，弹出【创建草图】对话框，选择草绘 平面，如图 1-51 所示，单击【确定】按钮。

图 1-50　创建圆形阵列　　　　　　图 1-51　【创建草图】对话框

step 20 在【直接草图】工具条中，单击【圆】按钮 ○，绘制直径为 20 的圆，如图 1-52 所示。

step 21 在【直接草图】工具条中，单击【矩形】按钮 □，弹出【矩形】对话框，绘制 2.8×0.2 的矩形，如图 1-53 所示。

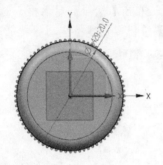

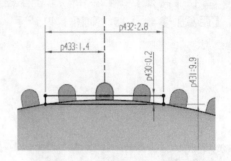

图 1-52 绘制直径为 20 的圆形　　　　　　　　图 1-53 绘制 2.8×0.2 的矩形

step 22 在【直接草图】工具条中，单击【快速修剪】按钮 ✕，修剪草图，如图 1-54 所示。

step 23 在【特征】工具条中，单击【拉伸】按钮 ▥，弹出【拉伸】对话框，选择草图，设置 【距离】参数为 2，如图 1-55 所示，单击【确定】按钮，创建拉伸特征。

step 24 在【特征】工具条中单击【拔模】按钮 ◈，打开【拔模】对话框，选择拔模面，设置拔 模【角度】为 30，如图 1-56 所示，单击【确定】按钮，创建拔模特征。

step 25 在【特征】工具条中，单击【阵列特征】按钮 ◈，弹出【阵列特征】对话框，设置圆 形阵列【数量】为 16，如图 1-57 所示，单击【确定】按钮，创建圆形阵列。

step 26 创建螺纹。在【直接草图】工具条中单击【草图】按钮 ▥，弹出【创建草图】对话 框，选择草绘平面，如图 1-58 所示，单击【确定】按钮。

step 27 在【直接草图】工具条中单击【圆】按钮 ○，绘制直径为 13 和 14 的同心圆，如图 1-59 所示。

step 28 在【特征】工具条中，单击【拉伸】按钮 ▥，弹出【拉伸】对话框，选择草图，设置 【距离】参数为 2，如图 1-60 所示，单击【确定】按钮，创建拉伸特征。

step 29 在【直接草图】工具条中单击【草图】按钮 ▥，弹出【创建草图】对话框，选择草绘 平面，如图 1-61 所示，单击【确定】按钮。

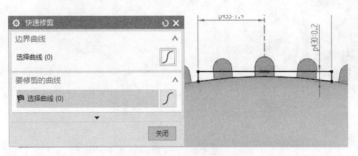

图 1-54 修剪草图　　　　　　　　　　　　　　图 1-55 创建拉伸特征

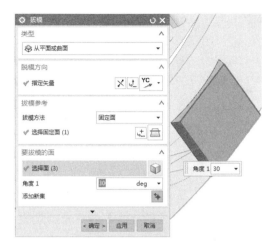

图 1-56 创建拔模特征

图 1-57 创建圆形阵列

图 1-58 【创建草图】对话框

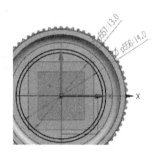

图 1-59 绘制同心圆

图 1-60 创建拉伸特征

图 1-61 【创建草图】对话框

step 30 在【直接草图】工具条中，单击【直线】按钮 ✎ ，绘制梯形，尺寸如图1-62所示。

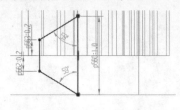

图1-62　绘制梯形

step 31 在【曲线】工具条中，单击【螺旋线】按钮 ，弹出【螺旋线】对话框，设置参数如图1-63所示，创建螺旋线。

step 32 在【曲面】工具条中，单击【扫掠】按钮 ，弹出【扫掠】对话框，选择截面和引导线，如图1-64所示，单击【确定】按钮，创建扫掠特征。

图1-63　创建螺旋线　　　　　　　　　　　图1-64　创建扫掠特征

step 33 在【特征】工具条中，单击【合并】按钮 ，弹出【合并】对话框，选择目标和工具，如图1-65所示，单击【确定】按钮，创建合并特征。

step 34 完成的瓶盖模型如图1-66所示。

图1-65　创建合并特征　　　　　　　　　　图1-66　完成的瓶盖模型

机械知识链接：模具的结构虽然由于塑料品种和性能、塑料制品的形状和结构以及注射机的类型等不同而可能千变万化，但是基本结构是一致的。模具主要由浇注系统、调温系统、成型零件和结构零件组成。其中，浇注系统和成型零件是与塑料直接接触的部分，并随着塑料和制品而变化，是塑模中最复杂、变化最大、要求加工光洁度和精度最高的部分。图 1-67 所示是壳体模具分开后的状态。

图 1-67　壳体模具

2 课时 NX 10.0 注塑模向导及入门

注塑模向导模块包含 NX 的全部功能，是一个功能强大的注塑模具软件。下面介绍它的基本操作方法。

1.4.1　初始化项目

行业知识链接：一般塑料模具由动模和定模两部分组成，动模安装在注射成型机的移动模板上，定模安装在注射成型机的固定模板上。在注射成型时动模与定模闭合构成浇注系统和型腔，开模时动模和定模分离以便取出塑料制品。图 1-68 所示是动模和定模的组合状态。

图 1-68　动模和定模的组合状态

1. 模具设计项目初始化

设计项目初始化是使用注塑模向导模块进行设计的第一步，将自动产生组成模具必需的标准元素，并生成默认装配结构的一组零件图文件。

模具设计项目初始化的具体操作如下。

(1) 单击【注塑模向导】选项卡中的【初始化项目】按钮，打开如图 1-69 所示的【打开】对话框，从对话框中选择一个产品，将该产品的三维实体模型加载到模具装配结构中。

(2) 单击 OK 按钮，接受所选产品文件后，系统弹出如图 1-70 所示的【初始化项目】对话框。

2. 选取当前产品模型

单击【多腔模设计】按钮 ▦，打开如图 1-71 所示的【多腔模设计】对话框，选取当前产品模型。如果系统中只有一个产品模型，会弹出"只有一个产品模型"的提示对话框，如图 1-72 所示。

选择产品后，若单击【确定】按钮，则所选产品成为当前产品，系统关闭对话框；若单击【移除】按钮 ✕，则所选产品将从系统中移除，系统关闭对话框。

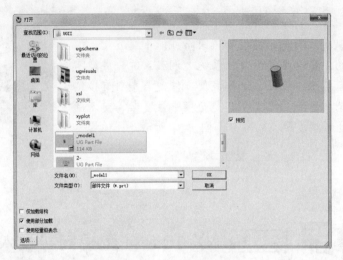

图 1-69　【打开】对话框

图 1-70　【初始化项目】对话框

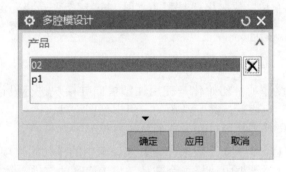

图 1-71　【多腔模设计】对话框

3. 设定模具坐标系统

注塑模向导模块规定 XC-YC 平面是模具装配的主分型面，坐标原点位于模架的动定模接触面的中心，+ZC 方向为顶出方向。因此定义模具坐标系必须考虑产品形状。

模具坐标系的功能是把当前产品装配体的工作坐标系原点平移到模具绝对坐标系原点上，使绝对坐标原点位于分模面上。

下面将介绍设定模具坐标系统的方法。

(1) 调整分模体坐标系，使分模体坐标系统的轴平面定义在模具动模和定模的接触面上，分模体坐标系统的另一轴的正方向，指向塑料熔体注入模具的主流道方向。

(2) 单击【模具 CSYS】按钮，打开如图 1-73 所示的【模具 CSYS】对话框。

图 1-72 提示对话框

图 1-73 【模具 CSYS】对话框

当选中【产品实体中心】单选按钮时，模具坐标系统的原点将移至分模体的重心处，X 轴和 Y 轴分别与分模体的 X 轴和 Y 轴方向一致；当选中【选定面的中心】单选按钮时，模具坐标系统的原点将移至所选面的中心位置处，X 轴和 Y 轴分别与分模体的 X 轴和 Y 轴方向一致。

4. 更改产品收缩率

塑料受热膨胀、遇冷收缩，因而采用热加工方法制得的制件，冷却定型后其尺寸一般小于相应部件的模具尺寸，所以在设计模具时，必须把塑件的收缩量补偿到模具的相应尺寸中去，这样才能得到符合尺寸要求的塑件。

单击【收缩】按钮，打开【缩放体】对话框，可以更改产品的收缩率。系统提供了三种设定产品收缩方式的工具，下面分别介绍。

第一种：【均匀】方式。在【类型】下拉列表框中选择【均匀】选项，如图 1-74 所示，可以设定产品在坐标系的三个方向上的收缩率相同。

第二种：【轴对称】方式。在【类型】下拉列表框中选择【轴对称】选项，如图 1-75 所示，可以设定产品在坐标系指定方向上的收缩率，与产品其他方向上的收缩率不尽相同。

第三种：【常规】方式。在【类型】下拉列表框中选择【常规】选项，如图 1-76 所示可以设定产品在坐标系三个方向上的收缩率均不相同。

5. 工件设计

注塑模向导中的工件是用来生成模具型腔和型芯的毛坯实体，所以毛坯的外形尺寸要在零件外形尺寸的基础上各方向都增加一部分尺寸。

单击【工件】按钮进入工件设计，打开如图 1-77 所示的【工件】对话框，可以选择四种模坯设计方式。

1) 【用户定义的块】设计方式

在【工件】对话框的【工件方法】下拉列表框中选择【用户定义的块】选项，在【尺寸】选项组

【限制】选项下有【开始】和【结束】两种【距离】选项，在相应的【距离】文本框中可以输入模坯
的外形数值，单击【确定】按钮即可设计出与型腔、型芯外形尺寸一样大小的标准长方体模坯。

图 1-74　选择【均匀】类型的【缩放体】对话框

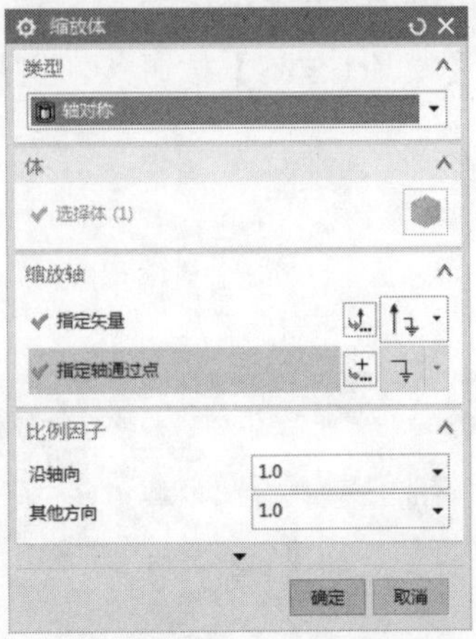

图 1-75　选择【轴对称】类型的【缩放体】对话框

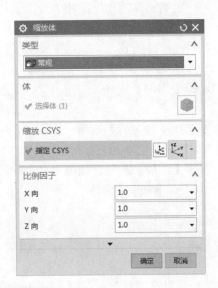

图 1-76　选择【常规】类型的【缩放体】对话框

图 1-77　选择【用户定义的块】类型的
　　　　【工件】对话框

2) 【型腔-型芯】设计方式

在【工件】对话框的【工件方法】下拉列表框中选择【型腔-型芯】选项，如图 1-78 所示。系统要求选择一个三维实体模型作为型腔-型芯的模坯，若系统中有适用的模型，可选取作为型腔和型芯的模坯，否则单击【工件库】按钮 。设计完成后选取设计的三维实体模型作为型腔、型芯模坯。

3) 【仅型腔】设计方式

在【工件尺寸】对话框的【工件方法】下拉列表框中选择【仅型腔】选项，如图 1-79 所示。系统要求选择一个三维实体模型作为型腔的模坯，若系统中有适用的模型，可选取作为型腔的模坯，否则单击【工件库】按钮 设计适合的型腔模坯。设计完成后选取设计的三维实体模型作为型腔模坯。

图 1-78　选择【型腔-型芯】工件方法的
【工件】对话框

图 1-79　选择【仅型腔】工件方法的
【工件】对话框

4) 【仅型芯】设计方式

在【工件】对话框的【工件方法】下拉列表框中选择【仅型芯】选项，如图 1-80 所示。系统要求选择一个三维实体模型作为型芯的模坯，若系统中有适用的模型，可选取作为型芯的模坯，否则单击【工件库】按钮 设计适合的型芯模坯。设计完成后选取设计三维实体模型作为型芯模坯。

图 1-80　选择【仅型芯】工件方法的【工件】对话框

6. 型腔布局

模具坐标系可以定义模腔的方向和分型面的位置，但不能确定模腔在 X-Y 平面中的分布。型腔布局的功能是确定模具中型腔的个数和型腔在模具中的排列。

单击【型腔布局】按钮进入型腔布局设计，打开【型腔布局】对话框，系统提供了两种型腔布局类型：【矩形】和【圆形】，在【矩形】型腔布局方式下面有【平衡】和【线性】两类模腔布局形式，在【圆形】型腔布局方式下面有【径向】和【恒定】两类模腔布局形式。

(1) 选择【矩形】|【平衡】命令，弹出的【型腔布局】对话框如图 1-81 所示。

(2) 选择【矩形】|【线性】命令，弹出的【型腔布局】对话框如图 1-82 所示。

图 1-81　选择【矩形】|【平衡】命令　　　　图 1-82　选择【矩形】|【线性】命令

(3) 选择【圆形】|【径向】命令，弹出的【型腔布局】对话框如图 1-83 所示。

(4) 选择【圆形】|【恒定】命令，弹出的【型腔布局】对话框如图 1-84 所示。

图 1-83　选择【圆形】|【径向】命令　　　　图 1-84　选择【圆形】|【恒定】命令

1.4.2　产品分型

> **行业知识链接:** 在注塑模具设计当中比较重要的是分型面的设计。分型面是模具闭合时凹模与凸模相互配合的接触表面。它的位置和形式的选定，受制品形状及外观、壁厚、成型方法、后加工工艺、模具类型与结构、脱模方法及成型机结构等因素的影响。图 1-85 所示是凳子模具的分型模具，使用了扩大分型面的分型方法。

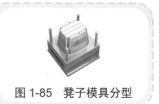

图 1-85　凳子模具分型

1. 产品分型准备

在介绍产品分型之前，首先要介绍两个重要的概念。

● 补破孔：产品内部或周边完全贯穿的孔叫破孔，设计模具时，要将模坯分断开，需要用厚度为零的片体将这种孔封闭起来，这些封闭破孔的片体称作补面片体。图 1-86 所示为破孔示例，图 1-87 所示为补破孔示例。

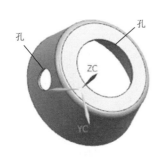

图 1-86　破孔示例

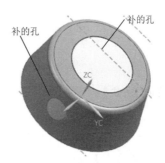

图 1-87　补破孔示例

● 分型(也叫分模)：将分模面、提取的分型体表面和补面片体缝合成的体称为分模片体，该片体厚度为零，横贯模坯，可将模坯完全分割成两个实体，创建分模片体并将模坯分割成型腔和型芯的过程叫作分模。

UG NX 10.0 模具向导为分型准备工作提供了一套完整的工具，如图 1-88 所示的【注塑模工具】工具条，利用注塑模向导提供的分型功能，可以顺利完成提取区域、自动补孔、自动搜索分型线、创建分型面、自动生成模具型芯、型腔等操作，可以方便、快捷、准确地完成模具分模工作。

注塑模工具

图 1-88　【注塑模工具】工具条

下面简单说明各按钮使用的方法和功能。

(1) 单击【创建方块】按钮 ▣，打开如图 1-89 所示的【创建方块】对话框，可以设置所创建实体超过所选面外形尺寸的值。

(2) 单击【拆分体】按钮 ⬚，打开如图 1-90 所示的【拆分体】对话框，可以选择实体并对其进行分割。

(3) 单击【实体补片】按钮 ⬚，打开如图 1-91 所示的【实体补片】对话框，并提示选择目标物体，选择后可以进行补片操作。

图 1-89 【创建方块】对话框   图 1-90 【拆分体】对话框   图 1-91 【实体补片】对话框

(4) 单击【扩大曲面补片】按钮 ⬚，打开【扩大曲面补片】对话框，如图 1-92 所示，使用其中的参数设置和按钮，可以对曲面修补面进行延展扩大，形成分型面。

(5) 单击【分型检查】按钮 ⬚，打开【分型检查】对话框，如图 1-93 所示，设置后可以检查状态并在产品部件和模具之间映射面颜色。

图 1-92 【扩大曲面补片】对话框   图 1-93 【分型检查】对话框

2. 产品分型工作

分型是基于塑料产品模型对毛坯工件进行加工分模，进而创建型芯和型腔的过程。分型功能所提供的工具，有助于快速实现分模及保持产品与型芯和型腔关联。

在设置好分型准备之后，下面开始进行产品的分型工作。分型的步骤一般。

(1) 创建分型线，自动识别产品的最大轮廓线。

(2) 创建分型线到工件外沿之间的片体。

(3) 创建修补简单开放孔的片体。

(4) 识别产品的型腔面和型芯面。

(5) 创建模具的型芯和型腔。

(6) 编辑分型线，重新设计模具。

下面详细介绍产品分型的操作过程。

单击【分型刀具】工具条中的【检查区域】按钮，系统弹出图 1-94 所示的【分型导航器】对话框和图 1-95 所示的【检查区域】对话框，进入分模设计(即 MPV 分模对象验证)。

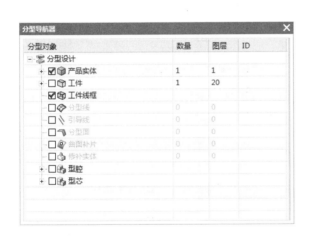

图 1-94　【分型导航器】对话框　　　　图 1-95　【检查区域】对话框

在打开的【检查区域】对话框中单击【面】标签，切换到【面】选项卡，设置区域颜色，如图 1-96 所示。在【检查区域】对话框中单击【区域】标签，切换到【区域】选项卡，定义型腔和型芯区域，如图 1-97 所示。

如果在【区域】选项卡中单击【选择区域面】按钮，视图窗口将显示未定义区域的面，如图 1-98 所示。在【区域】选项卡中选中【型芯区域】单选按钮，并选取未定义区域的面，然后单击【应用】按钮，未定义面就会被指定在型芯区域，结果如图 1-99 所示。

单击【分型刀具】工具条中的【定义区域】按钮，打开如图 1-100 所示的【定义区域】对话框，可以提取分模区域和分型线。在【定义区域】对话框中有【创建新区域】、【选择区域面】、【搜索区域】三个按钮，选择定义区域的面后可以单击【确定】按钮。

单击【分型刀具】工具条中的【设计分型面】按钮，系统弹出如图 1-101 所示的【设计分型面】对话框，可以创建分型曲面。

单击【分型刀具】工具条中的【定义型腔和型芯】按钮 ，打开图 1-102 所示的【定义型腔和型芯】对话框，在【选择片体】选项组的【区域名称】列表框中选择区域，单击【确定】按钮，结果自动分型完成。

在分型中，还可以将分型/补片片体备份下来，方法是单击【分型刀具】工具条中的【备份分型/补片片体】按钮 ，打开【备份分型对象】对话框进行设置即可，如图 1-103 所示。

图 1-96　【面】选项卡

图 1-97　【区域】选项卡

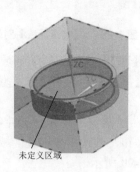

图 1-98　未定义区域的面

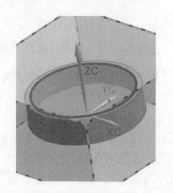

图 1-99　指定的区域

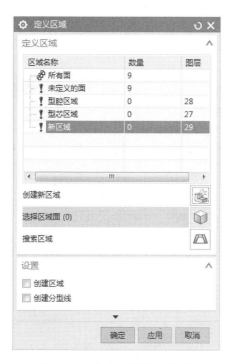

图 1-100 【定义区域】对话框

图 1-101 【设计分型面】对话框

图 1-102 【定义型腔和型芯】对话框

图 1-103 【备份分型对象】对话框

1.4.3 模架库及标准件

> **行业知识链接**：模具的模架库中包含各种分支系统。其中，浇注系统是指塑料从射嘴进入型腔前的流道部分，包括主流道、冷料穴、分流道和浇口等。成型零件是构成制品形状的各种零件，包括动模、定模和型腔、型芯、成型杆以及排气口等。图 1-104 所示是模具的一部分，其中包括冷却系统和分模系统。

图 1-104 部分模具

1. 模架库的设置

模架是实现型芯和型腔的装夹、顶出和分离的机构，其结构、形状和尺寸都已标准化和系列化，也可对模架库进行扩展以满足特殊需要。

单击【模架库】按钮，系统弹出如图 1-105 所示的【模架库】对话框，该对话框可以实现以下功能。

(1) 将模架模型登记到注塑模向导的库中。

(2) 登记模架数据文件来控制模架的配置和尺寸。

(3) 将模架模型复制到注塑模向导工程中。

(4) 编辑模架的配置和尺寸。

(5) 移除模架。

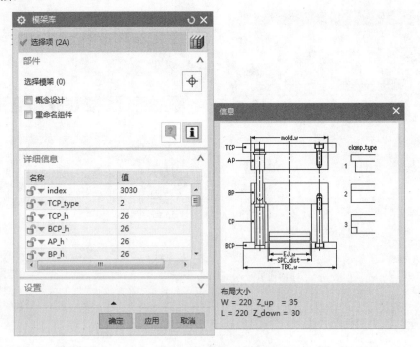

图 1-105 【模架库】对话框

下面简单说明模架库的使用方法。

(1) 在【名称】列表框中可以选择模架制造商。

(2) 在【信息】对话框查看选择的模架形式。

(3) 可以编辑模架板的厚度。

(4) 如果加入模架不合适，可以对型腔和型芯的位置进行编辑。

(5) 单击【模架库】对话框中的【应用】按钮，就可以在视图窗口中加入模架。

2. 标准件的管理

注塑模向导模块可以将模具中经常使用的标准组件(如螺钉、顶杆、浇口套等标准件)组成标准件库，用来管理安装和配置标准件；也可以自定义标准件库来匹配公司的标准件设计，并扩展到库中以包含所有的组件或装配。

单击【标准件库】按钮，弹出如图 1-106 所示的【标准件管理】对话框，该对话框中提供了以下功能。

(1) 组织和显示目录和组件的功能。

(2) 复制、重命名及添加组件到模具装配中的功能。

(3) 确定组件在模具装配的方向、位置或匹配标准件的功能。

(4) 允许组件驱动参数和数据库相匹配。

(5) 移除组件功能。

(6) 定义部件列表数据和识别组件属性的功能。

(7) 链接组件和模架之间参数表达式的功能。

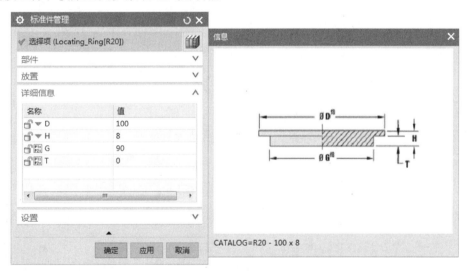

图 1-106 【标准件管理】对话框

单击【标准件库】按钮，单击打开软件左侧的【重用库】选项卡，如图 1-107 所示，在【名称】列表框中选择 Ejection(顶出)，可以从【成员选择】选项下的【对象】列表中选择 Ejector pin[Straight](直顶杆)，此时的【信息】对话框，可以显示到顶杆的各项参数。

如果从【成员选择】选项下的【对象】列表中选择 Angle_Pin，此时的【信息】对话框如图 1-108 所示，可以在其中看到顶针的各项参数。这样，就能最终设置好模架和标件。

3. 其他

下面就可以进行建腔工作了，并设计出浇口和流道等。

1) 浇口

浇口是上模底部开的一个进料口，目的在于将熔融的塑料注入型腔，使其成型。

在【主要】工具条中单击【浇口库】按钮，打开如图 1-109 所示的【浇口设计】对话框，在其中设置【浇口点表示】，并设置浇口【类型】和参数，单击【确定】按钮完成创建浇口。

2) 流道

流道是熔融塑料通过注塑机进入浇口和型腔前的流动通道。

在【主要】工具条中单击【流道】按钮，打开如图 1-110 所示的【流道】对话框，在其中进行相应的设置后，就完成了模具的最终设计。

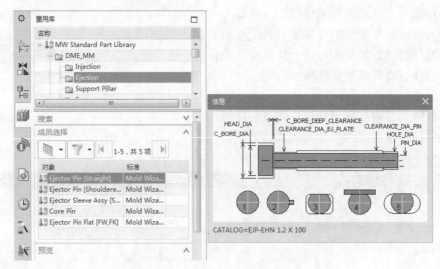

图 1-107 　【信息】对话框的顶杆信息

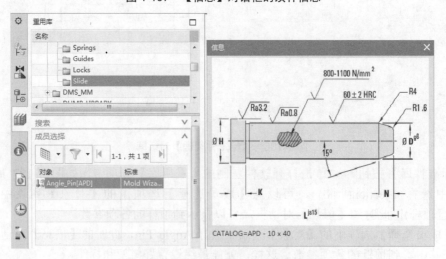

图 1-108 　【信息】对话框的顶针参数

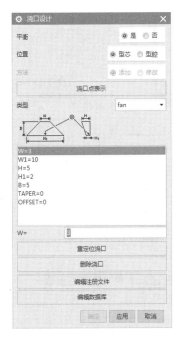

图 1-109 【浇口设计】对话框

图 1-110 【流道】对话框

课后练习

案例文件：ywj\01\01.prt 及所有模具文件

视频文件：光盘\视频课堂\第 1 教学日\1.4

练习案例的分析如下。

本课课后练习创建瓶盖零件的模具。创建的模具一般为标准模具，这样在制作时比较方便，如图 1-111 所示是完成的瓶盖零件的模具。

本课案例主要练习 NX 10 的创建模具基础知识，是对创建模具一系列过程的演练，在熟悉了整个流程之后才能对每一步的细节进行调整，并理解模具创建的原理。创建瓶盖零件模具的思路和步骤如图 1-112 所示。

练习案例的具体操作步骤如下。

step 01 加载瓶盖模型。选择【文件】|【打开】命令，弹出【打开】对话框，选择文件，如图 1-113 所示，单击 OK 按钮，打开模型。

step 02 打开的瓶盖模型如图 1-114 所示。

step 03 开始模型初始化。在【应用模块】选项卡中单击【注塑模】按钮，打开【注塑模向导】选项卡，单击【初始化项目】按钮，弹出【初始化项目】对话框，如图 1-115 所示，单击【确定】按钮，初始化项目。

step 04 单击【注塑模向导】选项卡【主要】组中的【模具 CSYS】按钮，弹出【模具 CSYS】对话框，选中【产品实体中心】单选按钮，如图 1-116 所示，单击【确定】按钮，设置坐标系。

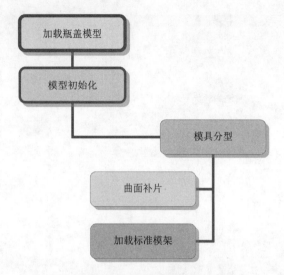

图 1-111　瓶盖零件的模具

图 1-112　创建瓶盖零件模具的步骤

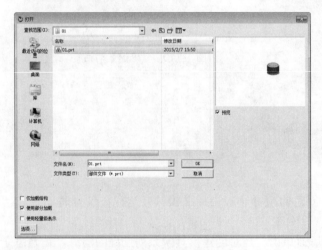

图 1-113　【打开】对话框

图 1-114　瓶盖模型

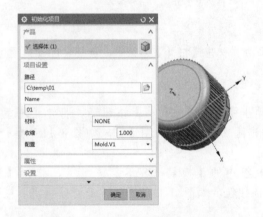

图 1-115　【初始化项目】对话框

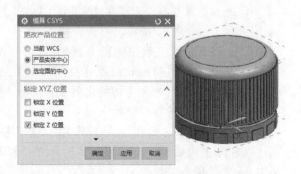

图 1-116　设置坐标系

step 05 ▶ 单击【注塑模向导】选项卡【主要】组中的【收缩】按钮 ⟨圖⟩，弹出【缩放体】对话框，单击【点对话框】按钮 ⟨圖⟩，弹出【点】对话框，设置缩放点，如图 1-117 所示。

step 06 ▶ 在【缩放体】对话框中，设置【均匀】因子为 1.004，如图 1-118 所示，单击【确定】按钮，完成收缩率的设置。

图 1-117 设置缩放点　　　　　　　　图 1-118 设置收缩率

step 07 ▶ 单击【注塑模向导】选项卡【主要】组中的【工件】按钮 ⟨圖⟩，弹出【工件】对话框，设置工件尺寸，如图 1-119 所示，单击【确定】按钮，完成工件的创建。

step 08 ▶ 单击【注塑模向导】选项卡【主要】组中的【型腔布局】按钮 ⟨圖⟩，弹出【型腔布局】对话框，设置【型腔数】为 4，如图 1-120 所示。单击【开始布局】按钮 ⟨圖⟩，开始型腔布局。

图 1-119 创建工件　　　　　　　　图 1-120 【型腔布局】对话框

step 09 ▶ 单击【注塑模向导】选项卡【分型刀具】组中的【曲面补片】按钮 ⟨圖⟩，弹出【边修补】对话框，选择修补面，如图 1-121 所示，单击【确定】按钮，创建修补面。

step 10 ▶ 单击【注塑模向导】选项卡【注塑模工具】组中的【创建方块】按钮 ⟨圖⟩，弹出【创建方块】对话框，创建工件方块，如图 1-122 所示。

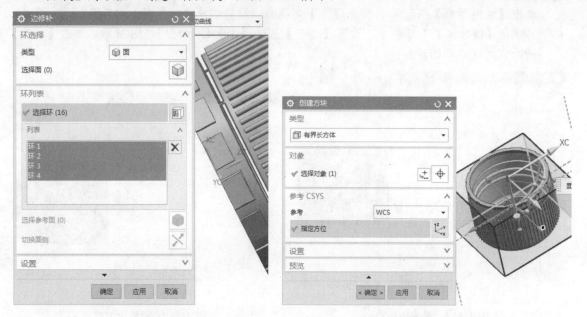

图 1-121　【边修补】对话框　　　　　　　　　　图 1-122　创建工件方块

step 11　单击【注塑模向导】选项卡【注塑模工具】组中的【拆分体】按钮 ，弹出【拆分体】对话框，选择目标和工具，如图 1-123 所示，单击【确定】按钮，拆分工件方块。

step 12　右击创建的方块，在弹出的快捷菜单中选择【隐藏】命令，隐藏工件方块，如图 1-124 所示。

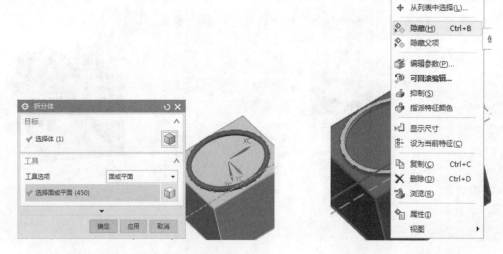

图 1-123　【拆分体】对话框　　　　　　　　　　图 1-124　隐藏工件方块

step 13　进行模具分型。单击【注塑模向导】选项卡【分型刀具】组中的【检查区域】按钮 ，弹出【检查区域】对话框，单击【计算】按钮 ，如图 1-125 所示，创建型芯及型腔区域。

step 14　在【检查区域】对话框中切换到【区域】选项卡，选择【型芯区域】选项，在模型上依次单击模型的所有内侧面，单击【应用】按钮，如图 1-126 所示。

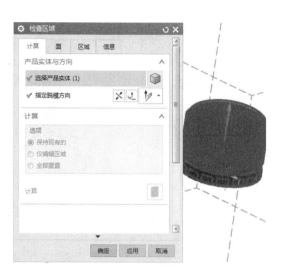

图 1-125　单击【计算】按钮

图 1-126　选择型芯区域

step 15 ▶ 在【检查区域】对话框中切换到【区域】选项卡，选择【型腔区域】选项，在模型上依次单击模型的所有外侧面，单击【确定】按钮，如图 1-127 所示。

step 16 ▶ 单击【注塑模向导】选项卡【分型刀具】组中的【定义区域】按钮，弹出【定义区域】对话框，选中【创建区域】和【创建分型线】复选框，单击【确定】按钮，创建分型线，如图 1-128 所示。

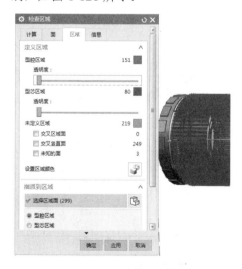

图 1-127　选择型腔区域

图 1-128　创建分型线

step 17 ▶ 单击【注塑模向导】选项卡【分型刀具】组中的【设计分型面】按钮，弹出【设计分型面】对话框，单击【有界平面】按钮，创建分型面，如图 1-129 所示。

step 18 ▶ 单击【注塑模向导】选项卡【分型刀具】组中的【定义型腔和型芯】按钮，弹出【定义型腔和型芯】对话框，选择【型腔区域】选项，如图 1-130 所示，单击【确定】按钮，创建型腔区域。

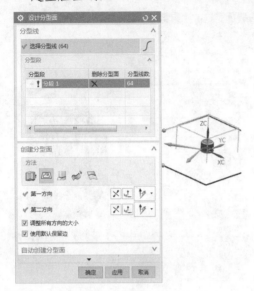

图 1-129　创建分型面

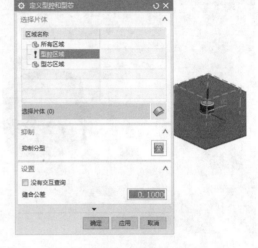

图 1-130　选择【型腔区域】命令

step 19　单击【注塑模向导】选项卡【分型刀具】组中的【定义型腔和型芯】按钮，弹出【定
义型腔和型芯】对话框，选择【型芯区域】选项，如图 1-131 所示，单击【确定】按钮，创
建型芯区域。

step 20　在弹出的【查看分型结果】对话框中单击【确定】按钮，确定模具方向，如图 1-132
所示。

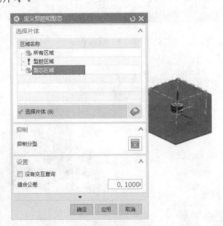

图 1-131　选择【型芯区域】命令

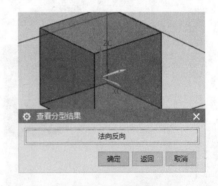

图 1-132　确定模具方向

step 21　单击【注塑模向导】选项卡【主要】组中的【模架库】按钮，在导航器【重用库】选项
卡中选择模具，如图 1-133 所示。

step 22　在弹出的【模架库】对话框中，选择模架并设置参数，如图 1-134 所示，单击【确定】
按钮。

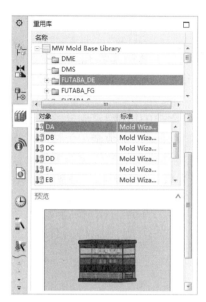  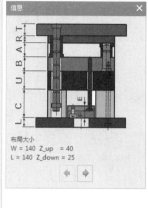

图 1-133　选择模具　　　　　图 1-134　选择模架

step 23 完成加载的瓶盖模具如图 1-135 所示。

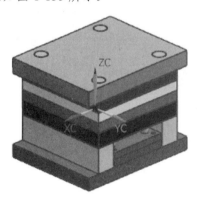

图 1-135　完成加载的瓶盖模具

机械设计实践：模具中有很多标准件，如复杂模具中的滑块、斜顶、直顶块等结构件。结构件的设计非常关键，关系到模具的寿命、加工周期、成本、产品质量等，因此设计复杂模具的核心结构对设计者的综合能力要求较高，应尽可能追求更简便、更耐用、更经济的设计方案。如图 1-136 所示是模具分模中的顶块设计。

图 1-136　模具顶块

45

阶段进阶练习

本教学日主要介绍了注塑模具的一些基本知识，包括模具成型工艺的基本知识、模具结构和类别、模具设计的基本程序以及型腔设计的基本方法，有关更详细的设计方法读者还可以参考一些模具设计和加工类的书籍。

另外，本教学日还主要以一个完整的注塑模设计过程来学习 NX 10.0 注塑模向导的使用。注塑模向导是 NX 10.0 软件中设计注塑模具的专业模块，它以模具三维实体零件参数全相关技术，提供了设计模具型芯、型腔、滑块、推杆、镶块、侧抽芯零件等模具三维实体模型的高级建模工具。读者通过对本教学日的学习，对这个模块应该会有一个初步的认识，同时为以后的学习打下基础。

如图 1-137 所示是一个上壳体模型，请使用本章所学的知识创建零件并设计模具。

一般的创建步骤和方法如下：

(1) 创建零件。

(2) 模型初始化。

(3) 产品分型。

(4) 创建模架。

图 1-137　上壳体模型

设 计 师 职 业 培 训 教 程

第②教学日

注塑模具设计的必要步骤就是对零件进行分型和初始化，这种分型和初始化在 NX 10.0 注塑模向导模块中尤为重要，因为这些都是软件固有的要求。好的模具设计可以给公司带来丰厚的利润，因此仅仅是结构上的熟悉还不够。如何在条件允许的情况下，缩小投入这才是重要的。因此我们引进多腔模和多件模，多腔模是指一套模具中有多个型腔，从而可以实现大批量生产，缩短周期，提高效率。

注塑模工具包括创建方块、分割工具、修补破孔和曲面工具等。修补破孔对于模具设计来说是非常重要的，即使分型面做得再好，如果破孔补不好就没办法做出前后模。在修补破孔和分型的过程中，还有很多需要使用的注塑模工具，如方块工具和分割工具等，这些工具也很实用。

本教学日将讲解模具项目初始化设置的基本方法，介绍多件模的设计、多腔模的设计、模具重定位和嵌件腔以及这些注塑模工具的使用方法。

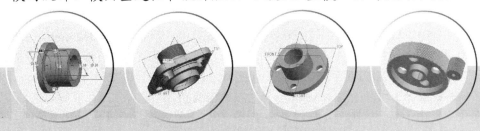

第1课 1课时 设计师职业知识——冲压模具及原理

冲压模具，是在冷冲压加工中将材料(金属或非金属)加工成零件(或半成品)的一种特殊工艺装备，又称为冷冲压模具(俗称冷冲模)。冲压，是在室温下，利用安装在压力机上的模具对材料施加压力，使其产生分离或塑性变形，从而获得所需零件的一种压力加工方法。图 2-1 所示是典型冲压模具的截面图。

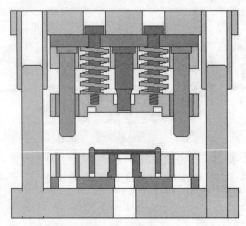

图 2-1　冲压模具

1. 制造技术

模具制造技术现代化是模具工业发展的基础。随着科学技术的发展，计算机技术、信息技术、自动化技术等先进技术正不断向传统制造技术渗透、交叉、融合，对其实施改造，形成先进制造技术。

模具先进制造技术的发展主要体现在以下几个方面。

1) 高速铣削加工

普通铣削加工采用低的进给速度和大的切削参数，而高速铣削加工则采用高的进给速度和小的切削参数。高速铣削加工相对于普通铣削加工具有如下特点。

(1) 高效。高速铣削的主轴转速一般为 15 000～40 000r/min，最高可达 100 000r/min。在切削钢时，其切削速度约为 400m/min，比传统的铣削加工快 5～10 倍；在加工模具型腔时与传统的加工方法(传统铣削、电火花成形加工等)相比其效率提高 4～5 倍。

(2) 高精度。高速铣削加工精度一般为 10μm，有的精度还要高。

(3) 高的表面质量。由于高速铣削时工件温升小(约为 3℃)，故表面没有变质层及微裂纹，热变形也小。最好的表面粗糙度 Ra 小于 1μm，减少了后续磨削及抛光工作量。

(4) 可加工高硬材料。可铣削 50～54HRC 的钢材，铣削的最高硬度可达 60HRC。

鉴于高速铣削加工具备上述优点，所以高速铣削加工在模具制造中得到广泛应用，并逐步替代部分磨削加工和电加工。

2) 电火花铣削加工

电火花铣削加工(又称为电火花创成加工)是电火花加工技术的重大发展,这是一种新技术,可以替代传统使用成型电极这种工具,来加工模具型腔的旧技术。像数控铣削加工一样,电火花铣削加工采用高速旋转的杆状电极对工件进行二维或三维轮廓加工,无须制造复杂、昂贵的成型电极。日本三菱公司推出的 EDSCAN8E 电火花创成加工机床,配置有电极损耗自动补偿系统、CAD/CAM 集成系统、在线自动测量系统和动态仿真系统,体现了当今电火花创成加工机床的水平。

3) 慢走丝线切割技术

数控慢走丝线切割技术的发展水平已相当高,功能相当完善,自动化程度已达到无人看管运行的程度。最大切割速度已达 $300mm^2/min$,加工精度可达到 $\pm 1.5\mu m$,加工表面粗糙度 Ra 为 $0.1\sim 0.2\mu m$。直径为 $0.03\sim 0.1mm$ 细丝线切割技术的开发,可实现凹凸模的一次切割完成,并可进行 0.04mm 的窄槽及半径为 0.02mm 的内圆角的切割加工。锥度切割技术已能进行 30° 以上锥度的精密加工。

4) 磨削及抛光加工技术

磨削及抛光加工由于精度高、表面质量好、表面粗糙度值低等特点,在精密模具加工中得以广泛应用。精密模具制造广泛使用数控成形磨床、数控光学曲线磨床、数控连续轨迹坐标磨床及自动抛光机等先进设备和技术。

2. 数控测量

产品结构的复杂,必然导致模具零件形状的复杂,传统的几何检测手段已无法适应模具的生产。现代模具制造已广泛使用三坐标数控测量机进行模具零件的几何量的测量,模具加工过程的检测手段也取得了很大进展。三坐标数控测量机除了能高精度地测量复杂曲面的数据外,其良好的温度补偿装置、可靠的抗震保护能力、严密的除尘措施以及简便的操作步骤,使得现场自动化检测成为可能。

模具先进制造技术的应用改变了传统制模技术中模具质量依赖于人为因素、不易控制的状况,使得模具质量依赖于物化因素,整体水平容易控制,模具再现能力强。

3. 模具 CAD/CAM 技术

计算机技术、机械设计与制造技术的迅速发展和有机结合,形成了计算机辅助设计与计算机辅助制造(CAD/CAM)这一新型技术。

CAD/CAM 是改造传统模具生产方式的关键技术,是一项高科技、高效益的系统工程,它以计算机软件的形式为用户提供一种有效的辅助工具,使工程技术人员能借助计算机对产品、模具结构、成形工艺、数控加工及成本等进行设计和优化。模具 CAD/CAM 能显著缩短模具设计及制造周期、降低生产成本、提高产品质量已成为人们的共识。

随着功能强大的专业软件和高效集成制造设备的出现,以三维造型为基础、基于并行工程(CE)的模具 CAD/CAM 技术正成为发展方向,它能实现面向制造和装配的设计,实现成形过程的模拟和数控加工过程的仿真,使设计、制造一体化。

4. 快速经济制模技术

为了适应工业生产中多品种、小批量生产的需要,加快模具的制造速度,降低模具生产成本,开发和应用快速经济制模技术越来越受到人们的重视。快速经济制模技术主要有低熔点合金制模技术、锌基合金制模技术、环氧树脂制模技术、喷涂成形制模技术、叠层钢板制模技术等。应用快速经济制模技术制造模具,能简化模具制造工艺、缩短制造周期(比普通钢模制造周期缩短 70%～90%)、降低模具生产成本(比普通钢模制造成本降低 60%～80%),在工业生产中取得显著的经济效益,对提高新产品的开发速度、促进生产的发展有着非常重要的作用。

5. 发展现状及技术趋势

改革开放以来,随着国民经济的高速发展,市场对模具的需求量不断增长。模具工业一直以 15% 左右的增长速度快速发展,模具工业企业的所有制成分也发生了巨大变化,除了国有专业模具厂以外,集体、合资、独资和私营也得到了快速发展。例如,浙江宁波和黄岩地区的"模具之乡";广东一些大集团公司和迅速崛起的乡镇企业,科龙、美的、康佳等集团纷纷建立了自己的模具制造中心;中外合资和外商独资的模具企业现已有几千家。随着我国与国际接轨的脚步不断加快,市场竞争的日益加剧,人们已经越来越认识到产品质量、成本和新产品的开发能力的重要性,而模具制造是整个链条中最基础的要素之一。许多模具企业加大了用于技术进步的投资力度,将技术进步视为企业发展的重要动力。一些国内模具企业已普及了二维 CAD,并陆续开始使用 Pro/E、PDX、UG NX、NX Progressive Die Design、I-DEAS、Euclid-IS、Logopress3、3DQuickPress、MoldWorks 和 Topsolid Progress 等国际通用软件,个别厂家还引进了 Moldflow、C-Flow、DYNAFORM、Optris 和 MAGMASOFT 等 CAE 软件,并成功应用于冲压模的设计中。

以汽车覆盖件模具为代表的大型冲压模具的制造技术已取得很大进步,东风汽车公司模具厂、一汽模具中心等模具厂家已能生产部分轿车覆盖件模具。此外,许多研究机构和大专院校已开展模具技术的研究和开发,经过多年的努力,在模具 CAD/CAE/CAM 技术方面取得了显著进步,在提高模具质量和缩短模具设计制造周期等方面做出了贡献。

模具技术的发展应该为适应模具产品"交货期短"、"精度高"、"质量好"、"价格低"的要求服务。

1) 全面推广 CAD/CAM/CAE 技术

模具 CAD/CAM/CAE 技术是模具设计制造的发展方向。随着计算机软件的发展和进步,普及 CAD/CAM/CAE 技术的条件已基本成熟,各企业将加大 CAD/CAM 技术培训和技术服务的力度,进一步扩大 CAE 技术的应用范围。计算机和网络的发展使 CAD/CAM/CAE 技术跨地区、跨企业、跨行业在整个行业中推广成为可能,实现技术资源的重新整合,使虚拟制造成为可能。

2) 高速铣削加工

国外发展的高速铣削加工,大幅度提高了加工效率,并可获得极高的表面光洁度。另外,还可加工高硬度模块,还具有温升低、热变形小等优点。高速铣削加工技术的发展,给汽车、家电行业中大型型腔模具的制造注入了新的活力。它已向更高的敏捷化、智能化、集成化方向发展。

3) 模具扫描及数字化系统

高速扫描机和模具扫描系统提供了从模型或实物扫描到加工出期望的模型所需的诸多功能,大大缩短了模具的研制周期。有些快速扫描系统,可快速安装在已有的数控铣床及加工中心上,实现快速数据采集,自动生成各种不同数控系统的加工程序、不同格式的 CAD 数据,用于模具制造业的"逆向工程"。模具扫描系统已在汽车、摩托车、家电等行业得到成功应用。

4) 提高模具的标准化程度

我国模具的标准化程度正在不断提高,估计目前我国模具标准件的使用覆盖率已达到 30% 左右。国外发达国家一般为 80% 左右。

5) 优质材料及先进表面处理技术

选用优质钢材和应用相应的表面处理技术对提高模具的寿命十分必要。模具热处理和表面处理是能否充分发挥模具钢材料性能的关键环节。模具热处理的发展方向是采用真空热处理。模具表面处理技术的完善，需要多发展工艺先进的气相沉积(TiN、TiC 等)和等离子喷涂等技术。

6) 模具研磨抛光将自动化、智能化

模具表面的质量对模具使用寿命、制件外观质量等方面均有较大的影响。研究自动化、智能化的研磨与抛光方法来替代现有手工操作，以提高模具表面质量是重要的发展趋势。

7) 模具自动加工系统的发展

这是我国长远的发展目标。模具自动加工系统应由多台机床合理组合，配有随行定位夹具或定位盘，有完整的机具、刀具数控库，有完整的数控柔性同步系统，有质量监测控制系统。

第 2 课　[2 课时] 模型初始化

2.2.1　装载产品模型

行业知识链接：塑料注塑模具是热塑性塑料件产品生产中应用最为普遍的一种成型模具。塑料注射模具对应的加工设备是塑料注射成型机。塑料首先在注射机底加热料筒内受热熔融，然后在注射机的螺杆或柱塞推动下，经注射机喷嘴和模具的浇注系统进入模具型腔，塑料冷却硬化成型，脱模得到制品。图 2-2 所示是塑料模具的拆分状态。

图 2-2　塑料模具的拆分状态

注塑模向导模块设计过程的第一步就是装载产品模型和对设计项目初始化。本章将重点讲述【注塑模向导】选项卡。

1. 装载

单击【注塑模向导】选项卡中的【初始化项目】按钮，打开【打开】对话框，如图 2-3 所示，选择需要加载的模型，打开模型。

第一次加载产品时，如果选择加载一个产品，此时为了便于管理，建议大家将该产品放置在单独的文件夹内。注塑模向导模块所加载的产品将会自动创建多个装配文件。

2. 设置项目路径和名称

打开文件之后系统弹出【初始化项目】对话框，如图 2-4 所示，进行初始化项目产品的各项参数设置。

1) 项目路径

项目路径默认是放置在模具项目文件中的子目录中。

注塑模向导模块只允许在【初始化项目】对话框所显示的路径名末尾添加一个新的目录，但只有拥有改名权限的用户才能更改。

在【项目设置】选项组中，必须通过手工创建一个项目域，而且要把有关的产品文件放置在该项目域中。这样注塑模向导模块会把涉及的所有新文件都存放在该域中。

2) 项目名称

【初始化项目】对话框中的项目名称可输入 11 个字符，字符长度可在软件安装目录下的 mold_defaults.def 文件中编辑修改。

此外还可以自己编辑材料的收缩率，单击【编辑材料数据库】按钮▦，系统将打开材料数据库的 Excel 表格，如图 2-5 所示。常用材料的收缩率可以在表格中修改，然后选择【文件】|【保存】命令，退出即可。

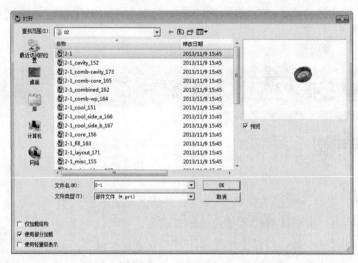

图 2-3 【打开】对话框

图 2-4 【初始化项目】对话框

图 2-5 Excel 表格

3. 克隆方法

注塑模向导模块在初始化一个设计项目时，使用 NX 的装配克隆功能，可以产生一个预先给定的注塑模向导模块装配结构复制品。

1) 工作过程

项目初始化过程实际上是克隆了两个项目装配：一个项目装配的结构名为 top，在 top 的下一层有 cool、fill、misc 和 layout，如图 2-6 所示；另一个项目装配结构名为 prod，在 prod 的下一层有原模型 cavity、core、trim 和 parting，多重装配结构存在于同一个项目装配中。

在装载产品之前，图 2-7 所示的 prod 种子装配就已经存放在注塑模向导模块中。

图 2-6　装配关系

图 2-7　装配结构

注塑模向导模块首先将产品文件以空的引用集形式，加载到产品结构中。

如果项目名和产品文件同名，该产品结构与其装配成员都将有一个扩展名，如图 2-8 所示，项目名都有一个产品名"p1"的前缀。

如果项目名与产品文件不同名，则产品结构与其装配成员将有两个扩展名，其名称取决于产品载入前的名称。

图 2-8　文件名称划分

2) 域分隔符

名称域所使用的分隔字符，在 mold_defaults 文件里都有规定，但不包括手工输入的分隔符。mold_defaults 文件所控制的名称分隔符如图 2-8 所示。

"默认文件中规定：项目名称的分隔符是"_"(下划线)，位于项目名之后，结尾名 var、cool 和 fill 之前。当产品与项目名不同时，第一个分隔符位于产品名前，项目名后。

3) 产品装载

当产品被装载后，注塑模向导模块所克隆的 prod 子装配将产品文件中的实体链接到 shrink、parting 和其他文件，如果产品文件中包括两个以上实体，要求选择其中一个实体。

系统将产品装配到 layout 子装配中，保存 top 装配结构，并加入文件清单。

此外还要注意，不要用加载产品功能去加载多个相同产品的阵列。注塑模向导模块用多腔模布局功能来实现多腔模阵列布局。

注塑模向导模块的加载产品功能可以加载一个附加产品到已打开的项目装配中，建立一套模具，该附加产品可以作为多腔模布局下的另一个子装配。

4. 项目装配成员

项目装配成员主要包括以下几项。

1) TOP

top 装配节点，正如它的名称所表示的——搜集并控制所有的装配部件和定义模具设计所必需的数据。

2) COOL

专供放置模具中的冷却系统。

3) FILL

放置浇口、流道的文件。

4) MISC

misc 节点用于放置通用标准件(不需要进行个别细化设计的零件)，如定位圈、缩紧块等。

5) LAYOUT

layout 用于安排产品节点 prod 的位置分布，包括工件相对于模架的位置，多腔或模具族分支都由 Layout 来安排。

5. 产品子装配成员

产品子装配成员主要包括以下几项。

1) top 节点组成

top 节点是一个独立的包含与产品有关的文件，属下有 shrink、cavity、core、parting 和 trim。还有一些与产品有关的标准件，如顶杆、滑块、顶块，都会出现在子装配中。

2) 产品模型

产品名称加载到 prod 子装配并且不改变其名称，当下一次打开某个装配文件时，产品原来的所有模型不会被全打开。另外在设计产品模型时，当由于时间等原因一次无法将产品设计完时，可以使用【保存全部】菜单命令，这样下次可打开继续设计。

3) SHRINK

shrink 保存了收缩部件的连接体，是原模型按比例放大的集合体连接。

4) PARTING

parting 放置了分型片体、修补片体和提取的型芯、型腔侧的面，这些片体可用于将模具分型以及拆分各种镶件和滑块。

5) CAVITY 和 CORE

cavity 和 core 均包含有工件，并连接到 parting 中的一部分。

6) TRIM

trim 包含与 parting 的连接体，这些连接体用于标准件的修剪。例如，当产品的型腔和型芯设置完成顶针后，每根顶针必定高出产品内表面，此时需要将高出下模表面的顶针修剪掉，这就要用到 trim 功能。

使用注塑模向导模块进行模具设计，需要习惯使用保存所有文件。这样做不会丢失任何项目中的连接部分，并可保证下次继续使用。如果没有任何保存，当退出 NX 时软件会提示是否保存，此时更应该注意应用全部保存。

NX 10.0 的文件名称最多可以支持 30 个字符，这其中包含后缀 ".prt"。项目名称默认用 11 个字符。

为了便于操作者使用，建议将产品名称改为自己较为熟悉的名称。

在模型中复制主文件不会影响维持相关参数化的能力，只要复制的是同一个原文件，后续修改等操作此文件将继续认可，所有这些规则源于 WAVE 的应用。

当要出一个注塑模向导模块的装配报告时，要记住原模型文件的引用集 Empty Reference Set。某些功能，像边界修补和模具坐标系都要求原文件模型文件是打开的，因此，在使用这些功能之前，应先打开该文件。

2.2.2 模具坐标系和收缩率

> **行业知识链接**：塑料收缩率会影响制品尺寸精度的各项因素，如模具制造和装配误差、模具磨损等。此外，设计压塑模和注塑模时，还应考虑成型机的工艺和结构参数的匹配。在塑料模具设计中已广泛应用计算机辅助设计技术。图 2-9 所示是脱出模具的塑料制品。

图 2-9 塑料制品

1. 模具坐标系

装载产品之后，要确保模具坐标系的原点落在模架分型面的中心，并且+Z 轴指向模具注入口。

模具坐标系新的定义过程，就是将产品子装配从工作坐标系(WCS)移植到模具装配的绝对坐标系统(ACS)，并把模具装配的绝对坐标系统(ACS)作为注塑模向导模块的模具坐标系。定义坐标系要注意以下两点。

(1) 定义模具坐标系要求打开原产品模型。由于该模型在装配中是以空的引用集的形式装配的。在这种情况下，在编辑模具坐标之前，必须手动打开产品原模型。

(2) 当在一个模具族中设置模具系统时，其显示部件和工作部件都必须是 Layout。

模具坐标系是一个特殊的产物，当某个产品作为模具族成员被加到项目中时，就会调整其方向，使之与公共的模具族方位相匹配。

任何时候都可以单击【主要】工具条中的【模具 CSYS】按钮，打开【模具 CSYS】对话框，编辑模具坐标，如图 2-10 所示。

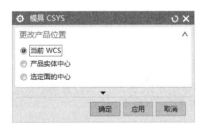

图 2-10 【模具 CSYS】对话框

对话框中的参数设置介绍如下。

(1) 当前 WCS。选中【当前 WCS】单选按钮，将设置模具坐标与当前工作坐标相匹配。

(2) 产品实体中心。选中【产品实体中心】单选按钮，将设置模具坐标位于产品实体中心。

(3) 选定面的中心。选中【选定面的中心】单选按钮，将设置模具坐标位于所选面的中心。

2. 模具收缩率

设计塑料模时，确定了模具结构之后即可对模具的各部分进行详细设计，即确定各模板和零件的尺寸、型腔和型芯的尺寸等。这时将涉及与材料收缩率等有关的主要的设计参数，因而只有具体地掌握成形塑料的收缩率才能确定型腔各部分的尺寸。即使所选模的结构正确，若所用参数不当，也不可能生产出品质合格的塑件。

1) 类型

单击【注塑模向导】选项卡【主要】组中的【收缩率】按钮🔧，打开如图 2-11 所示的【缩放体】对话框，在此编辑收缩率。如果载入时已修改好收缩率，此步骤可跳过。

下面介绍【缩放体】对话框中【类型】的三个选项。

● 【均匀】🔲：均匀缩放。

● 【轴对称】🔲：用一个或多个指定的比例值进行比例计算，也就是沿指定轴的轴向设置比例值，为另外两个方向设置另两个比例值，其对话框如图 2-12 所示。

● 【常规】🔲：沿 X、Y、Z 三个方向分派三个不同的比率，其对话框如图 2-13 所示。

图 2-11　选择【均匀】类型的【缩放体】对话框　　图 2-12　选择【轴对称】类型的【缩放体】对话框

图 2-13　选择【常规】类型的【缩放体】对话框

通过如图 2-14 所示的一个例子，可以看出不同的比例缩放类型所产生的不同结果。

2) 比例的选择步骤

在【缩放体】对话框【类型】选项组中，分别选择【均匀】、【轴对称】和【常规】这 3 个选项后，【缩放体】对话框会出现【缩放点】、【缩放轴】和【缩放 CSYS】3 个不同的选项组，这几个选项组是与所选择的【类型】选项相对应的，下面进行简单的介绍。

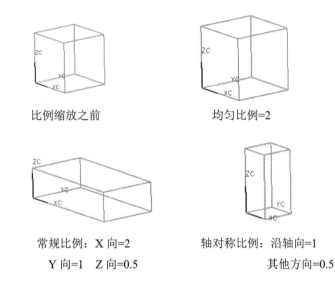

比例缩放之前　　　　　　　均匀比例=2

常规比例：X 向=2　　　　轴对称比例：沿轴向=1

Y 向=1　　Z 向=0.5　　　　　　其他方向=0.5

图 2-14　不同的比例缩放类型

(1) 【缩放点】：选择一个指定的点作比例操作，该步骤适用于【均匀】比例类型，如图 2-15 所示。选择缩放点时可单击【点对话框】按钮 来选择，也可通过约束点的方式自由选择。

(2) 【缩放轴】：选择一个指定矢量来确定比例缩放的方向，并选择一个指定轴通过的点来确定比例缩放，这两种方式都可通过单击【矢量构造器】按钮 来改变，如图 2-16 所示。

图 2-15　缩放点　　　　　　　　　　**图 2-16　缩放轴**

(3) 【缩放 CSYS】：当选择【常规】类型时，必须指定一个参考坐标系。可以通过单击【CSYS 对话框】按钮 来选择，如图 2-17 所示。

图 2-17　缩放 CSYS

3) 参考几何体

在【缩放体】对话框中可以选择几何体作为原点参考或坐标参考，这些几何体与比例特征相关联。

4）比例因子

改变比例系数可以改变当前几何体的尺寸。对于【均匀】比例类型，要求提供一个比例系数；对于【轴对称】比例类型，要求提供两个(沿轴向和其他方向)比例系数；对于【常规】比例类型，要求提供三个(X 向、Y 向和 Z 向)比例系数。

2.2.3　工件设计

> **行业知识链接**：模具中包含模型的部分称为工件。模具的设计主要就是工件部分的设计，包括分模和加载模架等。图 2-18 所示是模具的工件部分。
>
>
> 图 2-18　模具工件

单击【注塑模向导】选项卡【主要】组中的【工件】按钮 ◈，可以打开图 2-19 所示的【工件】对话框，这一节具体介绍工件的使用。

1. 工件方法

【工件方法】下拉列表框如图 2-20 所示，当选择其中任意一个选项后，以前所定义的工件就可以重新定义。下面介绍【工件方法】下拉列表框中的各选项。

图 2-19　【工件】对话框

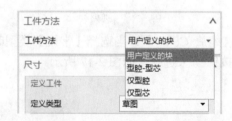

图 2-20　【工件方法】下拉列表框

1）用户定义的块

在【工件方法】下拉列表框中选择【用户定义的块】后，会链接出图 2-21 所示的预先定义好的种子块，上面是型腔，下面是型芯，这就是注塑模向导模块的标准块。

用户定义块主要包括型腔、型芯、型芯与型腔。

用户定义块的尺寸和形状与标准块不一样时，用户定义块必须保存在 parting 部件内。此外可以用几种不同的建模方式创建用户定义块，即可以在 parting 部件进行建模，建立的模型可以是一个几何链接体、一个用户自定义特征或一个输入文件。

当输入一个标准块作为工件时，该标准块将附带一个子模块，该子模块有较详细的特征，挖去模板上的多余材料，即可建立腔体供工件嵌入。

模架中的某些板层也可以作为型芯和型腔块被链接到 parting 部件，在有些案例中，在分型之前，还须加材料到型芯、型腔块。

2）型腔-型芯

在【工件方法】下拉列表框中选择【型腔-型芯】后，注塑模向导模块将使用 WAVE 的方法来链接建造实体，供以后分型片体自动修剪用。图 2-22 所示为型芯和型腔。

3）仅型腔和仅型芯

分别定义用作型腔侧的毛坯和用作型芯侧的毛坯。图 2-23 所示为定义的型腔毛坯和型芯毛坯，上面是型腔，下面是型芯。

图 2-21　用户定义的标准块

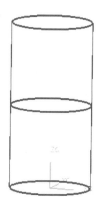

图 2-22　型芯-型腔

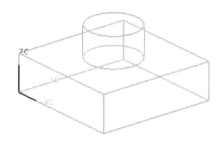
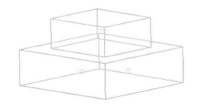

图 2-23　分别定义型腔毛坯和型芯毛坯

2. 工件库

在【工件方法】下拉列表框中选择【型腔-型芯】、【仅型腔】和【仅型芯】时，【工件】对话框中的【尺寸】选项组将变成【型腔/型芯标准库】选项组，单击【工件库】按钮，会打开如图 2-24 所示的【工件镶块设计】对话框。

【工件镶块设计】对话框中提供了一些工件的形状结构选项，即矩形毛坯、圆形毛坯和倒圆角的矩形毛坯。设置对话框中的 FOOT_ON_OFF 选项，可控制毛坯形状是否带"脚"。用户还可以定义所选毛坯是用于型芯和型腔两者，还是只用于型芯或只用于型腔。

如要编辑毛坯各部分的尺寸，可在【重用库】资源条中选择相应的镶件，这时系统会打开【信息】对话框，在此对话框中可以查看镶件的形状和各部分名称参数，如图 2-25 所示。

图 2-24　【工件镶块设计】对话框

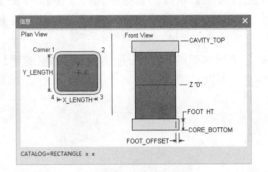

图 2-25　【信息】对话框

3. 工件尺寸

【详细信息】选项组是工件的尺寸编辑区域，如图 2-26 所示。

用户可以定义工件并输入开始和结束的限制尺寸。

单击【编辑注册器】按钮图，打开 Excel 表格，可以看到产品的尺寸，如图 2-27 所示。

图 2-26　【详细信息】选项组

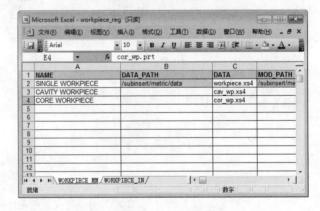

图 2-27　Excel 表格信息

课后练习

案例文件：ywj\02\01.prt 及所有模具文件

视频文件：光盘\视频课堂\第 2 教学日\2.2

练习案例的分析如下。

本课课后练习创建电池后盖的模型及初始化。初始化部分主要有加载模型、设置坐标系和设置收缩率、创建工件等内容。图 2-28 所示是完成的电池后盖模具工件。

本课案例在创建模型后，进行了模型的初始化操作，初始化是创建模具的前提。创建电池后盖模具工件的思路和步骤如图 2-29 所示。

图 2-28　电池后盖模具工件

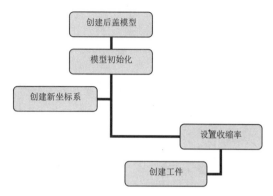

图 2-29　创建电池后盖模具工件步骤

练习案例的具体操作步骤如下。

step 01　创建后盖模型。在【直接草图】工具条中单击【草图】按钮，弹出【创建草图】对话框，选择草绘平面，如图 2-30 所示，单击【确定】按钮。

step 02　在【直接草图】工具条中单击【矩形】按钮，弹出【矩形】对话框，绘制 40×40 的矩形，如图 2-31 所示。

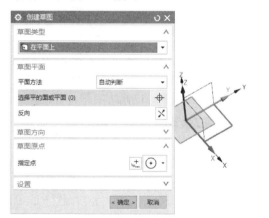

图 2-30　选择草绘面

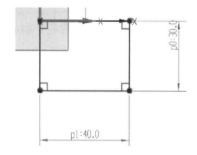

图 2-31　绘制 40×40 的矩形

step 03　在【直接草图】工具条中单击【直线】按钮，绘制长为 30 的直线，如图 2-32 所示。

step 04　在【直接草图】工具条中单击【艺术样条】按钮，绘制样条曲线，如图 2-33 所示。

step 05　在【直接草图】工具条中单击【镜像曲线】按钮，镜像样条曲线，如图 2-34 所示。

step 06　在【直接草图】工具条中单击【圆角】按钮，创建半径为 10 的圆角，如图 2-35 所示。

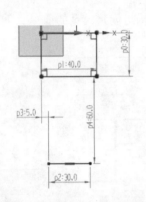

图 2-32 绘制长为 30 的直线

图 2-33 绘制样条曲线

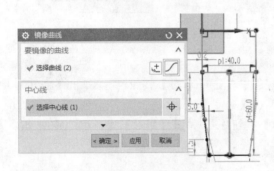

图 2-34 镜像样条曲线

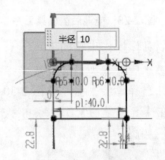

图 2-35 创建圆角

step 07 在【直接草图】工具条中单击【快速修剪】按钮 ⊬，修剪草图，如图 2-36 所示。

step 08 在【特征】工具条中单击【拉伸】按钮 ⬚，弹出【拉伸】对话框，选择草图，设置【距离】参数为 10，单击【确定】按钮，创建拉伸特征，如图 2-37 所示。

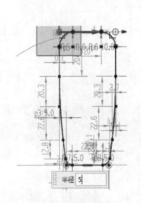

图 2-36 修剪草图

图 2-37 创建拉伸特征

step 09 在【特征】工具条中单击【边倒圆】按钮，弹出【边倒圆】对话框，创建半径为 2 的圆角，如图 2-38 所示，单击【确定】按钮。

step 10 在【直接草图】工具条中单击【草图】按钮，弹出【创建草图】对话框，选择草绘平面，如图 2-39 所示，单击【确定】按钮。

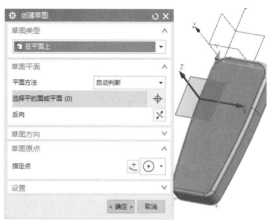

图 2-38　创建圆角　　　　　　　　　　图 2-39　选择草绘面

step 11 在【直接草图】工具条中单击【矩形】按钮，弹出【矩形】对话框，绘制 20×15 的矩形，如图 2-40 所示。

step 12 在【直接草图】工具条中单击【圆角】按钮，创建半径为 2 的圆角，如图 2-41 所示。

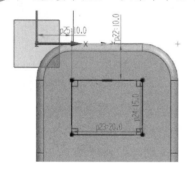

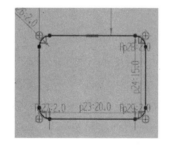

图 2-40　绘制 20×15 的矩形　　　　　　图 2-41　创建半径为 2 的圆角

step 13 在【特征】工具条中单击【拉伸】按钮，弹出【拉伸】对话框，选择草图，设置【距离】参数为 1，单击【确定】按钮，创建拉伸切除特征，如图 2-42 所示。

step 14 在【特征】工具条中单击【边倒圆】按钮，弹出【边倒圆】对话框，创建半径为 0.1 的圆角，如图 2-43 所示，单击【确定】按钮。

step 15 在【特征】工具条中单击【基准平面】按钮，弹出【基准平面】对话框，创建偏置【距离】为 40 的基准面，如图 2-44 所示，单击【确定】按钮。

step 16 在【直接草图】工具条中单击【草图】按钮，弹出【创建草图】对话框，选择草绘平面，如图 2-45 所示，单击【确定】按钮。

图 2-42　创建拉伸切除特征　　　　图 2-43　创建圆角

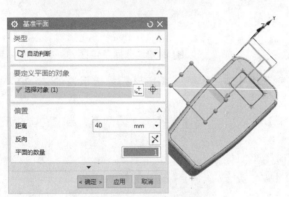

图 2-44　创建基准面

图 2-45　选择草绘面

step 17　在【直接草图】工具条中单击【圆】按钮○，绘制直径为 10 的两个圆，如图 2-46 所示。

step 18　在【特征】工具条中单击【拉伸】按钮▣，弹出【拉伸】对话框，选择草图，设置【距离】参数为 40，如图 2-47 所示，单击【确定】按钮，创建拉伸特征。

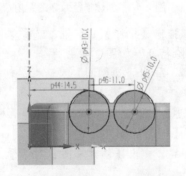

图 2-46　绘制直径为 10 的两个圆

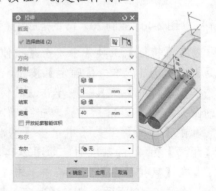

图 2-47　拉伸草图

step 19　在【特征】工具条中单击【减去】按钮，弹出【求差】对话框，选择目标和工具单击

【确定】按钮，进行特征求差运算，如图2-48所示。

step 20 在【直接草图】工具条中单击【草图】按钮，弹出【创建草图】对话框，选择草绘平面，如图2-49所示，单击【确定】按钮。

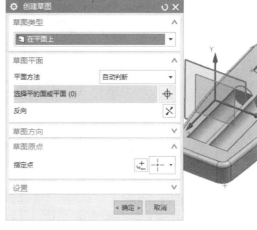

图2-48 特征求差运算　　　　　　　图2-49 选择草绘面

step 21 在【直接草图】工具条中单击【矩形】按钮，弹出【矩形】对话框，绘制矩形，尺寸如图2-50所示。

step 22 在【特征】工具条中单击【拉伸】按钮，弹出【拉伸】对话框，选择草图，修改【距离】参数为40，单击【确定】按钮，创建拉伸切除特征，如图2-51所示。

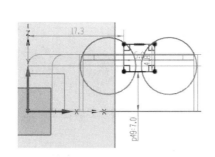

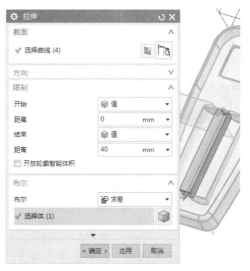

图2-50 绘制矩形　　　　　　　图2-51 创建拉伸切除特征

step 23 在【特征】工具条中单击【抽壳】按钮，弹出【抽壳】对话框，选择去除面，设置【厚度】为1，单击【确定】按钮，创建抽壳特征，如图2-52所示。

step 24 在【直接草图】工具条中单击【草图】按钮，弹出【创建草图】对话框，选择草绘平面，如图2-53所示，单击【确定】按钮。

图2-52　创建抽壳特征

图2-53　选择草绘面

step 25　在【直接草图】工具条中单击【矩形】按钮 ，弹出【矩形】对话框，绘制 4×2 的矩形，如图2-54所示。

step 26　在【特征】工具条中单击【拉伸】按钮 ，弹出【拉伸】对话框，选择草图，修改【距离】参数为20，单击【确定】按钮，创建拉伸切除特征，如图2-55所示。

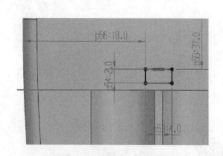

图2-54　绘制4×2的矩形

图2-55　创建拉伸切除特征

step 27　完成的电池后盖模型如图2-56所示。

step 28　进行模型初始化。单击【注塑模向导】选项卡中的【初始化项目】按钮，弹出【初始化项目】对话框，如图2-57所示，单击【确定】按钮，初始化项目。

step 29　单击【注塑模向导】选项卡【主要】组中的【模具 CSYS】按钮 ，弹出【模具 CSYS】对话框，如图2-58所示，选中【产品实体中心】单选按钮，单击【确定】按钮，设置坐标系。

step 30 设置收缩率。单击【注塑模向导】选项卡【主要】组中的【收缩】按钮，弹出【缩放体】对话框，如图 2-59 所示，设置【均匀】因子为 1.005，单击【确定】按钮，设置收缩率。

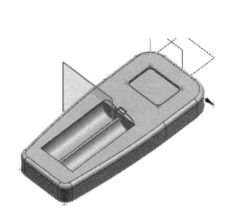

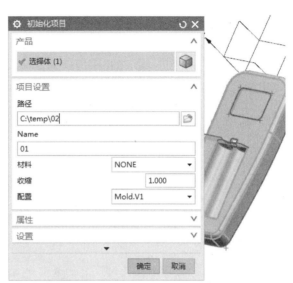

图 2-56　完成的电池后盖模型　　　　　　图 2-57　【初始化项目】对话框

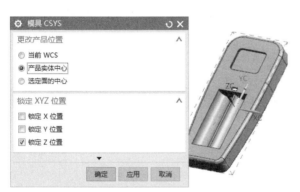

图 2-58　【模具 CSYS】对话框　　　　　　图 2-59　【缩放体】对话框

step 31 单击【注塑模向导】选项卡【主要】组中的【工件】按钮，弹出【工件】对话框，设置工件尺寸，单击【确定】按钮，创建工件，如图 2-60 所示。

step 32 完成的电池后盖工件如图 2-61 所示。

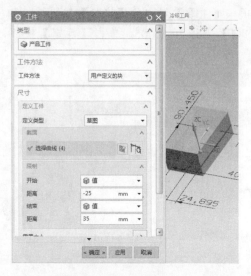

图 2-60　创建工件　　　　　　图 2-61　创建完成的电池后盖工件

机械设计实践：模具初始化时设置的收缩率首先要保证精度。精度要求包括避卡、精定位、导柱、定位销等部分。定位系统关系到制品外观的质量、模具的质量与寿命。根据模具结构的不同，应选择不同的定位方式。定位精度控制主要依靠加工。内模定位需要设计者充分去考虑，以便设计出更加合理易调整的定位方式。图 2-62 所示是模具的定位销，要求具有较高的精度。

图 2-62　轴销零件

第3课 2课时 多腔模模具型腔

2.3.1　多腔模布局

行业知识链接：塑料模具主要由型腔、加料腔、导向机构、推出部件、加热系统等组成。不同的系统可以根据需要进行取舍。图 2-63 所示是模具的多腔模设计，如果只设计模具部分，则不需要设计加热系统。

图 2-63　多腔模模具

　　多腔模布局是指在一套模架中包含两个以上的工件的布局方式，也可以把多腔模布局解释为在模具中放置同一产品的几个模腔。多腔模布局的功能是确定模具中模腔的个数和模腔在模具中的排列。本课我们利用注塑模向导模块中的【型腔布局】按钮在模具装配结构中添加、移除或重定位型腔。

　　多腔模布局工具提供了创建多个装配阵列的方法，阵列对象是那些用加载产品功能加入的装配结构的产品子装配。注塑模向导模块的多腔模布局功能提供了矩形排列和圆形排列两种方法，单击【主要】工具条中的【型腔布局】按钮▣，可以打开如图 2-64 所示的【型腔布局】对话框。

矩形布局

圆形布局

图 2-64 【型腔布局】对话框

用加载产品功能，一个产品只能加载一次，用多腔模布局可创建一个产品的多个阵列。

矩形布局中包含【平衡】和【线性】两种布局方式，而圆形布局中包含【径向】和【恒定】两种方式。下面我们就具体介绍矩形布局和圆形布局这两种排列方式。

1. 矩形布局

下面介绍矩形布局的操作方法。

(1) 选中【平衡】或【线性】单选按钮。

(2) 选择型腔数目(2 或 4)。

(3) 输入偏置距离。一模两腔的在【缝隙距离】文本框中输入数值，一模四腔的在【第一距离】和【第二距离】文本框中输入数值。

(4) 选择开始布局。

(5) 选择布局方向。

在如图 2-65 所示的【型腔布局】对话框中，矩形布局有两种布局方式，分别是一模两腔和一模四腔。下面我们来重点介绍这两种布局方式。

1) 一模两腔布局

一模两腔布局是工件沿所选择的方向偏置。选中【平衡】单选按钮，第二型腔将旋转180°。

图 2-65 【型腔布局】对话框

两个工件中间可留有一定的间隙，在一模两腔矩形布局的【型腔布局】对话框中的【间隙距离】文本框中可以输入数值控制两个工件的间隙。若输入的数值为0，则表明两工件紧挨在一起。

矩形布局还有【平衡】和【线性】两种不同的方式，如图 2-66 所示。我们通过一个例子来说明这两种方式的不同。例子中的两工件采用同样的间隙值(即【缝隙距离】数值相同)，而且两种情形都选择相同的偏置方向，图 2-67(b)是【平衡】布局的结果，图 2-67(c)是【线性】布局的结果。这样我们就可以直观地看出【平衡】和【线性】两种不同方式的区别。在以后的设计过程中我们可以根据实际的需要来确定选择不同的布局方式。

图 2-66　【型腔布局】对话框

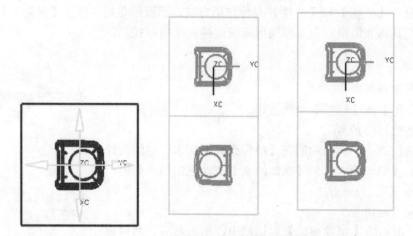

(a) 选择方向　　　(b)【平衡布局】的结果　　(c)【线性布局】的结果

图 2-67　一模二腔布局的两种方式

2)　一模四腔布局

在使用一模四腔布局时，如果用户选择第一方向，那么第二方向则总是从第一方向的逆时针旋转 90°，如图 2-68 所示。

在一模四腔布局中，对话框中会给出两个距离输入窗口，可以输入正的或负的偏置距离。

一模四腔中的平衡式布局，沿第一方向布置的工件将旋转 180°，如同一模二腔中的平衡式布局，后两个模腔的布局如同第一对模腔，只是移动了一段距离，如图 2-69 所示。

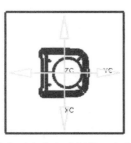

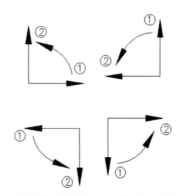

从四个指示方向中选择第一方向① 　　　　第二方向是从所选的第一方向逆时针旋转 90°

图 2-68　选择方向

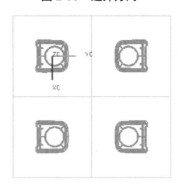

图 2-69　一模四腔平衡式布局

2. 圆形布局

选择圆形布局的【型腔布局】对话框如图 2-70 所示。

【径向】布局

【恒定】布局

图 2-70　【型腔布局】对话框

圆形布局的具体操作方法如下。

(1) 选择径向或恒定布置方式。

(2) 输入型腔数。

(3) 输入起始角度(与+X 轴的交角)。

(4) 输入旋转角度(包含所有模腔)。

(5) 输入半径[从绝对坐标(0,0,0)开始到第一模腔上的参考点的距离]。

(6) 选择开始布局。

(7) 识别参考点。

圆形布局几乎完全是由用户自定义的,注塑模向导模块所做的是计算出每个模腔的角度,给出起始角、总角度和模腔数。

参考点定义将引出不同的结果,必须仔细考虑。圆周阵列建立在 Layout 部件文件中的绝对坐标系统(ACS),当加载了一个新的产品,并定义了模具坐标后,产品的绝对坐标即被转移到 Layout 部件文件中的绝对坐标位置。

在图 2-70 所示的【型腔布局】对话框的上半部分,有【径向】和【恒定】选项。【径向】选项使模腔的方向始终指向一个中心点,并绕该中心点旋转,如图 2-71 所示;而【恒定】选项则使各模腔保持与第一模腔的方位一致,如图 2-72 所示。其中参考点为坐标原点。

一般第一模腔的方位始终与布局前的原方位保持一致,但是当指定了起始角度后就会有所不同。

1) 型腔数

【型腔数】是模腔总数,包含第一个原始模腔。

2) 起始角

【起始角】用于定义第一个模腔的参考点到绝对坐标原点的连线与绝对坐标+X 方向的角度。

3) 旋转角

【旋转角】是指第一个模腔到最后一个模腔的总角度。系统将自动计算出每个模腔之间的夹角。

4) 半径

【半径】是指第一模腔从绝对坐标的原来位置沿着起始角度定义的方向移动到新的参考点位置的距离。

图 2-71 和图 2-72 两种布局的参数相同,通过这两种效果的比较相信大家已经明白"径向"和"恒定"的用法了。如果参考点在型腔上,则其圆形布局效果如图 2-73 所示。

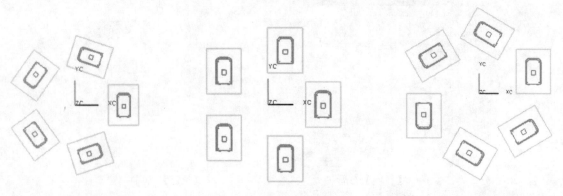

图 2-71　径向圆形布局　　　　　图 2-72　恒定圆形布局　　　　　图 2-73　参考点在型腔上的圆形布局

2.3.2 多件模设计

行业知识链接：模具多件模设计可以一次制作多个不同形状的
模具，在制作批量小、变化频繁的零件时可以节省成本。图 2-74 所
示是一个多件模的内部设计。

图 2-74 多件模的内部设计

多件模是将有一定关系的几个产品放置在一个模具里注塑成型，模腔内包含多个不同形状的产品。下面讲解多件模的设计方法。

1. 多件模设计概述

当多个产品被加载后，注塑模向导模块自动将每一个产品作为一个独立的分支，组成一个产品项目装配结构。多件模功能允许从中选择一个激活的产品进行以后的操作。

注塑模向导模块功能用于一个指定的部件或相关文件时，称为部件的详细操作。详细操作可以在一个产品上集中定义模具坐标系、收缩率、工件和分型功能。部件详细操作也将应用于多件模中的激活产品文件。比如，可以激活某个产品进而创建分型面，然后可以评估分型该分型体和用建模功能匹配或在相邻镶件间创建斜度；还可以再次激活该产品创建型腔、型芯块。被各种功能所关注的部件称为激活部件。

2. 加载多个产品模型

注塑模向导模块可以创建多件模(一个模具有多个产品模型)。创建第一个产品模型后，在载入第二个或以后的产品模型时，就不用再次进行初始化了，因为其单位、工程路径及工程名称都没有变化。在注塑模向导模块中单击【多腔模设计】按钮 ，打开如图 2-75 所示的【多腔模设计】对话框。如果这时仅加载了一个产品，对话框将会出现如图 2-76 所示的【多腔模设计】提示框。选择【多腔模设计】对话框中的某一产品，然后单击【确定】按钮，或双击某一产品名便可激活该产品。

图 2-75 【多腔模设计】对话框

图 2-76 提示框

标准模架和一些标准件(如导柱、定位圈等)被安置在另一个装配分支，并不受"激活"产品的影响。

图 2-75 所示的【多腔模设计】对话框中，有一个【移除】按钮 ，顾名思义，它被用于从多件模中删除一个产品，该功能将删除所有装配分支中的元素。

2.3.3 重定位方法

行业知识链接：模具创建中，若型腔的自动布局不合理，这时就需要手动重新定位。图 2-77 所示是模具的分开状态，其中有两个型腔是由手动定位的。

图 2-77 模具内的型腔布局

重定位是指修改一个或者多个模腔的位置的方法，可以使用旋转、变换以及自动中心等功能来重定位型腔，还可以使用删除功能来移除某些型腔，这个功能主要体现在图 2-78 所示的【型腔布局】对话框的下半部分。通过【编辑插入腔】、【变换】和【移除】选项可人为地控制 Layout 装配节内的产品子装配的位置，可以旋转、变换和移除所选中的或以高亮度显示的产品；而自动对准中心能自动地重新放置整个布局。

1. 变换功能

单击【型腔布局】对话框中的【变换】按钮⬚，打开【变换】对话框，如图 2-79 所示，在【变换类型】下拉列表框中有 3 个选项，分别为【旋转】、【平移】和【点到点】，下面分别介绍其含义。

图 2-78 【编辑布局】选项组

图 2-79 【变换】对话框

1) 旋转

【旋转】主要用于在 WCS 平面旋转选择的高亮型腔。在【变换类型】下拉列表框中选择【旋转】类型时，单击【点对话框】按钮⬚，打开【点】对话框，可以设置旋转中心点，如图 2-80 所示。

【角度】下拉列表框中默认输入的初始旋转角度是 180°，当然也可以输入其他旋转角度值来改变角度；拖动其下面的角度滑条可以动态控制型腔绕中心点旋转。

【结果】选项组中的【移动原先的】和【复制原先的】两个单选按钮，主要用于决定对选择的型腔是移动还是复制。

2) 平移

【平移】用于将选择的型腔移动一个距离。在【变换类型】下拉列表框中选择【平移】选项时，将弹出图 2-81 所示的【变换】对话框。

图 2-80 【点】对话框

图 2-81 【变换】对话框

【平移】选项组中的主要功能介绍如下。

(1) 两个数字输入文本框分别输入 X、Y 两个方向的精确移动值。

(2) 两个滑条分别动态控制 X、Y 两个方向的位置。

3) 点到点

【点到点】用于将选择的型腔移动一个距离。在【变换类型】下拉列表框中选择【点到点】选项时，将弹出图 2-82 所示的【变换】对话框。

【点到点】选项组中的【指定出发点】选项是选择想要移动的第一点，【指定终止点】选项是选择所要定位的目标点作为第二点，从而对对象进行变换。

2. 移除功能

【移除】按钮 ✕ 是从布局中移去所选的模腔，但布局中必须存在一个以上的模腔。

3. 自动对准中心功能

【自动对准中心】按钮 田 应用于布局里所有的型腔，而不仅仅是选择的或高亮度的型腔。它会搜索全部的型腔（包括多腔模），得到一个布局的中心点，并将该中心点移动到绝对坐标系的原点，因为该原点是调入模架的中心。

图 2-82 【变换】对话框

2.3.4 插入腔和删除布局

行业知识链接：构成产品空间的零件称为成型零件（即模具整体），成型产品外表面的模具零件称为型腔。型腔可以在设计当中进行插入以新增布局。图 2-83 所示是模具的内部腔模布局。

图 2-83 模具内部腔模的布局

1. 插入腔

【插入腔】功能是为以后在模板上建立安放工件的空穴而准备的工具体，当选择了【型腔布局】对话框中【编辑插入腔】按钮 时，可打开【刀槽】对话框，如图 2-84 所示。用户可从一个库中为建立腔体选择一个标准工具体。

在对话框底部的参数区域中可选择三种嵌件腔形状，嵌件腔的尺寸与模芯布局相关。用户也可通过单击对话框顶部的【尺寸】标签，切换到【尺寸】选项卡，修改插入腔的尺寸，如图 2-85 所示。

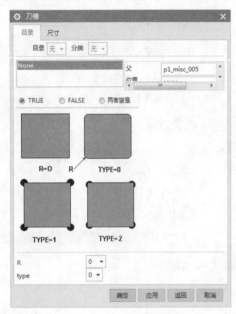

图 2-84 【刀槽】对话框

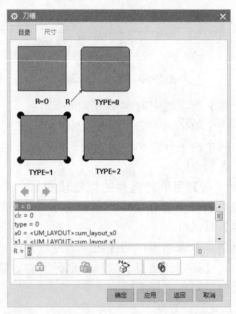

图 2-85 【尺寸】选项卡

2. 删除单个产品的阵列

前面介绍的多腔模的移除功能不能从注塑模向导模块装配中删除单个产品，如果想要删除单个产品的布局，必须使用 NX 的装配功能。具体需要进行如下操作。

(1) 打开【装配】模式，设置部件 Layout 为工作部件。

(2) 选择【文件】|【关闭】|【选定的部件】命令或用装配导航器关闭想要删除的产品的所有相关部件，这些相关部件是由 Shrink、Parting、Core、Cavity 等组成的 Prod 子装配，必要时，还包括原产品部件。

(3) 从 Layout 子装配中删除 Prod 装配组件：在装配导航器中选择 Prod，然后选择【上边框条】中的【菜单】|【编辑】|【删除】命令，此时会出现装配部件将被移去的警告，但是部件并不会被删除。

(4) 在操作系统中，手动删除 Prod 部件及下属部件。

(5) 选择【文件】|【保存】|【全部保存】命令，这样就完成了删除操作。

课后练习

案例文件：ywj\02\01.prt 及所有模具文件
视频文件：光盘\视频课堂\第 2 教学日\2.3

练习案例的分析如下。

本课课后练习后盖的模具多腔模设计。使用多腔模模具可以提高生产效率，依次产出多个产品。图 2-86 所示是完成的后盖多腔模。

本课案例主要练习多腔模的创建以及布局方法，创建的腔模的位置同样可以进行编辑。创建后盖多腔模的思路和步骤如图 2-87 所示。

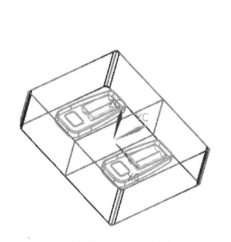

图 2-86　后盖多腔模

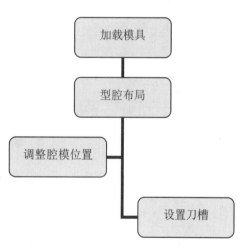

图 2-87　创建后盖多腔模的步骤

练习案例的具体操作步骤如下。

step 01　加载模具。选择【文件】|【打开】菜单命令，弹出【打开】对话框，选择文件，如图 2-88 所示，单击 OK 按钮，打开模型。

step 02　打开的电池后盖工件和模具如图 2-89 所示。

step 03　进行型腔布局。单击【注塑模向导】选项卡的【主要】组中的【型腔布局】按钮，弹出【型腔布局】对话框，设置【型腔数】为 2，单击【开始布局】按钮，进行型腔布局，如图 2-90 所示。

step 04　在弹出的【型腔布局】对话框中，单击【变换】按钮，弹出【变换】对话框，设置模具旋转角度，单击【确定】按钮，旋转模具位置，如图 2-91 所示。

step 05　在【型腔布局】对话框中，单击【变换】按钮，弹出【变换】对话框，设置模具移动的距离，单击【确定】按钮，平移模具位置，如图 2-92 所示。

77

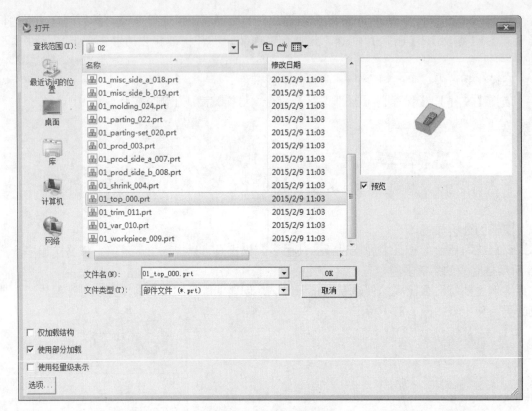

图 2-88 【打开】对话框

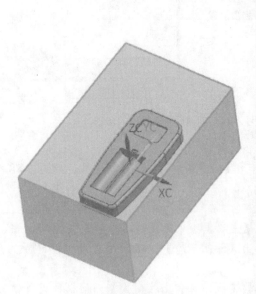

图 2-89 工件和模具

图 2-90 型腔布局

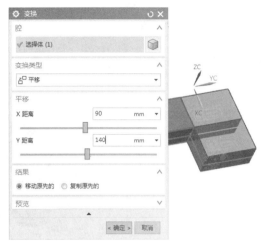

图 2-91　旋转模具位置　　　　　　　　图 2-92　平移模具位置

step 06　在【型腔布局】对话框中单击【编辑插入腔】按钮，弹出【刀槽】对话框，创建模具刀槽，如图 2-93 所示。

step 07　在【刀槽】对话框中切换到【尺寸】选项卡，设置刀槽的尺寸参数，单击【确定】按钮，如图 2-94 所示。

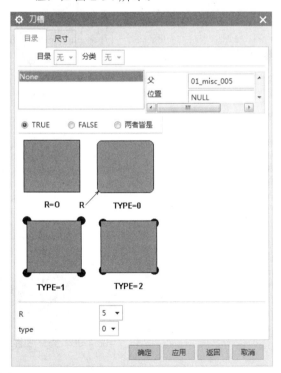

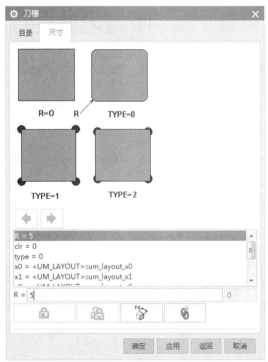

图 2-93　创建模具刀槽　　　　　　　　图 2-94　设置刀槽的尺寸

step 08　在【型腔布局】对话框中单击【自动对准中心】按钮，如图 2-95 所示，修改模具的坐标系。

step 09 完成的电池后盖模具布局如图 2-96 所示。

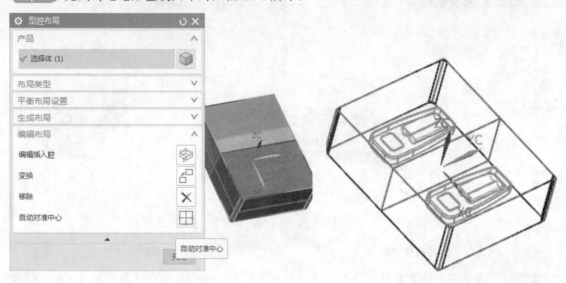

图 2-95　修改模具坐标系　　　　　　　　图 2-96　完成型腔布局的电池后盖模具

机械设计实践：塑料模具都有浇注系统，浇注系统是指注塑机喷嘴至型腔之间的进料通道，包括主流道、分流道、浇口和冷料穴。浇口位置的选定应有利于熔融塑料在良好流动状态下充满型腔，附在制品上的固态流道和浇口冷料应在开模时易于从模具内顶出并予以清除(热流道模除外)。图 2-97 所示是模具的多腔模浇口部分，有多少个型腔就会分支多少个浇口。

图 2-97　多腔模浇口

第4课 2课时 注塑模修补工具

2.4.1　创建方块

行业知识链接：模具中的零件，通常会有比较特殊的特征，这时就要用到模具方块。模具方块是插入模具、用于生成零件的特殊部分。图 2-98 所示的壳体零件，其圆孔特征就需要用到插入方块。

图 2-98　壳体零件

创建方块就是创建一个六面实体补丁，用于充填需要添加分型面的破孔，最终达到分型的目的。下面将具体介绍创建方块的方法。

1. 创建方块概述

方块通常是在曲面修补或边界修补不能完成的情况下进行创建的，这种方法对于修补破孔来说是一种既有效而又快捷的方法。创建方块需要指定所修补的曲面的边界面，此边界面可以为规则曲面也可以为不规则曲面。NX 将创建一个包含所选面在内的长方体，多余部分可以用分割工具进行修剪。

在注塑模向导模块中有一类专用工具，被称为注塑模工具，包括快速创建方块、分割实体、实体补片等各种实用工具。【注塑模工具】工具组如图 2-99 所示。

图 2-99 【注塑模工具】工具组

2. 创建方块的方法

创建方块的有两种方法，分别是对象包容方块和一般方块，下面来分别介绍。

1) 创建【有界长方体】方块

单击【注塑模工具】工具条中的【创建方块】按钮■，打开图 2-100 所示的【创建方块】对话框。

【有界长方体】类型是指分别选择对象的几条边有范围地创建方块，此处可以自己设定大于被选面的尺寸，在选定边界后也可以通过拖动箭头实现对方块尺寸的编辑，如图 2-101 所示。

图 2-100 【创建方块】对话框

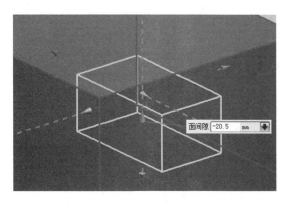

图 2-101 有界长方体方块

2) 创建【中心和长度】方块

当在【类型】下拉列表选择【中心和长度】选项，并且定义点后，【创建方块】对话框会自动变为图 2-102 所示，此时可以设置方块的尺寸，创建方块。

【中心和长度】类型是指在指定点的位置创建固定尺寸的方块，创建后可以修改尺寸。可以直接对方块尺寸进行编辑，也可以通过拖动三个箭头实现尺寸变化，如图 2-103 所示。

图 2-102　选择【中心和长度】选项的
【创建方块】对话框

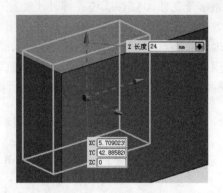

图 2-103　中心和长度方块

2.4.2　分割工具

行业知识链接：分割会要求用户选择目标体和工具片体或基准面。相关模式下，系统用提取实体的方法制造一个目标体的两个复制体，工具片体或基准面用于修剪这两个体的各个相对的两侧。工具片体和修剪实体都被保留并保持相关。图 2-104 所示是整套模具的拆分状态。

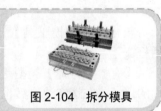

图 2-104　拆分模具

　　分割方式用于修补块、分切工件或修剪，以获取型芯、型腔或者滑块、镶件等特征，使用面、基准平面或者体分割一个实体，从而得到两个保留参数的实体。在非相关模式下，分割面用于分割目标体，使之成为两个无参数特征，该分割面随之被删除。

　　单击【注塑模工具】工具条中的【拆分体】按钮，系统弹出如图 2-105 所示的【拆分体】对话框。

图 2-105　【拆分体】对话框

此时选择一个创建完毕的模型进行分割，如图 2-106 所示的实体；单击【面】按钮 ，利用平面的上表面进行分割，如图 2-107 所示。

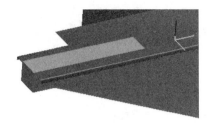

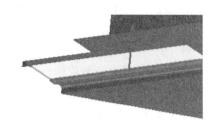

图 2-106　分割前　　　　　　　　　　图 2-107　分割后

当在【工具选项】下拉列表框中选择【拉伸】选项时，【拆分体】对话框将会变为图 2-108 所示。当在【工具选项】下拉列表框中选择【旋转】选项时，【拆分体】对话框将会变为图 2-109 所示。两者都可以选择不同的截面曲线工具进行拆分。

图 2-108　选择【拉伸】选项　　　　　　图 2-109　选择【旋转】选项

2.4.3　修补破孔

> **行业知识链接：** 在模具设计中，大多数存在于零件表面上开放的孔和槽都要求被"封闭"，那些需要"封闭"的孔和槽，就是需要修补的地方。如图 2-110 所示是多腔模模具中的孔修补。

图 2-110　多腔模模具中的孔修补

修补破孔就是用一个片体覆盖开放面的开发部分。实体修补使用材料去填充一个空隙，并将该填补的材料加到以后的型腔、型芯或模具的侧抽芯，来补偿实体修补所移去的面和边。

初始化后的 parting 文件中包含一个实体和几个种子实体，其实体链接至 shrink 文件中的父级实体，而那些种子实体中有些就是成型镶件的父级实体，还有一些"种子片体"连接到型芯和型腔文件。

注塑模向导模块就是用那些连接到工件的种子实体来产生型芯和型腔的。在 parting 文件中的那些公共分型面和"提取区域"面，都被附加在上面提及的种子片体中。

修剪产生型芯、型腔的修剪片体，在型芯和型腔文件中被作为修剪体。如果这些修剪体靠近边界处有间隙或修剪片体存在内部孔，就不能用这些面来修补。但是在注塑模向导模块中可以使用实体来进行补孔，从而达到分型。

1．曲面补片

曲面补片是指系统使用曲面修补的方法修补产品内部的通孔。

单击【注塑模工具】工具条中的【曲面补片】按钮 ◈，系统会弹出如图 2-111 所示的【边修补】对话框。在此对话框中有 3 种环选择类型：【面】、【体】和【移刀】。当孔的边界位于两个以上的面时(包括两个)，也可以利用此功能进行修补。

图 2-111　【边修补】对话框

(1) 在【边修补】对话框的【类型】下拉列表框中选择【面】选项，【边修补】对话框如图 2-112 所示。运用【边修补】对话框中的【面】选项，可以按照面的颜色自动选择模型面。

(2) 使用【移刀】选项选择模型面时，需要在模型面上单击，当选择一个面后，模型如图 2-113 所示。

图 2-112　选择【面】选项

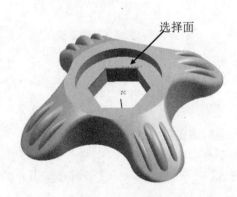

选择面

图 2-113　选择面

(3) 在【边修补】对话框的【类型】下拉列表中，选择【体】选项，【边修补】对话框如图 2-114 所示的。运用【边修补】对话框中的【体】选项，可以对整个模型的表面进行补孔操作。当选择一个模型体后，对模型整体进行补面，如图 2-115 所示。

2. 补片工具

上面几个补片方式即为注塑模向导模块中【注塑模工具】工具条中的几种方式，也是最常用的几种。片体修补用于封闭产品模具中开放的曲面，补片工具包括实体补片和修剪区域补片，在下文中将做详细介绍。

图 2-114　选择【体】选项　　　　　　　图 2-115　创建的补片

1) 实体补片

在模具设计中，几乎绝大多数产品都会存在通孔，并且孔的形状并非全是规则的。此种情况下就要引入手动补片。其中，实体补片是比较简单而且最常用到的，即通过创建实体对产品的孔进行修补。

单击【注塑模工具】工具条中的【实体补片】按钮，系统会弹出如图 2-116 所示的【实体补片】对话框，并且系统会提示"选择产品体作为补片目标体"。

此功能需要在产品目录中进行，否则无法完成实体与产品的关联。即在【目标组件】列表中选择相应组件，之后单击【创建方块】按钮对工件创建适当的实体；之后单击【拆分体】按钮，利用几个外表面对工件进行修剪，完成此工作后方可进行上述操作。

完成选择产品后，系统会提示"选择面"，选择刚刚补好的实体然后单击【应用】按钮即可。当两型芯和型腔任何一个没有选择时，【应用】和【确定】按钮都是无法单击的。

此时在【目标组件】列表中选择相应组件进入总装配体，则【装配导航器】中的工作部件如图 2-117 所示。继续双击相应的部件将所有部件转换为工作部件。

在注塑模向导模块中遵循的是装配的关系，希望大家能在懂得装配模块的情况下来学习，这样会更快入门及熟练。

创建完成并且回到总装配图后的产品如图 2-118 所示。

2) 修剪区域补片

在模具设计中的三维设计中使用曲面进行"分模"、"修补孔"都是最简单、最直接的方法，但是还有一些特殊的原因会导致在整个过程中无法完全使用面进行修补，此时需使用修剪区域补片命令。在注塑模向导模块中也是如此，使用者需要合理、灵活地使用三维软件，这样才能使软件发挥最大作用，工作效率才会提高。

下面结合【修剪区域补片】对话框，介绍修剪区域补片的操作。

单击【注塑模工具】工具条中的【修剪区域补片】按钮，系统会弹出如图 2-119 所示的【修剪区域补片】对话框。

图 2-116　【实体补片】对话框

图 2-117　装配导航器

图 2-118　实体补片

图 2-119　【修剪区域补片】对话框

系统要求用户"选择要修剪的目标体"，此时选择的这个面为创建的补面。当选择面后，再选择分割所使用的边界线，如图 2-120 所示。此时单击【确定】按钮，系统将自动创建修剪面，如图 2-121 所示。

图 2-120　选择边界线

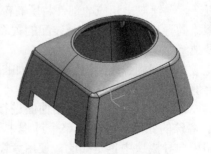

图 2-121　修剪面创建完成

2.4.4 其他工具

行业知识链接：注塑模的曲面工具还有多种，灵活的运用这些曲面工具，可以创建复杂的模具曲面，同时方便模具的制造。图 2-122 所示是注塑模具的分模面部分。

图 2-122　注塑模具的分模面部分

在创建分型面和补破孔时会遇到一些较为复杂的形状，注塑模向导模块无法创建理想的曲面，此时可以使用本节所讲的曲面工具来进行修补与创建。曲面工具分别是【引导式延伸】、【延伸片体】、【扩大曲面补片】、【拆分面】。

在【注塑模工具】工具条中还有一部分工具，包括【修剪实体】、【替换实体】等，使用这些工具可以操作模具设计中的实体和面。

1. 延伸曲面

单击【注塑模工具】工具条中的【引导式延伸】按钮，弹出如图 2-123 所示的【引导式延伸】对话框。选取所要编辑的曲面，如图 2-124 所示，单击【确定】按钮即可将曲面添加到注塑模向导模块中进行编辑。

图 2-123　【引导式延伸】对话框

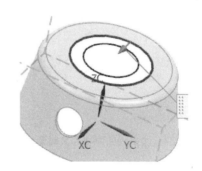

图 2-124　选择曲面

单击【注塑模工具】工具条中的【延伸片体】按钮，弹出如图 2-125 所示的【延伸片体】对话框。选取所要编辑的曲面，如图 2-126 所示，单击【确定】按钮即可将曲面添加到注塑模向导模块中进行编辑。

图 2-125 【延伸片体】对话框

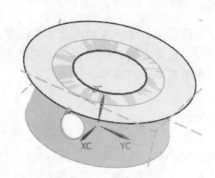

图 2-126 延伸的片体

2. 扩大曲面

单击【注塑模工具】工具条中的【扩大曲面】按钮█，系统会弹出如图 2-127 所示的【扩大曲面补片】对话框。在【区域】选项组中有两个单选按钮，分别为【保留】和【放弃】单选按钮。

在扩大曲面的时候所采用的扩大方式，也决定着曲面创建后的形状。扩大曲面后，效果如图 2-128 所示。编辑好所需要的面后，单击【确定】按钮即可退出【扩大曲面补片】对话框。

图 2-127 【扩大曲面补片】对话框

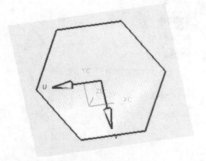

图 2-128 扩大曲面

3. 拆分面

【拆分面】功能就是分割面功能，在设计产品时是非常实用的一个功能。

单击【注塑模工具】工具条中的【拆分面】按钮◈，系统会弹出如图 2-129 所示的【拆分面】对话框。若在【类型】下拉列表框中选择【平面/面】选项，则【拆分面】对话框如图 2-130 所示。

在【拆分面】对话框【类型】下拉列表框中提供了两种用来分割面的工具，一种为面，一种为线。

图 2-129　【拆分面】对话框

图 2-130　选择【平面/面】选项

若在【类型】下拉列表框中选择【交点】选项时，则【拆分面】对话框如图 2-131 所示。选择【等斜度】选项，则【拆分面】对话框如图 2-132 所示。

图 2-131　选择【交点】选项

图 2-132　选择【等斜度】选项

【拆分面】对话框设置完毕后单击【确定】按钮即可将面在线处分割，最终分割面的过程如图 2-133 所示。分割面对于模具设计在注塑模向导模块中的应用并不多，在产品设计中则很重要。

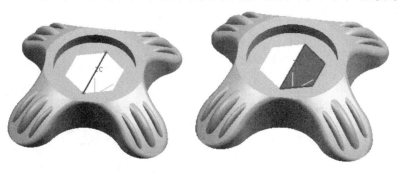

图 2-133　分割面

4. 修剪实体

实体补孔是一个较为实用的工具，在产品内部存在孔并且面无法或者是不方便做出时，用实体补孔不但快捷而且方便。此实体会自动连接到型腔或型芯组件，可以在最终将该实体定义为模具的结构。创建好实体之后，往往要对实体进行修剪编辑。

单击【注塑模工具】工具条中的【修剪实体】按钮 ，弹出【修剪实体】对话框，如图 2-134 所示。在对话框中选择修剪面和目标，即可对实体进行修剪。其中，【类型】下拉列表框有【面】、【片体】和【加工区域】三个选项，如图 2-135 所示，用于选择不同类型的修剪对象。

5. 替换实体

单击【注塑模工具】工具条中的【替换实体】按钮 ，弹出【替换实体】对话框，如图 2-136 所示。此命令使用选定的面创建包容块，并使用选定的面替换包容块上的面。

图 2-134 　【修剪实体】对话框

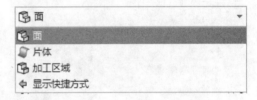

图 2-135 　【类型】列表

图 2-136 　【替换实体】对话框

课后练习

案例文件：ywj\02\01.prt 及所有模具文件

视频文件：光盘\视频课堂\第 2 教学日\2.4

练习案例的分析如下。

本课课后练习后盖模具的修补和创建方块命令。塑料模具的破孔部分在模具分型时必须进行填补，否则无法生成分型面。图 2-137 所示是修补完成的后盖模具。

本课案例主要练习 NX 10.0 中注塑模修补工具的使用。首先加载模型，之后对面进行修补，再创建块，最后修改块的尺寸。后盖模具修补的思路和步骤如图 2-138 所示。

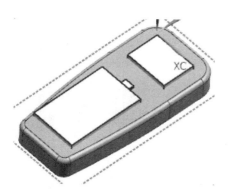

图 2-137　后盖模具修补

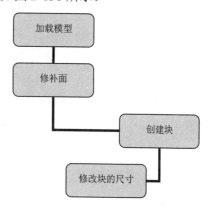

图 2-138　后盖模具的修补步骤

练习案例的具体操作步骤如下。

step 01　加载模型。选择【文件】|【打开】命令，弹出【打开】对话框，选择模具文件并打开，如图 2-139 所示。

step 02　修补面。单击【注塑模向导】选项卡的【分型刀具】组中的【曲面补片】按钮◈，弹出【边修补】对话框，选择修补面，如图 2-140 所示。

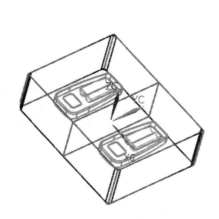

图 2-139　模具模型

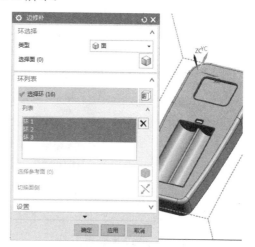

图 2-140　选择修补面

step 03 在【边修补】对话框中，删除多余的环，如图 2-141 所示，单击【确定】按钮。

step 04 创建块。单击【注塑模向导】选项卡的【注塑模工具】组中的【创建方块】按钮，弹出【创建方块】对话框，选择对象后，单击【应用】按钮，完成添加方块 1，如图 2-142 所示。

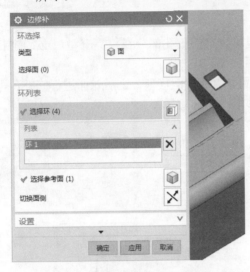

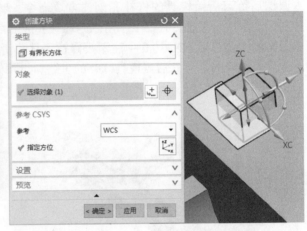

图 2-141　删除多余的环　　　　　　　　　图 2-142　添加方块 1

step 05 拖动方块上的手柄，修改方块 1 的大小，然后单击【创建方块】对话框中的【确定】按钮，如图 2-143 所示。

step 06 单击【注塑模向导】选项卡的【注塑模工具】组中的【拆分体】按钮，弹出【拆分体】对话框，选择目标和工具，如图 2-144 所示，单击【确定】按钮，拆分方块 1。

图 2-143　修改方块 1 大小　　　　　　　　图 2-144　拆分方块 1

step 07 单击【注塑模向导】选项卡的【注塑模工具】组中的【创建方块】按钮，弹出【创建方块】对话框，单击【应用】按钮，创建方块 2，如图 2-145 所示。

step 08 单击【注塑模向导】选项卡的【注塑模工具】组中的【拆分体】按钮，弹出【拆分体】对话框，选择目标和工具，如图 2-146 所示，单击【确定】按钮，拆分方块 2。

图 2-145　创建方块 2

图 2-146　拆分方块 2

step 09 　单击【注塑模向导】选项卡的【注塑模工具】组中的【创建方块】按钮 🔳，弹出【创建方块】对话框，单击【应用】按钮，创建方块 3，如图 2-147 所示。

step 10 　单击【注塑模向导】选项卡的【注塑模工具】组中的【拆分体】按钮 🔲，弹出【拆分体】对话框，选择目标和工具，如图 2-148 所示，单击【确定】按钮，拆分方块 3。

图 2-147　创建方块 3

图 2-148　拆分方块 3

step 11 　完成的电池后盖注塑模修补模型如图 2-149 所示。

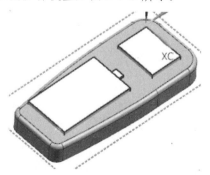

图 2-149　完成的注塑模修补模型

机械设计实践：塑料注塑模具的结构通常由成型部件、浇注系统、导向部件、推出机构、调温系统、排气系统、支撑部件等部分组成。制造材料通常采用塑料模具钢模块，常用的材质主要为碳素结构钢、碳素工具钢、合金工具钢、高速钢等。图 2-150 所示是钢材质的塑料模具部分。

图 2-150　钢材质的模具

阶段进阶练习

本教学日首先介绍如何在模具模块中载入产品，如何进行收缩率的设置、坐标系的调整以及工件的添加；之后讲解了多腔模具的设计布局及注意事项，重定位的方法，以及在无法修改的情况下如何删除嵌件模、多件模中错误的产品及部件的方法；最后讲解了在 NX 10.0 的模具设计中必须用到的破孔的填补与模具工具的使用，这两方面也是难点。

使用本教学日学过的知识创建塑料盖板并创建其多腔模模具，如图 2-151 所示。练习步骤和方法如下。

(1) 创建盖板模型。

(2) 模型初始化。

(3) 创建多腔模。

(4) 修补面。

(5) 模具分型。

图 2-151　塑料盖板

第3教学日

　　模具设计时要在软件中创建分型面，加载产品上、下表面，对实体进行分割从而创建型腔和型芯。在 NX 中模具设计模块是以创建分型线，然后利用各种方式创建分型面作为设计思路。因此在注塑模向导模块中进行模具设计，分型步骤是必需的。所谓分型面，就是模具上用以取出塑件和浇注系统凝料的可分离的接触表面，也叫合模面。它是定模与动模的分界面，也就是分开模具后可以取出塑料零件制品的界面。在注塑模向导模块中，分型面是由分型线通过拉伸、扫掠和扩大曲面等方法来创建的，用于分割工件形成型腔和型芯体积块。模具设计中完成型腔和型芯设计的工作也就完成了模具的大部分，因此创建型腔和型芯设计的工作非常重要，在设计中需要了解的知识点也很多。

　　在分型中，分型线设计是第一步，也是基础，因此本教学日首先介绍创建分型线的方法；然后讲解分型面的设计方法；最后重点介绍型腔和型芯的设计方法，包括设计区域和提取区域的设置方法、模具分型的功能。

  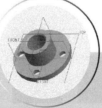 

第1课 1课时 设计师职业知识——模具分型概述

分型面设计的功能和选取原则如下所述。

1. 注塑模向导模块分型面设计

所谓分型面，就是模具上用以取出塑件和浇注系统凝料的可分离的接触表面，也叫合模面。分型面的功能就是创建修剪型芯、型腔的分型片体。

注塑模向导模块提供了创建分型面的多种方式。创建分型面过程中的最后一步为缝合曲面，可以手动创建片体。分型面的类型、形状及位置选择得是否恰当，设计得是否合理，在模具的结构设计中非常重要。它们不仅直接关系到模具结构的复杂程度，而且对制品的成型质量、生产操作等方面都有很大的影响。图 3-1 所示就为一个产品的分型面。

2. 分型面选取原则

在选择分型面时，我们要遵循如下基本原则。

(1) 分型面应选择在塑件外形的最大轮廓处。塑件外形的最大轮廓处，也就是通过该方向上的塑件的截面最大，否则塑件无法从型腔中脱出。如图 3-2 所示，选在 A 截面能顺利脱模，而选在 B 截面则不能取出塑件。

图 3-1 分型面

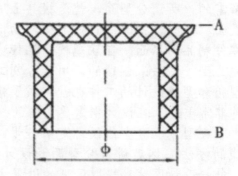

图 3-2 分型面放在尺寸最大处

(2) 分型面的选择应有利于塑件成型后顺利脱模。通常分型面的选择应尽可能使塑件在开模后留在动模一侧，以便通过设置在动模内的推出机构将塑件推出模外。若塑件留在定模，脱模会很困难。一般情况下，定模部分没有推出机构。因为在定模内设置推出机构推出塑件，会使模具结构非常复杂。在图 3-3 所示的模具中，从分模面开模后，2 的部分为模具的定模部分，其在开模后固定不动。从分模面开模后，1 的部分为模具的动模部分；模具的动模部分在开模时由注射机的连杆机构带动模具的动模移动，打开模具。动模部分设有推出机构，由注射机上的液压系统推动模具上的推出机构使塑件从动模中推出模外，实现塑件自动脱模的过程。

实际模具中，因为动模有型芯，塑件成型后，会朝中心收缩，使得型芯上的开模力大于定模上型腔的开模力,塑件可以留在动模一侧,再由推出机构将塑件从动模中推出。

(3) 分型面的选择应有利于塑件的精度要求。比如同心度、同轴度、平行度等。因而,希望在模具的制造过程中尽可能地控制位置精度,使合模时的错位尽可能小。图 3-4 所示的模具,A—A 分型面满足把型腔放在模具同一侧时的双联齿轮的同轴度要求。

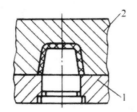

图 3-3 有利于脱模的分型面

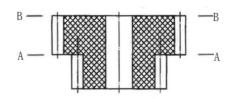

图 3-4 满足同轴度的分型面

(4) 分型面的选择应满足塑件的外观质量要求,如图 3-5 所示。

(5) 分型面的选择应有利于排气。在分型面上与浇口相对的位置处可以开排气槽,以排除型腔中以及熔体在成型过程中所释放出来的气体。这些气体在成型过程中若不能及时地排出,将会返回到熔体中,冷却后会在塑件内部形成气泡,出现疏松等缺陷,从而影响塑件的机械性能,给产品带来质量问题,如图 3-6 所示。

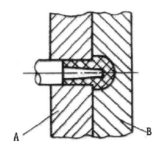

图 3-5 分型面在圆弧顶端

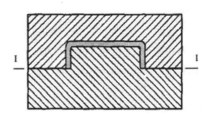

图 3-6 利于排气的分型面

(6) 分型面的选择应尽量使成型零件便于加工。这一点是针对模具零件的加工问题所提出来的。在选择分型面时我们必须要考虑模具零件的制作加工方面的问题,尽可能使模具的成型零件在加工制作过程中既方便又可靠。如图 3-7 所示,左边斜分型面的型腔部分比右边平直分型面的型腔更容易加工。

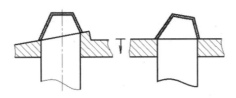

图 3-7 合理的斜分型面

(7) 分型面的选择应有利于侧向分型与抽芯。这一点是针对产品零件有侧孔和侧凹的情况提出来的。侧向滑块型芯应当放在动模一侧,这样模具结构会比较简单,如图 3-8 所示。

(8) 尽量减少塑件在分型面上的投影面积,如图 3-9 所示的右图中投影面积就较小。

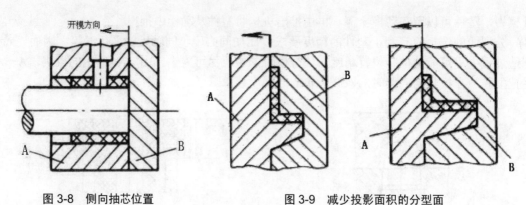

图 3-8　侧向抽芯位置　　　　　　　　图 3-9　减少投影面积的分型面

(9) 分型面的选择应尽可能减少由于脱模斜度造成塑件的大小端尺寸的差异。

3. 模具分型原则

一般来说，模具都由两大部分组成：即动模和定模(或者公模和母模)。分型面是指两者在闭合状态时能接触的部分，也是将工件或模具零件分割成模具体积块的分割面，具有更广泛的意义。

分型面的设计直接影响着产品质量、模具结构和操作的难易程度，是模具设计成败的关键因素之一。

确定分型面时应遵循以下原则。

(1) 应使模具结构尽量简单。例如，避免或减少侧向分型，采用异型分型面减少动、定模的修配以降低加工难度等。

(2) 有利于塑件的顺利脱模。例如，开模后尽量使塑件留在动模处以利用注塑机上的顶出机构，避免侧向长距离抽芯以减小模具尺寸等。

(3) 保证产品的尺寸精度。例如，尽量把有尺寸精度要求的部分设在同一模块上以减小制造和装配误差等。

(4) 不影响产品的外观质量。在分型面处不可避免地会出现飞边，因此应避免在外观光滑面上设计分型面。

(5) 保证型腔的顺利排气。例如，分型面尽可能与最后充填满的型腔表壁重合，以利于型腔排气。

第②课 2课时 创建区域和分型线

3.2.1　分型概述

行业知识链接：塑料注射模的零件形状往往比较复杂，特别是有的模具分型面十分复杂。在模具分型过程当中，分型面的创建直接关系型芯和型腔的创建成功与否。图 3-10 所示是模具分模后的分开状态，可以看到分型面。

图 3-10　模具分开状态

在模具设计中，分离型腔和型芯、定义分型线是一个比较复杂的任务，尤其在分型线较复杂的情况下更是如此。注塑模向导模块提供了一组简化分型面构造的功能，并当产品模型被修剪时，与产品保持相关。

1. 分型的概念

分型是模具设计中很重要的步骤，下面举例说明分型的概念。图 3-11 所示是产品模型，图 3-12 所示是模具工件。

图 3-11　产品模型

图 3-12　模具工件

事实上注塑模向导的分型过程发生在 parting 部件中，在 parting 部件中有两种不同的体，分别是：①定义型腔和型芯体的两个工件体；②一个收缩部件的几何链接复制件。

分型过程又包含了两种分型面类型：①外部——由外部分型线延伸的封闭曲面；②内部——部件内部开口的封闭曲面。

型腔和型芯面会在设计区域步骤中自动复制并构建成组。然后，提取的型腔和型芯区域会缝合成分型面来分别形成两个修剪片体。修剪片体会几何链接到型腔和型芯组件中，并缝合成种子片体；而型腔和型芯可以由分型片体的几何链接复制来修剪得到，这就是分型的基本原理和概念。

2. 分型步骤

了解了分型的基本概念，现在我们来讲述一下分型的步骤。

1) 创建分型面

利用【分型刀具】工具条中的命令创建分型面(如图 3-13 所示)，可以确认产品模型有正确的脱模斜度；而基于脱模斜度方向做产品的几何分析，可以确定如何设计合理的分型线。

2) 进行内部分型

内部分型适用于带有内部开口的产品模型，它们需使用封闭的几何体来分隔工件。使用注塑模向导模块提供的一些实体和片体的方法，都可以用于此类产品模型的内部分型。

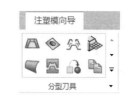

图 3-13　【分型刀具】工具条

3) 进行外部分型

外部分型是由外部分型线延伸到工件远端的曲面，首先要设置顶出方向，并创建必要的修补几何体。如果要自动拉伸，还需要手动创建自由形状的分型面。创建分型线后，用转换对象将分型线分开。然后创建分型面，并将分型面缝合成为一个分型面系。

下面来介绍一下【分型刀具】工具条中的分型工具按钮。

(1)【检查区域】按钮 ：根据设计区域步骤的结果，提取型腔和型芯区域，并自动产生分型线。

(2)【曲面补片】按钮 ：根据设计区域步骤的结果，自动创建修补曲面。

(3) 【定义区域】按钮：根据产品实体面定义区域和创建分型线。

(4) 【设计分型面】按钮：创建分型面。

(5) 【定义型腔和型芯】按钮：创建两个修剪的片体(一个属于型芯，一个属于型腔)。

(6) 【交换模型】按钮：用一个新版本的模型来替代模具设计工程里的产品模型，并依然保持同现有的模具设计特征的相关性。

3. 分型导航器

单击【分型刀具】工具条中的【检查区域】按钮，系统弹出如图 3-14 所示的【分型导航器】对话框。【分型导航器】对话框将各分型功能的子命令组织成逻辑的连续的步骤，并且会自始至终地应用于整个分型步骤中。

【分型导航器】对话框中的【分型设计】作为节点显示在分型管理树里，分型管理树中可以查看对象的位置、所处的层，不需要记住对象层的位置。分型管理树允许控制在分型过程中创建的分型对象的可见性。可以通过改变树的层列中的图层号来改变分型对象的特定组的层。

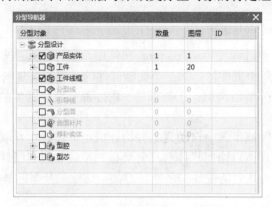

图 3-14 【分型导航器】对话框

3.2.2 创建分型线

行业知识链接：分型面的设计直接影响着产品质量、模具结构和操作的难易程度，是模具设计成败的关键因素之一；而分型线就是分型面与零件的接触边线。图 3-15 所示是不同模型的分型线结构。

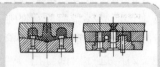

图 3-15 分型线结构

分型线是被定义在分型面和产品几何体的相交处的相交线，它与脱模方向相关。注塑模向导模块基于脱模斜度方向(一般为+ZC 方向，除非特殊指定的其他方向)作产品的几何分解，以确定分型线可能产生的边缘。在很少的情况下，会呈现多个可能的分型线供用户选择。这时，用户可使用注塑模向导模块提供的一些工具选择恰当的分型线。

1. 自动创建

【定义区域】按钮是创建分型线和分型边缘的关键工具。单击【分型导航器】对话框中的【定义区域】按钮，系统会弹出如图 3-16 所示的【定义区域】对话框。

在【定义区域】对话框中的【创建分型线】复选框，是创建分型线的必选项。

2. 抽取分型线

注塑模向导模块一般是通过搜索分型线的自动过程建立分型线，在此过程中，系统将自动识别适合建立分型面的现有边界作为分型线。

另外可以通过【抽取曲线】的方法在选择的实体、曲面、平面和曲线上抽取曲线、直线和圆弧等形成分型线。在【上边框条】中选择【菜单】|【插入】|【派生曲线】|【抽取】命令，弹出【抽取曲线】对话框，如图 3-17 所示。用户可抽取的曲线类型包括【边曲线】、【轮廓曲线】、【完全在工作视图中】、【等斜度曲线】、【阴影轮廓】和【精确轮廓】等。一般来说，大多数的抽取曲线都与原来的实体、曲面、平面和曲线不相关。

图 3-16 【定义区域】对话框

图 3-17 【抽取曲线】对话框

1) 边曲线

在【抽取曲线】对话框中单击【边曲线】按钮，弹出【单边曲线】对话框，如图 3-18 所示。在模型上单击选择一条边线，如图 3-19 所示，在【单边曲线】对话框中选择合适的选项，单击【确定】按钮，创建单边曲线。

图 3-18 【单边曲线】对话框

图 3-19 单边曲线

2) 轮廓曲线

在【抽取曲线】对话框中单击【轮廓曲线】按钮，弹出【轮廓曲线】对话框，如图 3-20 所示；单击选择模型，在【轮廓曲线】对话框中输入曲线名称，创建模型的所有轮廓边线，如图 3-21 所示，单击【确定】按钮。

图 3-20　【轮廓曲线】对话框

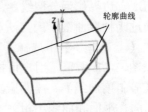

图 3-21　轮廓曲线

3) 等斜度曲线

在【抽取曲线】对话框中单击【等斜度曲线】按钮，弹出【矢量】对话框，如图 3-22 所示。首先在【矢量】对话框中选择矢量的【类型】，在模型上单击两点形成等斜度曲线，并设置【矢量方向】，如图 3-23 所示，单击【确定】按钮。

图 3-22　【矢量】对话框

图 3-23　等斜度曲线

3.2.3　编辑分型线和引导线

行业知识链接：设计模具分型面时应使模具结构尽量简单。例如，避免或减少侧向分型，采用异型分型面减少动、定模的修配以降低加工难度等。图 3-24 所示是注塑模具的分型设计。

图 3-24　注塑模具的分型

分型线一般需要分成几段来形成分型面，分型线段的分割由引导线、转换点和转换对象来定义。转换对象就是指分型环上的点或曲线或曲线组。用这些点或曲线或曲线组可以定义可沿单一方向形成分型面的分型线范围，这被称为定义分型段。

1. 编辑分型线

编辑分型线是指对自动生成的、手动选择等所定义的分型线进行添加或删除，以获得所需的合理的分型线。

单击【分型刀具】工具条中的【设计分型面】按钮 ，打开【设计分型面】对话框中的【编辑分型线】和【编辑分型段】选项组，如图 3-25 所示，选择相应的选项可以对分型线进行添加、删除和编辑。

2. 遍历分型线

遍历分型线是指根据系统提示，手工选择所选的曲线作为产品的分型线的一种功能。在【设计分型面】对话框中单击【遍历分型线】按钮 ，则会弹出如图 3-26 所示的【遍历分型线】对话框。

分型线应该选择那些连续成链的线段或边界，这时对话框中的公差也就用于成链公差。如果发现间隙或出现分枝，则必须在公差范围内手工操纵引导线条成链。

在绘图区选择所需的曲线，所选的曲线将高亮显示，系统将同时选择所选曲线相连的下一条曲线，单击【选择边/曲线】按钮，一步一步地选择分型线，选择适合的封闭曲线环作为产品模型的分型线。

图 3-25 【设计分型面】对话框

图 3-26 【遍历分型线】对话框

3. 编辑引导线

【引导线】功能可以指定各个分型段端点处的矢量，可以作为创建分型面的参考，它的方向表示延伸和扩展的方向，它的长度表示扩展长度。

在【设计分型面】对话框中单击【编辑引导线】按钮 ，弹出如图 3-27 所示的【引导线】对话框，它可以进行引导线的添加、删除和编辑。

下面介绍【引导线】选项组、【编辑引导线】选项组、【设置】选项组中的参数。

(1)【选择分型或引导线】：选择存在的分型线或引导线。

(2)【引导线长度】：在其文本框中输入指定引导线的长度。

(3)【方向】：选择一个标准的方向，包括【法向】、【相切的】、【捕捉到 WCS 轴】3 个选项。

(4)【删除选定的引导线】：单击该按钮，删除选定的引导线。

(5)【删除所有引导线】：单击该按钮，删除所有的引导线。

图 3-27 【引导线】对话框

(6) 【自动创建引导线】：单击该按钮，自动创建引导线。

(7) 【捕捉角限制】：文本框中输入捕捉角度。

课后练习

案例文件：ywj\03\01\01.prt 及所有模具文件

视频文件：光盘\视频课堂\第 3 教学日\3.2

练习案例的分析如下。

本课课后练习创建后盖零件，并创建后盖的分型线和引导线、分型面。创建分型线的过程中要进行引导线的设置，如图 3-28 所示是完成的后盖分型面。

本课案例主要练习模型分型线和分型面的创建过程。分型是模具创建的关键步骤，直接关系模具的创建成功与否。创建后盖分型面的思路和步骤如图 3-29 所示。

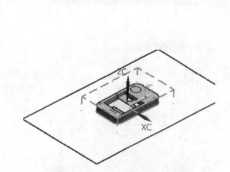

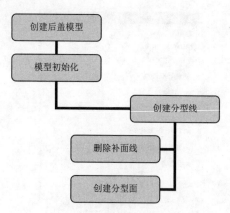

图 3-28　完成的后盖分型面　　图 3-29　创建后盖分型面的步骤

练习案例的具体操作步骤如下。

step 01　创建后盖模型，在【直接草图】工具条中单击【草图】按钮，弹出【创建草图】对话框，选择草绘平面，如图 3-30 所示，单击【确定】按钮。

step 02　在【直接草图】工具条中单击【矩形】按钮，弹出【矩形】对话框，绘制 180×100 的矩形，如图 3-31 所示。

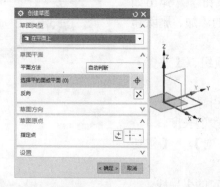

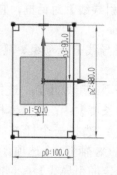

图 3-30　选择草绘面　　图 3-31　绘制 180×100 的矩形

step 03 ▷ 在【直接草图】工具条中单击【圆角】按钮 ，创建半径为 20 的圆角，如图 3-32 所示。

step 04 ▷ 在【特征】工具条中单击【拉伸】按钮 ，弹出【拉伸】对话框，选择草图，设置【距离】参数为20，如图 3-33 所示，单击【确定】按钮，创建拉伸特征。

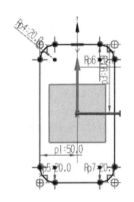

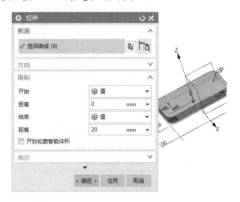

图 3-32　创建半径为 20 的圆角　　　　　　图 3-33　设置距离参数

step 05 ▷ 在【直接草图】工具条中单击【草图】按钮 ，弹出【创建草图】对话框，选择草绘平面，如图 3-34 所示，单击【确定】按钮。

step 06 ▷ 在【直接草图】工具条中单击【矩形】按钮 ，弹出【矩形】对话框，绘制 90×80 的矩形，如图 3-35 所示。

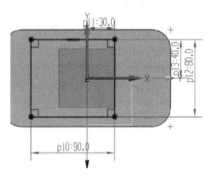

图 3-34　选择草绘面　　　　　　　　图 3-35　绘制 90×80 的矩形

step 07 ▷ 在【特征】工具条中单击【拉伸】按钮 ，弹出【拉伸】对话框，选择草图，设置【距离】参数为10，单击【确定】按钮，创建拉伸切除特征，如图 3-36 所示。

step 08 ▷ 在【特征】工具条中单击【抽壳】按钮 ，弹出【抽壳】对话框，选择去除面，设置【厚度】为1，单击【确定】按钮，创建抽壳特征，如图 3-37 所示。

step 09 ▷ 在【直接草图】工具条中单击【草图】按钮 ，弹出【创建草图】对话框，选择草绘平面，如图 3-38 所示，单击【确定】按钮。

step 10 ▷ 在【直接草图】工具条中单击【矩形】按钮 ，弹出【矩形】对话框，绘制 70×40 的矩形，如图 3-39 所示。

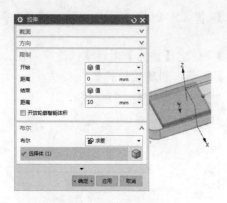

图 3-36　创建拉伸切除特征

图 3-37　创建抽壳特征

图 3-38　选择草绘面

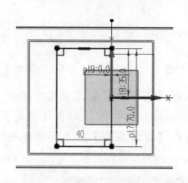

图 3-39　绘制 70×40 的矩形

step 11　在【直接草图】工具条中单击【矩形】按钮□，弹出【矩形】对话框，绘制 20×10 的矩形，如图 3-40 所示。

step 12　在【特征】工具条中单击【拉伸】按钮▥，弹出【拉伸】对话框，选择草图，设置【距离】参数为 10，单击【确定】按钮，创建拉伸切除特征，如图 3-41 所示。

图 3-40　绘制 20×10 的矩形

图 3-41　创建拉伸切除特征

step 13 在【直接草图】工具条中单击【草图】按钮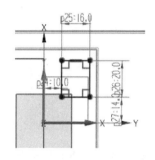，弹出【创建草图】对话框，选择草绘平面，如图 3-42 所示，单击【确定】按钮。

step 14 在【直接草图】工具条中单击【矩形】按钮，绘制 20×16 的矩形，如图 3-43 所示。

图 3-42　选择草绘面

图 3-43　绘制 20×16 的矩形

step 15 在【直接草图】工具条中单击【矩形】按钮，绘制 20×8 的矩形，如图 3-44 所示。

step 16 在【直接草图】工具条中单击【矩形】按钮，绘制 10×6 的矩形，如图 3-45 所示。

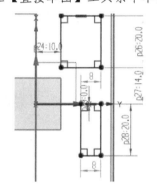

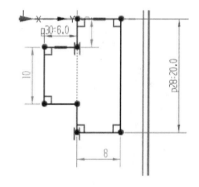

图 3-44　绘制 20×8 的矩形

图 3-45　绘制 10×6 的矩形

step 17 在【特征】工具条中单击【拉伸】按钮，弹出【拉伸】对话框，选择草图，设置【距离】参数为 10，单击【确定】按钮，创建拉伸切除特征，如图 3-46 所示。

step 18 在【直接草图】工具条中单击【草图】按钮，弹出【创建草图】对话框，选择草绘平面，如图 3-47 所示，单击【确定】按钮。

step 19 在【直接草图】工具条中单击【圆】按钮，绘制直径为 32 和 30 的同心圆，如图 3-48 所示。

step 20 在【特征】工具条中单击【拉伸】按钮，弹出【拉伸】对话框，选择草图，设置【距离】参数为 5，如图 3-49 所示，单击【确定】按钮，创建拉伸特征。

图 3-46　创建拉伸切除特征

图 3-47　选择草绘面

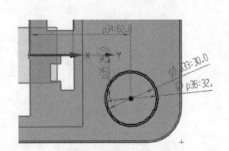

图 3-48　绘制同心圆

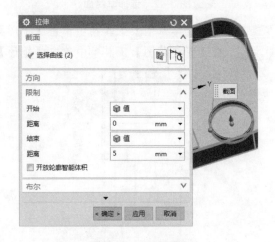

图 3-49　拉伸草图

step 21　在【直接草图】工具条中单击【草图】按钮 📐，弹出【创建草图】对话框，选择草绘
平面，如图 3-50 所示，单击【确定】按钮。

step 22　在【直接草图】工具条中单击【圆】按钮 ○，绘制直径为 8 的圆，如图 3-51 所示。

step 23　在【特征】工具条中单击【拉伸】按钮 📖，弹出【拉伸】对话框，选择草图，设置【距
离】参数为 18，如图 3-52 所示，单击【确定】按钮，创建拉伸特征。

step 24　在【特征】工具条中单击【阵列特征】按钮 📐，弹出【阵列特征】对话框，设置矩形
阵列参数，单击【确定】按钮，创建阵列特征，如图 3-53 所示。

step 25　在【直接草图】工具条中单击【草图】按钮 📐，弹出【创建草图】对话框，选择草绘
平面，如图 3-54 所示，单击【确定】按钮。

step 26　在【直接草图】工具条中单击【直线】按钮 ╱，绘制三角形，尺寸如图 3-55 所示。

图 3-50　选择草绘面

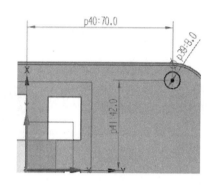

图 3-51　绘制直径为 8 的圆

图 3-52　拉伸草图

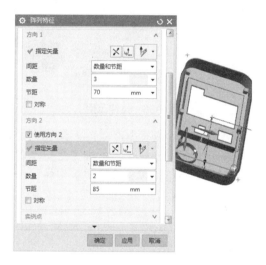

图 3-53　创建阵列特征

图 3-54　选择草绘面

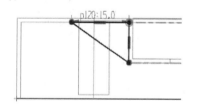

图 3-55　绘制三角形

step 27 在【特征】工具条中单击【拉伸】按钮▥，弹出【拉伸】对话框，选择草图，设置【距离】参数为 1，如图 3-56 所示，单击【确定】按钮，创建拉伸特征。

step 28 在【特征】工具条中单击【阵列特征】按钮▦，弹出【阵列特征】对话框，设置线性阵列参数，单击【确定】按钮，创建阵列特征，如图 3-57 所示。

图 3-56　拉伸草图　　　　　　　　　　　图 3-57　创建阵列特征

step 29 完成的后盖模型，如图 3-58 所示。

step 30 开始模型初始化，单击【注塑模向导】选项卡中的【初始化项目】按钮，弹出【初始化项目】对话框，单击【确定】按钮，初始化项目，如图 3-59 所示。

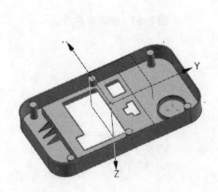

图 3-58　完成的后盖模型　　　　　　　　图 3-59　初始化项目

step 31 单击【注塑模向导】选项卡【主要】组中的【模具 CSYS】按钮↳，弹出【模具 CSYS】对话框，选中【产品实体中心】单选按钮，单击【确定】按钮，设置坐标系，如图 3-60 所示。

step 32 单击【注塑模向导】选项卡【主要】组中的【工件】按钮▧，弹出【工件】对话框，设置工件尺寸，单击【确定】按钮，创建工件，如图 3-61 所示。

图 3-60　设置坐标系　　　　　　　　　　　图 3-61　创建工件

step 33　单击【注塑模向导】选项卡【分型刀具】组中的【曲面补片】按钮◈，弹出【边修补】对话框，选择修补面，生成修补的环，单击【确定】按钮，生成曲面补片，如图 3-62 所示。

step 34　单击【注塑模向导】选项卡【分型刀具】组中的【检查区域】按钮△，弹出【检查区域】对话框，单击【计算】按钮▤，生成型腔和型芯区域，如图 3-63 所示。

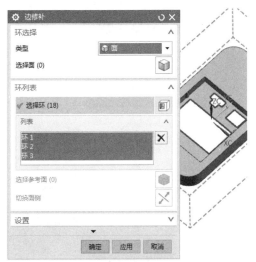

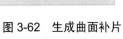

图 3-62　生成曲面补片　　　　　　　　　　图 3-63　生成型腔和型芯区域

step 35　单击【注塑模向导】选项卡【分型刀具】组中的【定义区域】按钮⊗，弹出【定义区域】对话框，查看未定义面，如图 3-64 所示。

step 36　单击【注塑模向导】选项卡【分型刀具】组中的【检查区域】按钮△，弹出【检查区域】对话框，在【区域】选项卡选择【型腔区域】选项，选择未定义的型腔区域，如图 3-65

所示，单击【应用】按钮，完成型腔区域的选择。

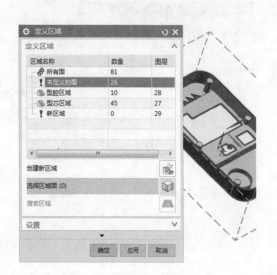

图 3-64　查看未定义面

图 3-65　选择型腔区域

step 37　在【检查区域】对话框【区域】选项卡选择【型芯区域】选项，选择未定义的型芯区域，如图 3-66 所示，单击【确定】按钮，完成选择型芯区域。

step 38　单击【注塑模向导】选项卡【分型刀具】组中的【定义区域】按钮，弹出【定义区域】对话框，选择【创建区域】和【创建分型线】选项，单击【确定】按钮，创建分型线，如图 3-67 所示。

图 3-66　选择型芯区域

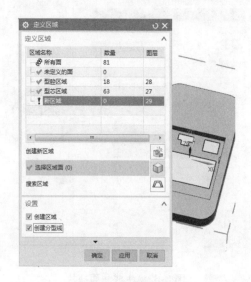

图 3-67　创建分型线

step 39　创建分型面，单击【注塑模向导】选项卡【分型刀具】组中的【设计分型面】按钮，弹出【设计分型面】对话框，创建分型面，如图 3-68 所示。

step 40　完成的后盖分型面，如图 3-69 所示。

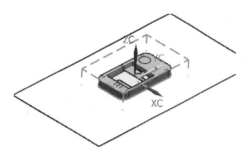

图 3-68　创建分型面

图 3-69　完成的后盖分型面

机械设计实践：一般来说，模具都由两大部分组成，即动模和定模(或者公模和母模)。分型面是指两者在闭和状态时能接触的部分，也是将工件或模具零件分割成模具体积块的分割面。分型面的设计直接影响着产品质量、模具结构和操作的难易程度，是模具设计成败的关键因素之一。图 3-70 所示是模具创建分型面过程中的补面步骤。

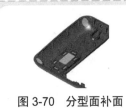

图 3-70　分型面补面

第 ③ 课　2 课时　分型面的创建与操作

3.3.1　分型面创建

行业知识链接：设计合理的分型面有利于塑件的顺利脱模。例如，开模后尽量使塑件留在动模处以利用注塑机上的顶出机构，避免侧向长距离抽芯以减小模具尺寸等。图 3-71 所示是注塑模具在分型面上的注塑过程。

图 3-71　注塑模具的注塑过程

分型面的创建是指将分型线延伸到工件的外沿生成一个片体，该片体与其他修补片体将工件分为型腔和型芯两部分。

1. 创建的步骤

单击【分型刀具】工具条中的【设计分型面】按钮 ，弹出如图 3-72 所示的【设计分型面】对话框。

创建分型面有下面两个步骤。

(1) 可用自动工具直接从所识别出的分型线中分段逐个创建片体，或创建一个自定义片体。

(2) 缝补所创建的分型片体，使之从分型体开始到工件边缘之间形成连续的边界。

注塑模向导模块将逐段亮显出前面所识别、分解的分型线段，并根据所亮显出的分型线段的具体情况编辑包含一个至多个适合该线段的分型段。下面分别讲解两种不同情况下创建分型面的具体方法。

图 3-72　【设计分型面】对话框

2. 创建位于同一曲面上的分型面

当分型线段属于一个曲面时，打开【设计分型面】对话框中的【创建分型面】选项组，如图 3-73 所示，当分型线段同属于一个平面时，选择【有界平面】按钮 来完成。

1) 有界平面

如果系统发现高亮显示的分型线均在同一平面上(不包括两端的过渡物体)，便选择【有界平面】按钮 ，创建一个局部的边界平面。系统首先沿分型面创建一张平面型曲面，再用分型线裁去内部的曲面。

有界平面应用的情况有以下两种：①不可能有单一的拉伸方向；②方向间夹角大于 180°。

2) 扩大的曲面

扩大的曲面如图 3-74 所示，曲面的各个方向的扩展同步。在有界平面状态下，可以通过拖动面上点的方式单独设定扩展的值，通过这种方式就可以使分型面扩展到能够完全分割工件。

图 3-73　【设计分型面】对话框

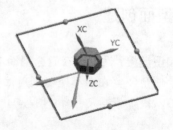

图 3-74　拖动点扩展分型面

3) 条带曲面

选择【条带曲面】按钮 可以创建带状的曲面，使整段分型线向外延伸。

3. 创建不在同一曲面上的分型面

当分型面不在同一平面或曲面上时，使用下面几种方法创建分型面。

1) 拉伸

拉伸是让分型线沿着指定的方向延伸，从而创建分型面的方法。当亮显的某分型线可朝一个方向被拉伸成面时，应在【设计分型面】对话框中选择【拉伸】按钮 ⬚，如图 3-75 所示，拉伸的长度由绘图区的【延伸距离】文本框控制。

在【设计分型面】对话框中选择【矢量对话框】按钮 ⬚ 时，用图 3-76 所示的【矢量】对话框控制拉伸方向。

图 3-75　【设计分型面】对话框　　　　　　　　　图 3-76　【矢量】对话框

2) 修剪和延伸

如果系统发现高亮显示的分型线均在同一平面上(不包括两端的过渡物体)，便选择【修剪和延伸】按钮 ⬚，创建一个局部的边界平面。

当选择了【修剪和延伸】按钮 ⬚ 后，有效的功能选项如图 3-77 所示。

在【设计分型面】对话框中，一旦出现修剪和延伸平面的选项，系统便准备了一个交互式的定义边界平面范围的过程。如图 3-78 所示，是创建好的分型线。

选择【型腔区域】或【型芯区域】选项，定义各个线段的修剪线方向。如图 3-79 所示，较大分型面的第二方向是沿-Y 轴方向。

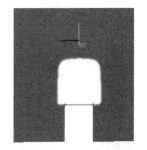

图 3-77　【设计分型面】对话框　　　图 3-78　创建的分型线　　　图 3-79　创建的修剪平面

3) 条带曲面

单击【设计分型面】对话框中的【条带曲面】按钮 ⬚，打开如图 3-80 所示的【设计分型面】对话框。当选择【条带曲面】按钮⤻时，分型线将沿着指定的方向扫描创建分型面。

【条带曲面】命令创建的是扫掠曲面：沿所规定的方向拉伸线，扫掠分型轮廓。

4）选择分型面类型

有的产品模型分型线比较复杂，自动创建分型线和转换过渡对象后，分型线将被过渡对象分割成若干段，这时要分析每段过渡对象的特征。将过渡对象分隔的主分型线是否在同一平面内、是否在同一曲面内、是否不在同一曲面内作为特征判断依据。可以用图 3-81 所示的流程图来判断分型面类型。

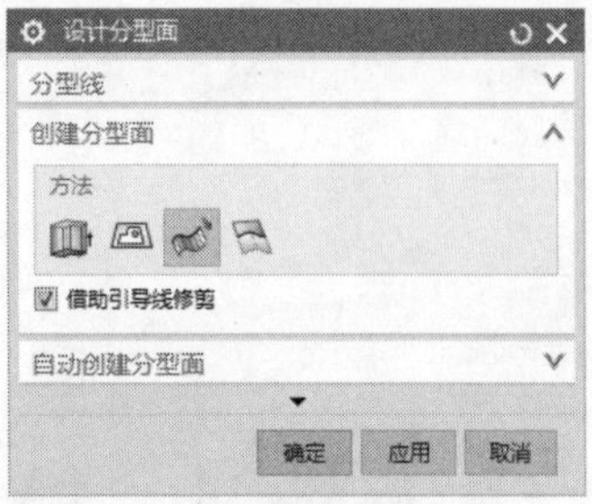

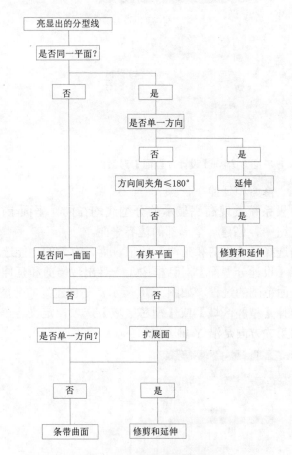

图 3-80 【设计分型面】对话框

图 3-81 选择分型面类型

3.3.2 分型面操作

行业知识链接：模具分型面应能保证产品的尺寸精度。例如，尽量把有尺寸精度要求的部分设在同一模块上以减小制造和装配误差等。图 3-82 所示是模具的补面和分型面效果。

图 3-82 模具补面和分型面效果

创建好分型面后，还要对分型面进行编辑，以满足最终的要求。下面就来介绍操作分型面的方法。

1. 编辑分型面

编辑分型面可以一次编辑一段分型面，如果该段分型面已经生成，此选项可以删除分型面再次生成新的分型面，以改变分型面的类型。

单击【分型刀具】工具条中的【编辑分型面和曲面补片】按钮，将打开【编辑分型面和曲面补片】对话框，如图 3-83 所示，系统将提示"选择片体作为分型片体或取消选择片体以移除分型片体"，这时系统识别出所选对象分型面，以进行编辑。

2. 修改分型面颜色

单击【编辑分型面和曲面补片】对话框中的【补片颜色】色块，系统将打开如图 3-84 所示的【颜色】对话框，对话框中可以设定预存的颜色或者自定义颜色。

图 3-83 【编辑分型面和曲面补片】对话框

图 3-84 【颜色】对话框

课后练习

✏ 案例文件：ywj\03\02\02.prt 及所有模具文件

💿 视频文件：光盘\视频课堂\第 3 教学日\3.3

练习案例的分析如下。

本课课后练习创建盒子零件，并对盒子模型进行工件和分型面的创建。分型面的作用就是将工件分割为可以分开的两个部分。图 3-85 所示是完成的盒子模型工件。

本课案例主要练习了 NX 的分型面操作，分型包括创建分型面和编辑分型面，使用相应的命令可以快速创建。创建盒子模型工件的思路和步骤如图 3-86 所示。

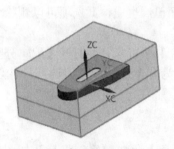

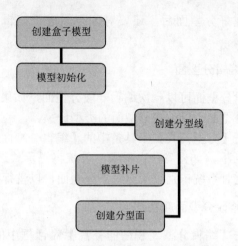

创建盒子模型 → 模型初始化 → 创建分型线 → 模型补片 → 创建分型面

图 3-85　完成的盒子模型工件　　　　图 3-86　创建盒子模型工件的步骤

练习案例的具体操作步骤如下。

step 01 创建盒子模型，在【直接草图】工具条中单击【草图】按钮，弹出【创建草图】对话框，选择草绘平面，如图 3-87 所示，单击【确定】按钮。

step 02 在【直接草图】工具条中单击【矩形】按钮，弹出【矩形】对话框，绘制 50×30 的矩形，如图 3-88 所示。

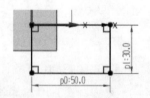

图 3-87　选择草绘面　　　　　　　　图 3-88　绘制矩形

step 03 在【直接草图】工具条中单击【圆】按钮，绘制直径为 30 的圆，如图 3-89 所示。

step 04 在【直接草图】工具条中单击【直线】按钮，绘制切线，尺寸如图 3-90 所示。

step 05 在【特征】工具条中单击【拉伸】按钮，弹出【拉伸】对话框，选择草图，设置【距离】参数为 10，如图 3-91 所示，单击【确定】按钮，创建拉伸特征。

step 06 在【直接草图】工具条中单击【草图】按钮，弹出【创建草图】对话框，选择草绘平面，如图 3-92 所示，单击【确定】按钮。

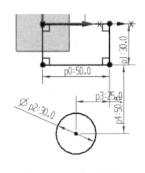

图 3-89　绘制圆形

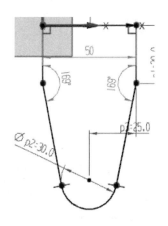

图 3-90　绘制切线

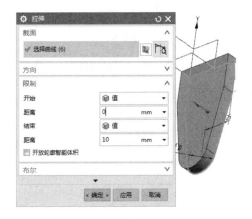

图 3-91　拉伸草图

图 3-92　选择草绘面

step 07　在【特征】工具条中单击【抽壳】按钮，弹出【抽壳】对话框，选择去除面，设置【厚度】为1，单击【确定】按钮，创建抽壳特征，如图 3-93 所示。

step 08　在【直接草图】工具条中单击【草图】按钮，弹出【创建草图】对话框，选择草绘平面，如图 3-94 所示，单击【确定】按钮。

图 3-93　创建抽壳特征

图 3-94　选择草绘面

step 09 在【直接草图】工具条中单击【矩形】按钮□，弹出【矩形】对话框，绘制 12×10 的矩形，如图 3-95 所示。

step 10 在【特征】工具条中单击【拉伸】按钮⬚，弹出【拉伸】对话框，选择草图，修改【距离】参数为 5，如图 3-96 所示，单击【确定】按钮，创建拉伸特征。

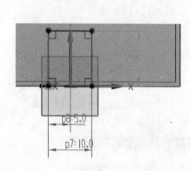

图 3-95 绘制 12×10 的矩形　　　　　　　　图 3-96 拉伸草图

step 11 在【直接草图】工具条中单击【草图】按钮⊞，弹出【创建草图】对话框，选择草绘平面，如图 3-97 所示，单击【确定】按钮。

step 12 在【直接草图】工具条中单击【矩形】按钮□，弹出【矩形】对话框，绘制 30×10 的矩形，如图 3-98 所示。

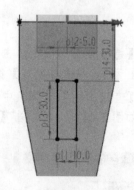

图 3-97 选择草绘面　　　　　　　　图 3-98 绘制 30×10 的矩形

step 13 在【直接草图】工具条中单击【三点圆弧】按钮↷，绘制半圆弧，如图 3-99 所示。

step 14 在【特征】工具条中单击【拉伸】按钮⬚，弹出【拉伸】对话框，选择草图，修改【距离】参数为 5，如图 3-100 所示，单击【确定】按钮，创建拉伸特征。

step 15 完成的盒子模型，如图 3-101 所示。

step 16 进行模型初始化，单击【注塑模向导】选项卡中的【初始化项目】按钮，弹出【初始化项目】对话框，单击【确定】按钮，初始化项目，如图 3-102 所示。

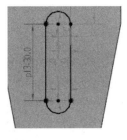

图 3-99 绘制半圆弧

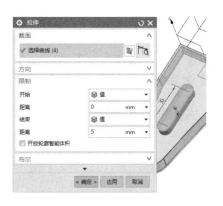

图 3-100 拉伸草图

图 3-101 完成的盒子模型

图 3-102 初始化项目

step 17 单击【注塑模向导】选项卡【主要】组中的【模具 CSYS】按钮，弹出【模具 CSYS】对话框，选中【产品实体中心】选项，单击【确定】按钮，设置坐标系，如图 3-103 所示。

step 18 单击【注塑模向导】选项卡【主要】组中的【工件】按钮，弹出【工件】对话框，设置工件尺寸，单击【确定】按钮，创建工件，如图 3-104 所示。

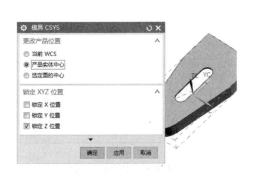

图 3-103 设置坐标系

图 3-104 创建工件

step 19 单击【注塑模向导】选项卡【分型刀具】组中的【曲面补片】按钮◈，弹出【边修补】
对话框，选择修补面，修补模型面，如图 3-105 所示。

step 20 单击【注塑模向导】选项卡【分型刀具】组中的【检查区域】按钮△，弹出【检查区
域】对话框，单击【计算】按钮▤，创建型芯型腔区域，如图 3-106 所示。

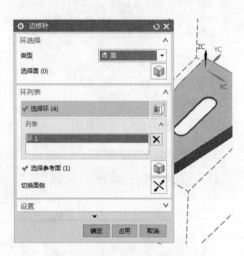

图 3-105　修补模型面

图 3-106　创建型芯型腔区域

step 21 在【检查区域】对话框【区域】选项卡选择【型腔区域】选项，选择模型型腔区域，如
图 3-107 所示，单击【应用】按钮。

step 22 在【检查区域】对话框【区域】选项卡选择【型芯区域】选项，选择模型型芯区域，如
图 3-108 所示，单击【确定】按钮。

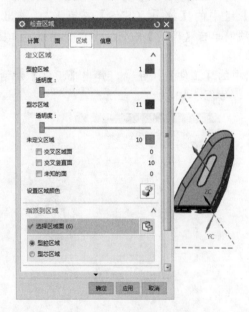

图 3-107　选择型腔区域

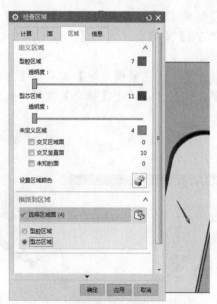

图 3-108　选择型芯区域

step 23 创建分型线，单击【注塑模向导】选项卡【分型刀具】组中的【定义区域】按钮✄，弹

出【定义区域】对话框，选择【创建区域】和【创建分型线】选项，单击【确定】按钮，创建分型线，如图 3-109 所示。

step 24　单击【注塑模向导】选项卡【分型刀具】组中的【设计分型面】按钮，弹出【设计分型面】对话框，单击【选择分型线或引导线】按钮，弹出【引导线】对话框，选择分型线分为两段，单击【确定】按钮，如图 3-110 所示。

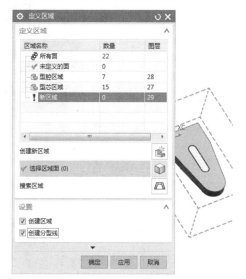

图 3-109　创建分型线　　　　　　　　　　图 3-110　分型线分段

step 25　返回【设计分型面】对话框，选择【分段 1】选项，单击【拉伸】按钮，对分段 1 进行拉伸，如图 3-111 所示。

step 26　在【设计分型面】对话框选择【分段 2】选项，单击【有界平面】按钮，单击【确定】按钮，延伸分段 2，如图 3-112 所示。

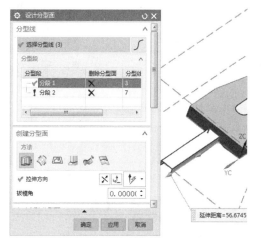

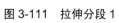

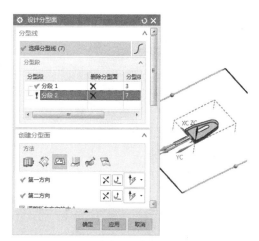

图 3-111　拉伸分段 1　　　　　　　　　　图 3-112　延伸分段 2

step 27　单击【分型刀具】工具条中的【编辑分型面和曲面补片】按钮，打开【编辑分型面和曲面补片】对话框，选择片体，单击【确定】按钮，编辑分型面，如图 3-113 所示。

step 28　单击【注塑模向导】选项卡【分型刀具】组中的【定义型腔和型芯】按钮，弹出【定义型腔和型芯】对话框，选择【型腔区域】选项，单击【确定】按钮，创建模具型腔，如图 3-114 所示。

图 3-113　编辑分型面　　　　　　　　　　图 3-114　创建模具型腔

step 29　运行结果后，在弹出的【查看分型结果】对话框单击【确定】按钮，设置模具型腔的方向，如图 3-115 所示。

step 30　单击【注塑模向导】选项卡【分型刀具】组中的【定义型腔和型芯】按钮，弹出【定义型腔和型芯】对话框，选择【型芯区域】选项，单击【确定】按钮，创建模具型芯，如图 3-116 所示。

图 3-115　设置模具型腔方向　　　　　　　图 3-116　创建模具型芯

step 31　运行结果后，在弹出的【查看分型结果】对话框单击【确定】按钮，设置模具型芯方向，如图 3-117 所示。

step 32　完成的盒子分型模具，如图 3-118 所示。

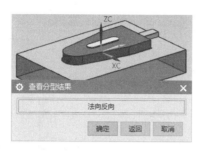

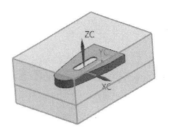

图 3-117　设置模具型芯方向　　　　　图 3-118　盒子的分型模具

　　机械设计实践： 创建模具时应使模具结构尽量简单。例如，避免或减少侧向分型，采用异型分型面减少动、定模的修配以降低加工难度等。这样有利于塑件的顺利脱模。又如，开模后尽量使塑件留在动模边以利用注塑机上的顶出机构，避免侧向长距离抽芯以减小模具尺寸等。图 3-119 所示是手机后壳的分型面设计。

图 3-119　手机后壳分型面

第❹课 2课时 创建型芯和型腔

3.4.1　设计和提取区域

　　行业知识链接： 模具分型面要保证型腔的顺利排气。例如，分型面尽可能与最后充填满的型腔表壁重合，以利于型腔排气。由分型面将模具分为型芯和型腔两部分。图 3-120 所示是塑料模具的型芯和型腔部分。

图 3-120　塑料模具的型芯和型腔

1. 设计区域

　　设计区域是指系统通过自身计算，得到创建分型线后的产品的脱模斜度是否合理、内部孔是否需要修补和是否存在倒扣现象等适合分模的信息。

　　在【分型刀具】工具条中单击【检查区域】按钮，系统将打开如图 3-121 所示的【检查区域】对话框。此对话框可以检查产品是否存在与出模方向相反等缺陷，单击【计算】按钮，系统会进行计算，在绘图区显示结果。

　　单击【面】标签，切换到【面】选项卡，如图 3-122 所示，单击色块按钮，等待系统编辑，系统将按照预先所设置的颜色，将产品按照出模方向进行设置颜色，如图 3-123 所示，这样可在图中很方便地看出哪些部位存在倒扣。

图 3-121　【检查区域】对话框

图 3-122　【面】选项卡

图 3-123　产品分析完毕

如果此前做过分析现在需要修改，还可以在【检查区域】对话框【计算】选项卡中选择【仅编辑区域】或者【全部重置】选项，对已经编辑好的产品进行重新编辑或者修改。

2. 提取区域

在模具设计中，最简单的创建型腔和型芯的方法就是利用产品创建面，然后与分型面进行缝合从而创建出型腔和型芯。如果在模具设计中，只能手动提取然后添加才可以创建面，但是在注塑模向导模块中系统可以自动抽取这部分面，在比较复杂的产品中这显得尤为重要。另外，提取区域的功能便是帮助模具设计者来创建这部分面，然后与分型面缝合创建型腔和型芯。

在【分型刀具】工具条中单击【定义区域】按钮 ，系统打开如图 3-124 所示的【定义区域】对话框。该对话框中存在【定义区域】、【设置】、【面属性】3 个选项组，下面进行详细讲解。

1）定义区域

在【定义区域】列表中的各项参数主要表示模型每个区域的状况。

【创建新区域】按钮 ：在【定义区域】列表中添加一个新的区域。

【选择区域面】按钮 ：将新增加的区域面添加到选择的区域。

【搜索区域】按钮 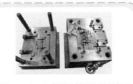：单击该按钮，打开【搜索区域】对话框，如图 3-125 所示，可以选择种子面和边界面进行区域搜索。

2）设置

【创建区域】复选框：当启用该复选框，单击【确定】或【应用】按钮时，将创建一个不确定的区域。

【创建分型线】复选框：当启用该复选框，单击【确定】或【应用】按钮时，将创建分型线。

3）面属性设置

【颜色】：单击其后的颜色块，将打开【颜色】对话框，如图 3-126 所示，可以为选择的区域选择所需的颜色。

图 3-124　【定义区域】对话框

图 3-125　【搜索区域】对话框

图 3-126　【颜色】对话框

3.4.2　模具分型

行业知识链接： 模具分型面要能够不影响产品的外观质量。在分型面处会不可避免地出现飞边，因此应避免在外观光滑面上设计分型面。图 3-127 所示是塑料模具分型面处的零件结构。

图 3-127　塑料模具分型面

1. 型芯和型腔

当前面所讲到的分型线、分型面设计完成和提取区域之后，便可以进行型腔和型芯的设计。创建型腔和型芯功能将使用片体对实体进行分割，并且连接到型腔和型芯组件，最终对其进行创建。

在注塑模具中最重要的就是型腔和型芯两个部件。图 3-128 所示分别为产品体、型芯和型腔。

图 3-128　产品体、型芯和型腔

1)　选择片体

单击【分型刀具】工具条中的【定义型腔和型芯】按钮 🖼️，系统打开如图 3-129 所示的【定义型腔和型芯】对话框。该对话框中存在【选择片体】、【抑制】、【设置】3 个选项组，下面进行介绍。

【选择片体】列表：可以选择所有区域或单独区域处理。

【选择片体】按钮 🖱️：在【定义区域】列表中添加一个新的区域。

2)　抑制和设置

【抑制分型】按钮 🖼️：在型腔、型芯和用户所定义的所有其他被修剪的零件中，抑制修剪的特征。

【缝合公差】：设置型腔、型芯之间缝隙的公差。

2. 编辑分型功能

编辑分型功能包括分型检查和备份分型，用于创建型腔和型芯的分型面后、产品模型发生孔增加或者分型线的分型环等改变的情况下，进行编辑，下面进行介绍。

1)　分型检查

分型检查功能可以在分型设计完成后，检查状态并在产品部件和模具部件之间映射面颜色。

单击【工具验证】工具条中的【分型检查】按钮 🖼️，系统打开如图 3-130 所示的【分型检查】对话框。

图 3-129　【定义型腔和型芯】对话框

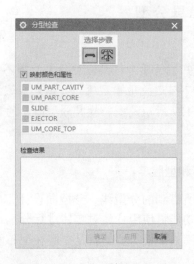

图 3-130　【分型检查】对话框

2) 备份分型

备份分型功能可以一次备份多段分型曲面，备份类型包括【分型面】、【曲面补片】和【两者皆是】。

单击【分型刀具】工具条中的【备份分型/补片片体】按钮 ，将打开【备份分型对象】对话框，如图 3-131 所示，系统将提示"选择分型面"。选择不同的备份类型可以在【类型】列表中进行选择，如图 3-132 所示。

图 3-131 【备份分型对象】对话框

图 3-132 【类型】列表

3.4.3 模型比较与分析

> **行业知识链接**：塑料模型腔表面受压、受热可引起塑性变形失效，尤其是当小模具在大吨位设备上工作时，更容易产生超负荷塑性变形。塑料模具所采用的材料强度与韧性不足，会导致变形抗力低。塑性变形失效另一原因，主要是模具型腔表面的硬化层过薄，变形抗力不足或工作温度高于回火温度而发生相变软化，而使模具早期失效。图 3-133 所示是不同的模具部分分拆后的对比。
>
>
>
> 图 3-133 模具部分对比

当模具设计者拿到产品后进行模具设计时，产品有可能还在改进。这种情况下，模具设计完成后还存在修改可能，针对这种情况注塑模向导模块提供了比较产品模型前后状态的工具和将老模型转换到新模型的工具。

1. 模型比较

模型比较是指比较模具设计的产品模型与新的产品模型，从而检查新产品和原产品之间的不同之处。

如图 3-134 所示，图中两个箭头所指处即为两个产品的不同之处，可以通过比较看出。

在【上边框条】中选择【菜单】|【分析】|【模型比较】命令，系统打开【模型比较】对话框，如图 3-135 所示，此时选择需要比较的模型特征，选择后单击【应用】按钮，等待系统计算进入比较状态，得到计算结果。

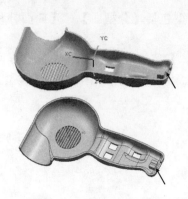

图 3-134　产品不同之处　　　　　图 3-135　【模型比较】对话框

此时在 NX 绘图区中将会看到三个窗口，分别为原模型、新模型、两者重叠模型的比较，如图 3-136 所示。

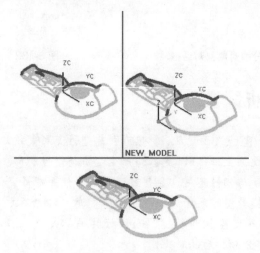

图 3-136　三个模型对比

2. 交换模型

交换模型是指将模具设计中的原模型和新的产品模型进行交换，并保持原有的合适的曲面修补、分型面、模架、标准件等的设计。

交换模型设计一般分为装载新产品模型、编辑补片/分型面和更新分型 3 个步骤。

(1) 装载新产品模型：在【分型刀具】工具条中单击【交换模型】按钮 ，系统弹出【打开】对话框，如图 3-137 所示，选择交换产品后单击 OK 按钮。系统弹出如图 3-138 所示的【替换设置】对话框。

(2) 编辑补片和分型面：新产品装载完毕后，需要使用模具工具和分型功能对新产品的通孔和分型线进行重新创建，必要时需要删除原模型设计的补片和实体修补块，重新生成分型线和分型面。

(3) 更新分型编辑补片和分型面之后，右击绘图区，选择快捷菜单中的【刷新】命令，进行模具型腔和型芯及其他相关特征的更新。

图 3-137　【打开】对话框

图 3-138　【替换设置】对话框

课后练习

案例文件：ywj\03\01\01.prt 及所有模具文件

视频文件：光盘\视频课堂\第 3 教学日\3.4

练习案例的分析如下。

本课课后练习创建后盖模具的型芯和型腔的提取，以及模具的比较和分型，这是模具设计完成后的必要步骤，以验证模具的设计合理性。图 3-139 所示是完成的后盖模具。

本课案例主要练习了后盖模具的型芯和型腔的提取过程，提取过程比较简单，但是要注意分型后模具的方向。创建后盖模具的思路和步骤如图 3-140 所示。

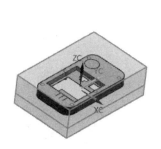

图 3-139　完成的后盖模具

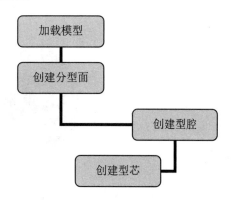

图 3-140　创建后盖模具的步骤

练习案例的具体操作步骤如下。

step 01 加载模型，选择【文件】|【打开】命令，弹出【打开】对话框，选择文件，打开后盖模具，如图3-141所示。

step 02 创建分型面，单击【注塑模向导】选项卡【分型刀具】组中的【设计分型面】按钮，弹出【设计分型面】对话框，创建分型面，如图3-142所示。

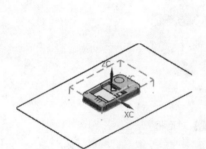

图 3-141　打开后盖模具 　　　　　　　　　图 3-142　创建分型面

step 03 创建型芯和型腔，单击【注塑模向导】选项卡【分型刀具】组中的【定义型腔和型芯】按钮，弹出【定义型腔和型芯】对话框，选择【型腔区域】选项，单击【确定】按钮，创建模具型腔，如图3-143所示。

step 04 运行结果后，在弹出的【查看分型结果】对话框中单击【确定】按钮，设置模具型腔方向，如图3-144所示。

图 3-143　创建模具型腔 　　　　　　　　　图 3-144　设置模具型腔方向

step 05 单击【注塑模向导】选项卡【分型刀具】组中的【定义型腔和型芯】按钮 ![icon]，弹出【定义型腔和型芯】对话框，选择【型芯区域】选项，单击【确定】按钮，创建模具型芯，如图 3-145 所示。

step 06 运行结果后，在弹出的【查看分型结果】对话框中单击【确定】按钮，设置模具型芯方向，如图 3-146 所示。

step 07 完成的后盖模具分型，如图 3-147 所示。

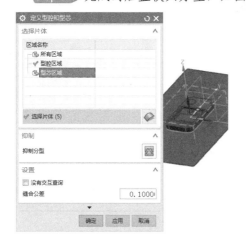

图 3-145 创建模具型芯

图 3-146 设置模具型芯方向

图 3-147 完成的后盖模具分型

机械设计实践：在分型面处会不可避免地出现飞边，因此应避免在外观光滑面上设计分型面。为保证型腔的顺利排气，分型面尽可能与最后充填满的型腔表壁重合，以利于型腔排气。为了保证产品的尺寸精度，应尽量把有尺寸精度要求的部分设在同一模块上以减小制造和装配误差等。图 3-148 所示是模架中分型面的设计部分。

图 3-148 分型面设计部分

阶段进阶练习

本教学日首先讲解了创建分型线的方法，在创建分型线时，过渡点的放置较为重要。之后介绍了分型面的相关知识，分型面可以说是模具设计中比较重要的步骤，分型面选择好坏直接影响到模具质量，从而对产品起到一定的作用。本教学日重点讲解了型腔和型芯的设计，希望读者能够认真学习掌握。实际上，使用注塑模向导模块进行设计的关键在于一个思路，大体上应该按照提取产品面、创建补面、创建分型线、创建分型面、分型这几大步骤进行操作。

读者使用本教学日学过的分型命令创建变速箱盖子的分型，效果应如图 3-149 所示。

练习步骤和方法如下。

(1) 创建盖子模型。

(2) 创建分型线。

(3) 修补面。

(4) 创建分型面。

(5) 创建模具型芯和型腔。

图 3-149 变速箱盖子模型

第 4 教学日

　　模架是模具中最基本的支撑体，设计模具应当以先结构后模架为准。组成模具的几大系统是：浇注系统、冷却系统、顶出系统、成型系统等。浇注系统和冷却系统在模具设计中是不可或缺的两大系统，结构再好的模具没有这两个系统也是无法完成塑胶成型这一过程的。另外，标准件的设计在模具设计中也很重要。

　　本教学日中将讲到最主要的系统的组件，即模架库，如何使用和管理模架库是本教学日讲解的重点。另外，本教学日还将讲解滑块设计、镶件设计及电极设计，这三个部分在模具中很重要，在模具结构中也是经常所见到的。

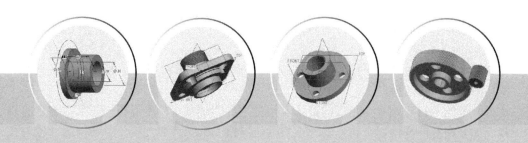

➡️ 第 **1** 课 [1课时] 设计师职业知识——冲压模具分类及结构

1. 分类

冲压模具的形式很多,可根据工艺性质、工序组组合程度及产品的加工方法分类。

1) 根据工艺性质分类

根据工艺性质不同,可分为冲裁模、弯曲模、拉深模、成形模及铆合模。

冲裁模:沿封闭或敞开的轮廓线使材料产生分离的模具,如落料模、冲孔模、切断模、切口模、切边模、剖切模等。

弯曲模:使板料毛坯或其他坯料沿着直线(弯曲线)产生弯曲变形,从而获得一定角度和形状的工件的模具。

拉深模:是把板料毛坯制成开口空心件,或使空心件进一步改变形状和尺寸的模具。

成形模:是将毛坯或半成品工件按图凸、凹模的形状直接复制成形,而材料本身仅产生局部塑性变形的模具,如胀形模、缩口模、扩口模、起伏成形模、翻边模、整形模等。

铆合模:是借用外力使参与的零件按照一定的顺序和方式连接或搭接在一起,进而形成一个整体。

2) 根据工序组合程度分类

根据工序组合程度的不同,可分为单工序模、复合模、级进模及传递模。

单工序模:在压力机的一次行程中,只完成一道冲压工序的模具。

复合模:只有一个工位,在压力机的一次行程中,在同一工位上同时完成两道或两道以上冲压工序的模具。

级进模(也称连续模):在毛坯的送进方向上,具有两个或更多的工位,在压力机的一次行程中,在不同的工位上逐次完成两道或两道以上冲压工序的模具。

传递模:综合了单工序模和级进模的特点,利用机械手传递系统,实现产品的模内快速传递,可以大大提高产品的生产效率,减低产品的生产成本,节俭材料成本,并且质量稳定可靠。

3) 依产品的加工方法分类

依产品加工方法的不同,可将模具分为冲剪模具、弯曲模具、抽制模具、成形模具和压缩模具等。

冲剪模具:是以剪切作用完成工作的,常用的形式有剪断冲模、下料冲模、冲孔冲模、修边冲模、整缘冲模、拉孔冲模和冲切模具。

弯曲模具:是将平整的毛坯弯成一个角度的形状,根据零件的形状、精度及生产量的多寡,有多种不同形式的模具,如普通弯曲冲模、凸轮弯曲冲模、卷边冲模、圆弧弯曲冲模、折弯冲缝冲模与扭曲冲模等。

抽制模具:是将平面毛坯制成有底无缝容器。

成形模具:指用各种局部变形的方法来改变毛坯的形状,其形式有凸张成形冲模、卷缘成形冲模、颈缩成形冲模、孔凸缘成形冲模、圆缘成形冲模。

压缩模具：是利用强大的压力，使金属毛坯流动变形，成为所需的形状，其种类有挤制冲模、压花冲模、压印冲模、端压冲模。

2. 典型结构

1) 第一类

工艺零件，这类零件直接参与工艺过程的完成并和坯料有直接接触，包括有工作零件、定位零件、卸料与压料零件等。

2) 第二类

结构零件，这类零件不直接参与完成工艺过程，也不和坯料有直接接触，只对模具完成工艺过程起保证作用，或对模具功能起完善作用，包括导向零件、紧固零件、标准件及其他零件等。需指明的是，不是所有的冲模都必须具备上述 6 种零件，尤其是单工序模，但是工作零件和必要的固定零件等是不可缺少的。

第 2 课 2 课时 模具模架

4.2.1 模架库

> **行业知识链接**：模架的主要两个部分称为上模和下模。注塑时，上下模会先结合，让塑料在上下模块之间成型。然后上下模会分开，并由下模的顶出装置将成品推出。图 4-1 所示的是塑料衣架模具的多重分型结构。

图 4-1　模具模架

模架是用来给模具定位的一种装置。模架库中的模架主要是用于型腔和型芯的装夹、顶出和分离的机构。目前模具上的模架大部分是由标准件组成的，而且标准件已经从结构、形式和尺寸等几个方面标准化、系列化，并且具有一定的互换性。标准模架就是由这类的标准件组合而成的。

在【主要】工具条中单击【模架】按钮█，打开如图 4-2 所示的【模架库】对话框。在注塑模向导模块中，包括【名称】、【成员选择】、【部件】、【详细信息】、【设置】选项组及【信息】对话框等几大块的内容。下面我们就来具体地介绍一下各项功能。

1. 重用库

在【注塑模向导】选项卡【主要】组中单击【模架】按钮█后，可以在软件左侧的【资源条选项】中打开【重用库】选项卡，其中有多种标准模架。

注塑模向导模块的标准模架目录包含 DME、HASCO、FUTABA 和 LKM 等，如图 4-3 所示。在这些目录中便可为模腔选择一套合适的模架。

图 4-2　【模架库】对话框

在选择模架时，应为冷却系统和流道系统等留出空间。

在【名称】下拉列表中可选择模架的供应商，例如对龙记公司的 3 种模架，可以选择 LKM_PP（即细水口系列）、LKM_SG（即大水口系列）和 LKM_TP（即简化型细水口系列）。

目录中还有一个名为 UNIVERSAL 的通用模架，当选择该选项后，【信息】对话框则变成如图 4-4 所示，可按需要进行不同标准模架的模板配置。

图 4-3　标准模架目录

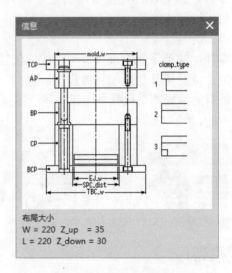

图 4-4　【信息】对话框

2. 成员

不同的供应商所提供的模架结构也是有所差别的，在【导航器】的【成员选择】选项卡中就列出了指定供应商所提供的标准模架的类型。例如，龙记公司的 LKM_TP（即简化型细水口系统）共有 FA、FC、GA 和 GC 4 个系列，如图 4-5 所示。

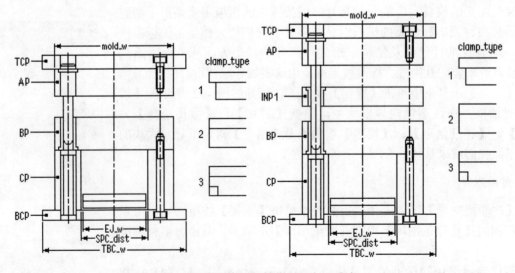

图 4-5　不同类型的简化型细水口系统

3. 信息

当我们选择了所需要的模架时，系统将会出现所选模架的【信息】对话框。图 4-6 所示为当选择标准模架 LKM_PP 时出现的示意图。示意图来源于一个位图文件，用户也可以为自定义的模架创建示意图。

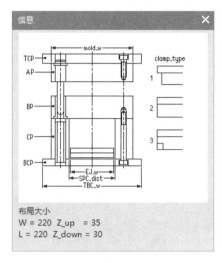

图 4-6　模架示意图

同时我们还要注意一些常用的知识，例如上图中的各字母分别表示了模架中各模板的名称，其中 TCP(即 TOP CLAMPING PLATE)表示上夹板，又称定模垫板；AP(A PLATE)表示 A 板，又称定模板；BP(B PLATE)表示 B 板，又称动模板；CP(C PLATE)表示 C 板，又称模脚；BCP(BOP CLAMPING PLATE)表示下夹板，又称底垫板。

【信息】对话框中显示的字母：W 表示模架中型腔镶件沿 XC 方向的最大宽度，L 表示模架中型腔镶件沿 YC 方向的最大长度，Z_up 是型腔块在 Z 轴正方向上的高度，Z_down 则是型芯块在 Z 轴负方向上的高度。其中，W 和 L 用于初选模架规格中的 X-Y 平面尺寸，Z_up 和 Z_down 则作为选择模板厚度时的参数。

模具的规格主要是由 "CATALOG" 来显示的，模具的尺寸是所选的标准模架在 X-Y 平面内投影的有效尺寸，系统将根据多腔模布局确定最适合的尺寸作为默认的选择。

4. 设置

(1) 编辑注册器。单击图 4-7 所示的【编辑注册器】按钮▦，将会打开注塑模向导模块的注册标准模架的电子表格文件，如图 4-8 所示，该功能用于执行编辑模架菜单选项，定制模架选择菜单。

(2) 编辑模架数据。单击【编辑数据库】按钮▦，将打开注塑模向导模块的模架数据电子表格文件，如图 4-9 所示。该数据文件可用来定义所选标准模架的各装配元件。此功能常用于编辑定制所选模架的装配元件。

对于所提供的用户定制通用目录，应先在一个复制文件中修改，然后再加入注册文件。

图 4-7　单击【编辑注册器】按钮

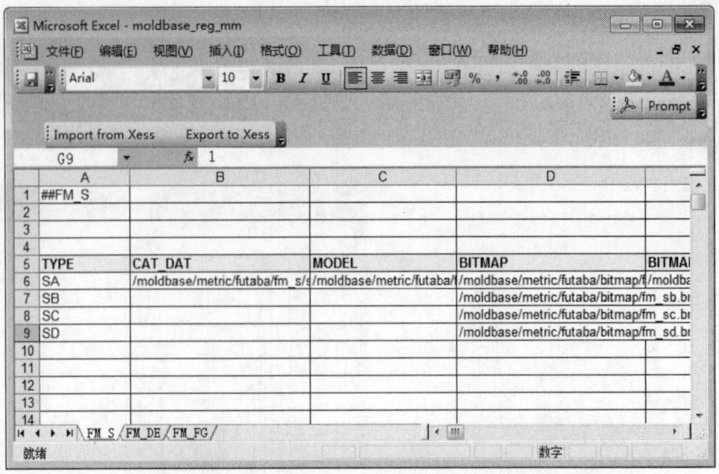

图 4-8　注册标准模架的电子文档

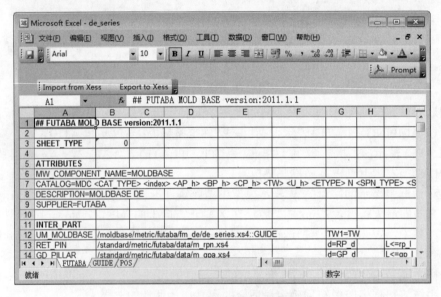

图 4-9　编辑模架数据电子文档

5. 详细信息

当选择好模架规格后，系统将自动在【详细信息】选项组列出模架中各部分的默认数据，如图 4-10 所示。如果模架中的默认数据跟型腔参数不相匹配，我们就要调整各模架的厚度尺寸，可直接在【值】下面的编辑窗口进行编辑。

为确保模架与模芯的尺寸与位置相协调，避免过多的反复，最好在加入模架之后(加入任何其他标准件之前)，立即调整模架和模芯尺寸。

图 4-10　【详细信息】选项组

4.2.2　标准件系统

行业知识链接：经过多年的发展，模架生产行业已相当成熟。模具制造商除可按个别模具需求购买订造模架外，也可选择标准化模架产品。标准模架款式多元化，而且送货时间较短，甚至即买即用，为模具制造商提供了更高的弹性，因此标准模架的普及性正不断提高。图 4-11 所示是一种成型模具的标准模架。

图 4-11　标准模架

单击【主要】工具条中的【标准件库】按钮 ，系统将打开如图 4-12 所示的【标准件管理】对话框。在此对话框中我们可以修改相关的一些元件，如顶杆、回程杆、螺钉、导柱和导套等。

当需要编辑组件时，应先从【名称】和【成员选择】选项组中选择相应的标准组件、组件的供应商以及类别等选项后，在【详细信息】选项组中再设置适当的参数即可。

1. 标准件列表及分类

1)　【名称】和【成员选择】

在导航器中的【重用库】选项卡【名称】列表所显示的是所选择的模架的类型。而在【成员选择】列表框中显示的则是各个组件的类型。根据所选模架的不同，所构成的组件不同，【对象】列表中所显示的类型也是不同的。有的标准件用于个别模腔，有的则应用于通用结构。还有一部分标准件是由系统自动加载，有些还需要定义装配。

【名称】列表在这里的作用就是把【名称】列表中的标准件按照类型分组显示出来。可以显示的内容包括定位圈、顶杆、浇口套、顶杆后处理、锁紧块、螺栓及其他部件。当选择一个分类时，【名称】列表中只显示该分类的部件，如图 4-13 所示。

在【成员选择】列表框中可以进行组件的选取工作，列表框中显示的类型是与模架一致的名称。

图 4-12　【标准件管理】对话框

2)　示意图

随着所选组件的不同，【信息】对话框中将显示不同的示意图，如图 4-14 所示。通过这种图示的形式能够更直观地表达出被选组件的各个部位的尺寸。

2. 详细信息

在【详细信息】选项组中主要有以下几个部分。

1)　名称

在【详细信息】选项组的【名称】列表，显示的是各个参数的名称属性，如图 4-15 所示。

2)　参数值

当选择了所需的组件后，【详细信息】列表显示系统自动列出组件各部分结构默认数据，但是这些默认数据同实际所需的组件的尺寸并不一定匹配，为了满足要求，需要在【值】列表中调整为所需的尺寸。

模具行业通用的标准零件，包括浇口套、顶杆、弹簧、撑头、边锁、滑块机构、斜顶机构等附件。

3. 放置

1）父

打开【父】下拉列表框，可以选择列表中的选项来指定其他的父装配，如图 4-16 所示。当重新选择一个父装配时，该部件即自动改变为显示部件。

如果所要选的父装配不在列表中，可以在打开【标准件管理】对话框前设置该父装配为工作部件，工作部件的名称将始终出现在列表里。

图 4-13　【重用库】导航器

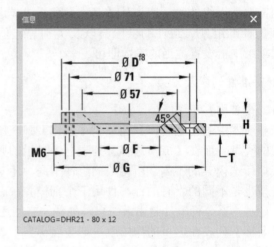

图 4-14　示意图

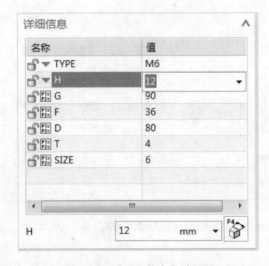

图 4-15　【详细信息】选项组

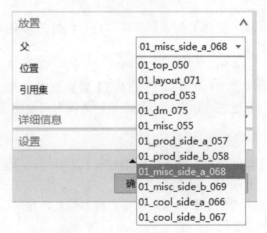

图 4-16　【父】下拉列表框

2) 位置

打开图 4-17 所示的标准部件定位功能的【位置】下拉列表框，为标准件选择主要定义参数方式。下面介绍一下各种参数方式。

(1) NULL：标准件原点为装配树的绝对坐标原点(0,0,0)。

(2) WCS：标准件原点为当前工作坐标系原点 WCS(0,0,0)。

(3) WCS_XY：选择工作坐标平面上的点作为标准件原点。

(4) POINT：以用户所选的平面作为 X_Y 平面，然后再定义该 X_Y 平面上的点作为标准件的原点。

图 4-17 【位置】下拉列表框

(5) PLANE：先选一平面作为 X_Y 平面，然后再定义该 X_Y 平面上的点作为标准件的原点。

(6) ABSOLUTE：绝对位置定位。

(7) REPOSITION：重新定位。

(8) MATE：先在任意点加入标准件，然后用配对条件(Mating)为标准件定位。

3) 编辑注册

在【设置】选项组中有如下所示的功能按钮。

● 【编辑注册器】按钮：可以打开标准件注册文件进行编辑，如图 4-18 所示。

● 【编辑数据库】按钮：可以打开标准件 Excel 表格编辑目录数据，如图 4-19 所示。

4. 浇口套和定位环

浇口套和定位环是重要的模具标准件，下面我们将简单介绍一下它们的添加方法。

1) 介绍浇口套和定位环

浇口套是避免进料道与高温塑料和注塑机喷嘴反复接触、碰撞，从而安装在定模板上的一个标准件。

定位环是为使注塑机与主浇口套对准而在定模板上安装的一个标准件。

浇口套与定位环主要是用于与注塑机相接，向型腔中注料。

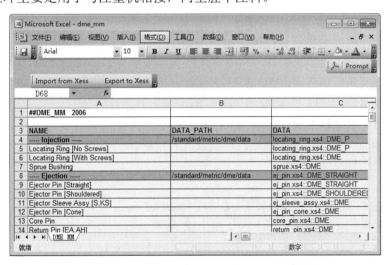

图 4-18 注册文件数据

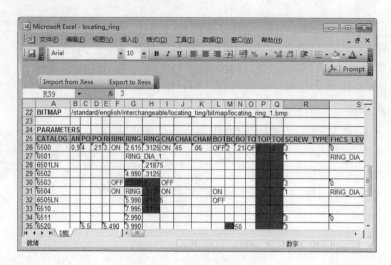

图 4-19　编辑目录数据

2)　添加浇口套和定位环

在【标准件管理】对话框中的【名称】下拉列表框中选择 DME_MM | Injection 命令，选择【成员选择】对象，就可以向模架中添加选择的浇口套和定位环。

5. 脱模机构

脱模机构是为完成塑件从模具凹凸模上脱出而使用的装配机构，也称为顶出机构。

1)　脱模元件

脱模元件是直接与塑件接触，推制品出模的工作零件，常用元件包括顶杆后处理、推件管、脱件板和推块等。

(1)　推件杆：标准顶杆后处理截面呈圆形，标准顶杆后处理分为直杆形和阶梯形两种形式。推件杆的结构简单，制造方便，设置自由度大，是使用最多的脱模元件。

(2)　顶杆后处理管：也称为顶管，是一种空心推件杆，细长圆管形塑件和生成方向与开模一致的台阶孔最适合用推件管脱模。

(3)　脱件板：脱件板安装在凸板根部，与之密切配合，顶出时，推板沿凸模周边移动，将塑件推离凸模。这种机构主要用于大筒形塑件、薄壁容器及各种型罩壳形塑件的脱模。

(4)　脱件块：有的塑料制品内表面也要求无顶推痕迹，或因成型群孔需要，使用推件块脱模。

2)　添加和修剪顶杆

在【标准件管理】对话框中的【名称】下拉列表框中选择 Ejection 选项，可以向模架中添加选择的顶杆，添加顶杆标准件后，顶杆为原始的标准长度和形状，一般与产品的形状和尺寸不能匹配，需要对其进行修剪和建腔等成型设计。

3)　使用步骤

添加原件后，在【主要】工具条中单击【顶杆后处理】按钮，打开如图 4-20 所示的【顶杆后处理】对话框。下面我们就具体讲述一下其使用步骤。

(1)　顶针方式。在【顶杆后处理】对话框中包括【调整长度】、【修剪】两种修剪方式和【取消修剪】功能。图 4-21 所示是选择【修剪】选项后的【顶杆后处理】对话框。

【调整长度】：是指将顶杆的长度调整到型腔表面的最高点，调整长度修剪有时候会使顶杆陷在产品内，顶件可能会使产品形成凹痕。

【修剪】：是指使用型芯侧面或者型腔侧面修剪顶杆，可控制顶杆端部的形状与型芯表面相一致，用这种方法修剪时产品不易产生凹痕。

【取消修剪】：是指取消对顶杆的修剪。

图 4-20　【顶杆后处理】对话框

图 4-21　选择【修剪】选项

(2) 【目标】选项组。顶针组件包含 TRUE 和 FALSE 体，顶针孔用剪切腔体功能在型芯镶块里创建。顶针功能可以设定只处理 TRUE 引用集中的顶针件，或者只处理 FALSE 引用集中的剪切体，或者两者都处理。如果不修剪 FALSE 体，要确认在剪切腔体时使用目标体和工具体的方法，以避免在型腔中剪切出不需要的孔。

(3) 【配合长度】。配合长度是指设置顶杆顶部与型芯孔的公差配合的长度，以使顶杆后处理与型芯孔之间在推出部分具有动配合长度，防止塑料流入顶杆后处理孔。可在【顶杆后处理】对话框中的【配合长度】文本框中输入适合的值。

6. 修剪模具组件与建腔

下面介绍一下修剪模具组件与建腔的方法。

1) 修剪模具组件

修剪模具组件功能可以自动相关性的修剪镶件、电极和标准件来形成型腔或型芯。

在【修剪工具】工具条中单击【修边模具组件】按钮，系统将弹出如图 4-22 所示的【修边模具组件】对话框，它与上文介绍的【顶杆后处理】对话框中的修剪选项相似，我们就不再重述了。

2) 模具建腔

在所设计的模具中，加入了所有的标准件及浇口、流道、冷却管道等。完成模具设计的最后一步便是建腔，单击【主要】工具条中的【腔体】按钮，打开如图 4-23 所示的【腔体】对话框。

建腔是将标准件或镶件的腔体连接到目标部件，并在目标体中将其减去。单击【主要】工具条中的【腔体】按钮，打开【腔体】对话框。选择目标体，目标体是选择模板，或者需要添加镶件或标准件插入的模具零件，单击鼠标确认；选择刀具，单击【确定】按钮完成建腔。

图 4-22　【修边模具组件】对话框

图 4-23　【腔体】对话框

课后练习

案例文件：ywj\04\01.prt 及所有模具文件

视频文件：光盘\视频课堂\第 4 教学日\4.2

练习案例的分析如下。

本课课后练习创建扣盖零件，并创建后盖模型的模架，当然在创建过程中进行分型、创建型芯和型腔是必需的。图 4-24 所示是完成的扣盖模架。

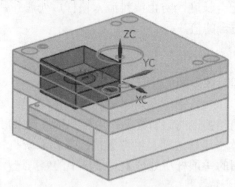

图 4-24　完成的扣盖模架

本课案例主要练习扣盖模型的创建，之后进行包括模具初始化、分型面创建、型芯与型腔创建以及模架的加载。创建扣盖模架的思路和步骤如图 4-25 所示。

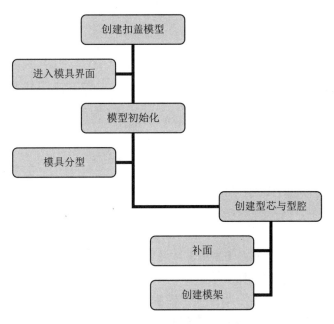

图 4-25　创建扣盖模架步骤

练习案例的具体操作步骤如下。

step 01　创建扣盖模型，在【直接草图】工具条中单击【草图】按钮，弹出【创建草图】对
　　　　话框，选择草绘平面，如图 4-26 所示，单击【确定】按钮。

step 02　在【直接草图】工具条中单击【圆】按钮○，绘制直径为 100 的圆，如图 4-27 所示。

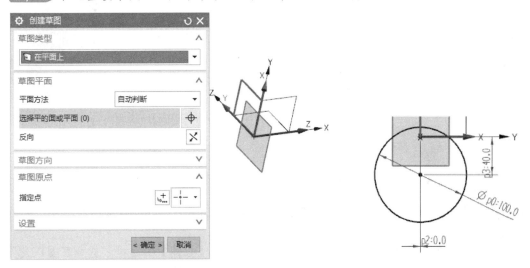

图 4-26　选择草绘面　　　　　　　**图 4-27　绘制直径为 100 的圆形**

step 03　在【直接草图】工具条中单击【直线】按钮，绘制直线并修剪，尺寸如图 4-28 所示。

step 04　在【直接草图】工具条中单击【快速修剪】按钮，修剪草图，如图 4-29 所示。

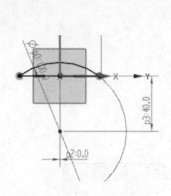

图 4-28 绘制直线并修剪

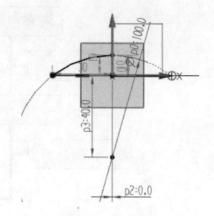

图 4-29 修剪草图

step 05 在【特征】工具条中单击【旋转】按钮，弹出【旋转】对话框，选择旋转草图和轴，单击【确定】按钮，创建旋转特征，如图 4-30 所示。

step 06 在【直接草图】工具条中单击【草图】按钮，弹出【创建草图】对话框，选择草绘平面，如图 4-31 所示，单击【确定】按钮。

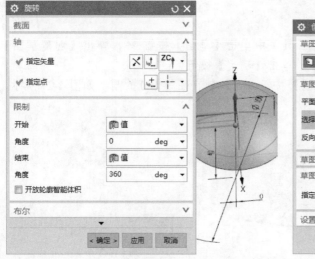

图 4-30 创建旋转特征

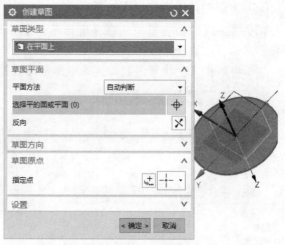

图 4-31 选择草绘面

step 07 在【直接草图】工具条中单击【圆】按钮，绘制直径为 50 和 52 的同心圆，如图 4-32 所示。

step 08 在【特征】工具条中单击【拉伸】按钮，弹出【拉伸】对话框，选择草图，设置【距离】参数为 4，如图 4-33 所示，单击【确定】按钮，创建拉伸特征。

step 09 在【特征】工具条中单击【抽壳】按钮，弹出【抽壳】对话框，选择去除面，设置【厚度】为 4，如图 4-34 所示，单击【确定】按钮，创建抽壳特征。

step 10 在【直接草图】工具条中单击【草图】按钮，弹出【创建草图】对话框，选择草绘平面，如图 4-35 所示，单击【确定】按钮。

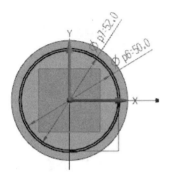

图 4-32　绘制同心圆

图 4-33　拉伸草图

图 4-34　抽壳特征

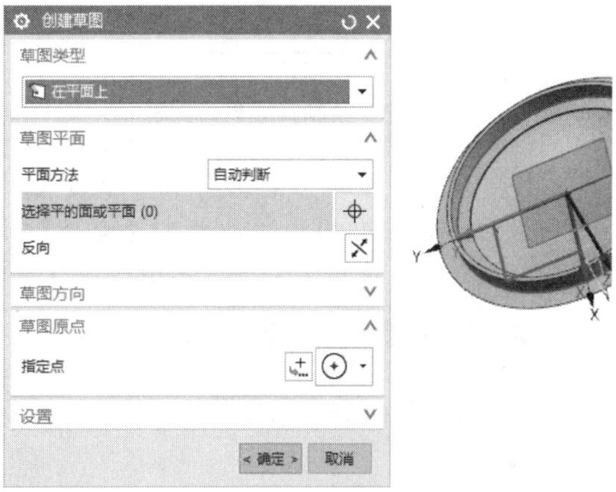

图 4-35　选择草绘面

step 11　在【直接草图】工具条中单击【直线】按钮✏，绘制直线图形，尺寸如图 4-36 所示。

step 12　在【直接草图】工具条中单击【偏置曲线】按钮◎，绘制草图偏置曲线，设置【距离】
　　　　为 1，如图 4-37 所示。

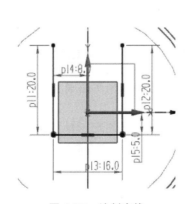

图 4-36　绘制直线

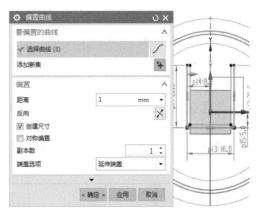

图 4-37　偏置曲线

step 13 在【直接草图】工具条中单击【直线】按钮，绘制直线封闭图形，如图 4-38 所示。

step 14 在【特征】工具条中单击【拉伸】按钮，弹出【拉伸】对话框，选择草图，设置【距离】参数为 4，如图 4-39 所示，单击【确定】按钮，创建拉伸特征。

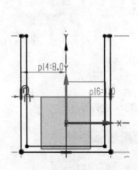

图 4-38 绘制直线封闭图形　　　　　　　　图 4-39 拉伸草图

step 15 在【直接草图】工具条中单击【草图】按钮，弹出【创建草图】对话框，选择草绘平面，如图 4-40 所示，单击【确定】按钮。

step 16 在【直接草图】工具条中单击【直线】按钮，绘制直线图形，尺寸如图 4-41 所示。

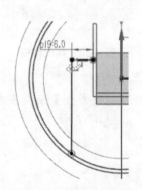

图 4-40 选择草绘面　　　　　　　　图 4-41 绘制直线

step 17 在【直接草图】工具条中单击【偏置曲线】按钮，绘制草图偏置曲线，【距离】为 1，如图 4-42 所示。

step 18 在【直接草图】工具条中单击【直线】按钮，绘制封闭图形，如图 4-43 所示。

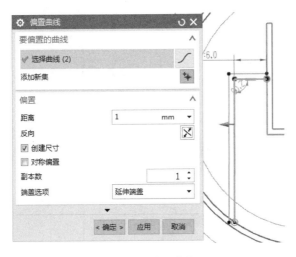

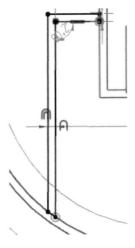

图 4-42　偏置曲线　　　　　　　　　　　图 4-43　绘制封闭图形

step 19　在【特征】工具条中单击【拉伸】按钮 🔲，弹出【拉伸】对话框，选择草图，设置【距离】参数为 4，如图 4-44 所示，单击【确定】按钮，创建拉伸特征。

step 20　在【直接草图】工具条中单击【草图】按钮 🖉，弹出【创建草图】对话框，选择草绘平面，如图 4-45 所示，单击【确定】按钮。

图 4-44　拉伸草图　　　　　　　　　　　图 4-45　选择草绘面

step 21　在【直接草图】工具条中单击【圆】按钮 ⃝，绘制草图右侧直径为 3 和 2 的同心圆，如图 4-46 所示。

step 22　在【直接草图】工具条中单击【圆】按钮 ⃝，绘制草图左侧直径为 3 和 2 的同心圆，如图 4-47 所示。

step 23　在【特征】工具条中单击【拉伸】按钮 🔲，弹出【拉伸】对话框，选择草图，设置【距离】参数为 4，如图 4-48 所示，单击【确定】按钮，创建拉伸特征。

step 24　在【直接草图】工具条中单击【草图】按钮 🖉，弹出【创建草图】对话框，选择草绘平面，如图 4-49 所示，单击【确定】按钮。

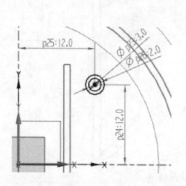

图 4-46　绘制草图右侧的同心圆

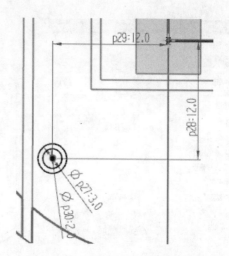

图 4-47　绘制草图左侧的同心圆

图 4-48　拉伸草图

图 4-49　选择草绘面

step 25　在【直接草图】工具条中单击【矩形】按钮▢，弹出【矩形】对话框，绘制 14×2 的矩形，如图 4-50 所示。

step 26　在【特征】工具条中单击【拉伸】按钮，弹出【拉伸】对话框，选择草图，设置【距离】参数为 20，如图 4-51 所示，单击【确定】按钮，创建拉伸特征。

step 27　完成的扣盖模型，如图 4-52 所示。

step 28　进行模具初始化，单击【注塑模向导】选项卡中的【初始化项目】按钮，弹出【初始化项目】对话框，单击【确定】按钮，初始化项目，如图 4-53 所示。

step 29　单击【注塑模向导】选项卡【主要】组中的【模具 CSYS】按钮，弹出【模具CSYS】对话框，选中【产品实体中心】选项，单击【确定】按钮，设置坐标系，如图 4-54 所示。

step 30　单击【注塑模向导】选项卡【主要】组中的【工件】按钮，弹出【工件】对话框，设置工件尺寸，单击【确定】按钮，创建工件，如图 4-55 所示。

step 31 单击【注塑模向导】选项卡【主要】组中的【型腔布局】按钮🔳，弹出【型腔布局】对
话框，设置【型腔数】为 4，单击【开始布局】按钮🔳，进行型腔布局，如图 4-56 所示。

step 32 单击【注塑模向导】选项卡【分型刀具】组中的【曲面补片】按钮◈，弹出【边修补】
对话框，选择修补面，单击【确定】按钮，创建曲面补片，如图 4-57 所示。

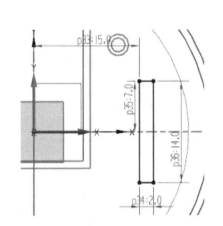

图 4-50 绘制 14×2 的矩形

图 4-51 拉伸草图

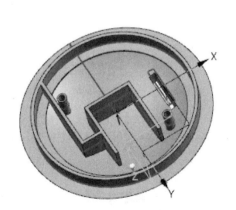

图 4-52 完成扣盖模型

图 4-53 初始化项目

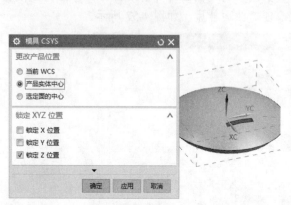

图 4-54　设置坐标系

图 4-55　创建工件

图 4-56　型腔布局

图 4-57　创建曲面补片

step 33　单击【注塑模向导】选项卡【分型刀具】组中的【检查区域】按钮 ◢，弹出【检查区域】对话框，单击【计算】按钮 ▤，生成型芯和型腔区域，如图 4-58 所示。

step 34　在【检查区域】对话框中打开【区域】选项卡，选择【型腔区域】选项，选择未定义的模型型腔区域，单击【确定】按钮，创建型腔区域，如图 4-59 所示。

step 35　单击【注塑模向导】选项卡【分型刀具】组中的【定义区域】按钮 ⬚，弹出【定义区域】对话框，选择【创建区域】和【创建分型线】选项，单击【确定】按钮，创建分型线，如图 4-60 所示。

step 36　创建模具分型面，单击【注塑模向导】选项卡【分型刀具】组中的【设计分型面】按钮 ⬚，弹出【设计分型面】对话框，创建分型面，如图 4-61 所示。

图 4-58　生成型芯和型腔区域

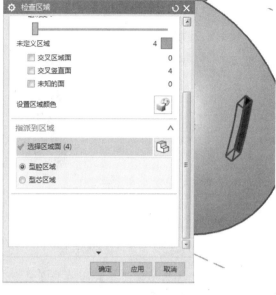

图 4-59　创建型腔区域

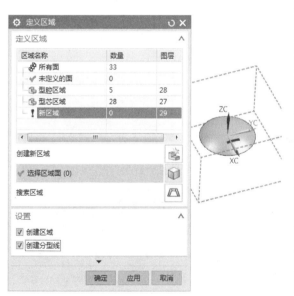

图 4-60　创建分型线

图 4-61　创建分型面

step 37 　单击【注塑模向导】选项卡【分型刀具】组中的【定义型腔和型芯】按钮，弹出【定义型腔和型芯】对话框，选择【型腔区域】选项，单击【确定】按钮，创建模具型腔区域，如图 4-62 所示。

step 38 　运行结果后，在弹出的【查看分型结果】对话框中单击【确定】按钮，设置模具型腔的方向，如图 4-63 所示。

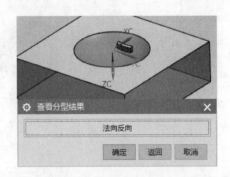

图 4-62　创建模具型腔区域　　　　　　　　图 4-63　设置模具型腔方向

step 39　单击【注塑模向导】选项卡【分型刀具】组中的【定义型腔和型芯】按钮，弹出【定义型腔和型芯】对话框，选择【型芯区域】选项，单击【确定】按钮，创建模具型芯区域，如图 4-64 所示。

step 40　运行结果后，在弹出的【查看分型结果】对话框中单击【确定】按钮，设置模具型芯方向，如图 4-65 所示。

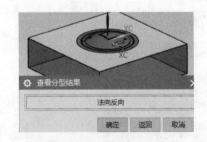

图 4-64　创建模具型芯区域　　　　　　　　图 4-65　设置模具型芯方向

step 41　加载模架，单击【注塑模向导】选项卡【主要】组中的【模架库】按钮，在导航器【重用库】选项卡中选择模架库，如图 4-66 所示。

step 42　在弹出的【模架库】对话框中，设置模架参数，单击【确定】按钮，如图 4-67 所示。

图 4-66　选择模架库

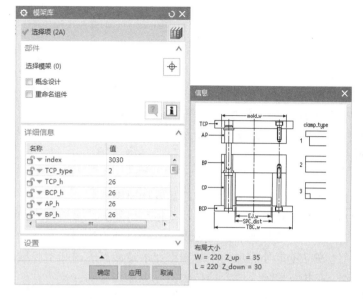

图 4-67　设置模架参数

step 43　完成加载的扣盖模具，如图 4-68 所示。

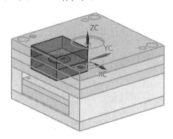

图 4-68　完成的扣盖模具

机械设计实践：模架是模具的半制成品，由各种不同的钢板配合零件组成，可以说是整套模具的骨架。由于模架及模具所涉及的加工有很大差异，模具制造商会选择向模架制造商订购模架，利用双方的生产优势，以提高整体生产质量及效率。图 4-69 所示是一种标准模架。

图 4-69　标准模架

第 3 课　2 课时　模具冷却系统

由于熔融塑料不断进入模具，导致模具温度上升，对于要求模具温度较低的材料，单靠模具本身的散热是无法使模具保持较低温度的，所以必须添加冷却系统。当然，有一些塑料是需要高温来实现成型的，比如 PC 等对模具温度要求相对较高，此时需用到油温机对模具进行加热。

4.3.1　概述

> **行业知识链接**：大水口模具的流道及浇口在分模线上，与产品在开模时一起脱模，设计最简单，容易加工，成本较低，所以设计时较多地采用大水口系统作业。图 4-70 所示是一种大水口模具的水路部分。

图 4-70　模具水路

在模具设计中要遵循以下的冷却设计原则。

(1) 冷却水孔数量尽可能多，孔径尽可能大，多模具冷却应均匀。

(2) 水孔与模具表面距离应均匀，浇口处应加强冷却。

(3) 产品壁厚处应加强冷却，冷却水道截面应该和型腔或型芯形状相符。

(4) 在热量聚集、温度较高的部位应加强冷却。

(5) 每个水道的出水与进水温度应保持在一定的温差内。

(6) 当产品出现熔接痕的情况下，在熔接痕处应避免冷却。

前面讲到了标准件与非标准件的选择，本课中也不例外，冷却系统的创建方法同样可以使用标准件和非标准件创建。选择【文件】|【实用工具】|【用户默认设置】命令，修改参数，如图 4-71 所示。

图 4-71　选择【用户默认设置】命令

选择命令后系统弹出如图 4-72 所示的【用户默认设置】对话框。

图 4-72　【用户默认设置】对话框

选择【注塑模向导】|【其他】命令，打开【冷却】选项卡，设置冷却参数。修改【用户默认设置】对话框中的任何一个选项，必须重新启动软件方可起作用。

单击【冷却工具】工具条中的【冷却标准件库】按钮，系统弹出如图 4-73 所示的【冷却组件设计】对话框和图 4-74 所示的【信息】对话框，进行标准件设计。

图 4-73　【冷却组件设计】对话框

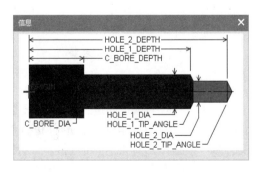

图 4-74　【信息】对话框

4.3.2 创建水路图样

行业知识链接：细水口模具的流道及浇口不在分模线上，一般直接在产品上，所以要设计多一组水口分模线，设计较为复杂，加工较困难，一般要视产品要求来选用细水口系统。图 4-75 所示是模具水路出口部分，出口一般是标准件。

图 4-75 模具水路出口

单击【冷却工具】工具条中的【水路图样】按钮 🔧，系统将弹出如图 4-76 所示的【图样通道】对话框。

冷却水道设计与流道设计相似，同样需要创建冷却水道引导线，根据截面进行扫掠从而创建水道。在创建冷却水道前，必须先定义模腔布局并加入模架，冷却管道应当创建在一个完整的模型布局中。

图 4-76 【图样通道】对话框

4.3.3 水路参数

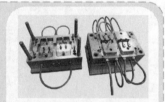

行业知识链接：热流道模具的模具结构与细水口大体相同，其最大区别是流道处于一个或多个有恒温的热流道板及热唧嘴里，无冷料脱模，流道及浇口直接在产品上，所以流道不需要脱模，此系统又称为无水口系统，可节省原材料，适用于原材料较贵、制品要求较高的情况，设计及加工困难，模具成本较高。图 4-77 所示是模具的水路外管路部分。

图 4-77 模具的水路外管路

冷却通道可以根据型腔布局进行设计，在【冷却组件】对话框中，打开如图 4-78 所示的【详细信息】选项组，可以对冷却水路的标准件进行参数设置。选项组列出了可以选择标准的冷却管道参数，可以选择一系列冷却标准件(如连接头、水管塞、O 形密封圈等)进行参数设置。类似于【标准件】对话框，可以对参数进行修改，充分体现了人性化。

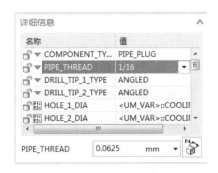

图 4-78　【详细信息】选项组

课后练习

案例文件：ywj\04\01.prt 及所有模具文件

视频文件：光盘\视频课堂\第 4 教学日\4.3

练习案例的分析如下。

本课课后练习扣盖模具的水路设计。水路在模具中起到冷却的作用，便于模具保持合适的成型温度。图 4-79 所示是完成的扣盖模具水路。

本课案例主要练习了扣盖模具的水路创建，首先加载模型，接着绘制水路的各个草图，并完成水路参数设置，创建水路，最后创建标准件，如接头。创建扣盖模具水路的思路和步骤如图 4-80 所示。

图 4-79　完成的扣盖模具水路

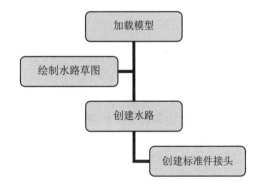

图 4-80　创建扣盖模具水路的步骤

练习案例的具体操作步骤如下。

step 01 加载模型，选择【文件】|【打开】命令，打开模具文件，如图 4-81 所示。

step 02 右击模具部件，在弹出的快捷菜单中选择【隐藏】命令，隐藏模架，如图 4-82 所示。

step 03 创建水路，单击【注塑模向导】选项卡【冷却工具】组中的【水路图样】按钮 ，弹出【图样通道】对话框，创建水路，如图 4-83 所示。

step 04 在【图样通道】对话框中单击【绘制截面】按钮 ，弹出【创建草图】对话框，选择草绘面，如图 4-84 所示，单击【确定】按钮。

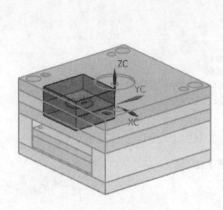

图 4-81 打开模具

图 4-82 隐藏模架部分

图 4-83 创建水路

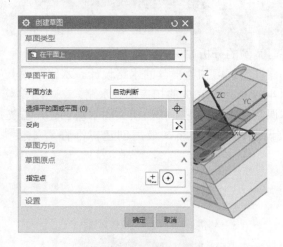

图 4-84 选择草绘面

step 05 在【直接草图】工具条中单击【直线】按钮 ✎，绘制直线，尺寸如图 4-85 所示。

step 06 退出草绘后，返回【图样通道】对话框，设置【通道直径】为 10，单击【确定】按钮，设置水路的直径，如图 4-86 所示。

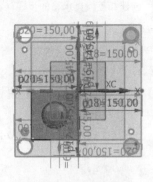

图 4-85 绘制直线

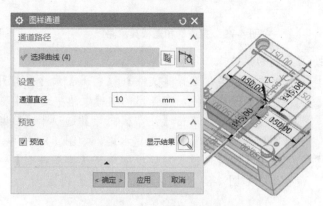

图 4-86 设置水路直径

step 07 完成的扣盖模具水路，如图 4-87 所示。

step 08 创建标准件接头，单击【注塑模向导】选项卡【冷却工具】组中的【冷却标准件库】按钮，弹出【冷却组件设计】对话框，选择接头，并单击选择冷却件 1 的放置面，如图 4-88 所示。

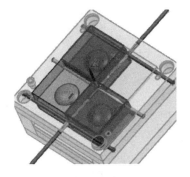

图 4-87　完成水路　　　　　　　　图 4-88　单击选择冷却件 1 的放置面

step 09 系统弹出【标准件位置】对话框，编辑冷却件 1 的位置，单击【确定】按钮，如图 4-89 所示。

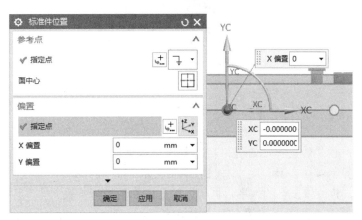

图 4-89　编辑冷却件 1 的位置

step 10 单击【注塑模向导】选项卡【冷却工具】组中的【冷却标准件库】按钮，弹出【冷却组件设计】对话框，选择冷却件 2，并单击选择放置面，如图 4-90 所示。

step 11 系统弹出【标准件位置】对话框，编辑冷却件 2 的位置，单击【确定】按钮，如图 4-91 所示。

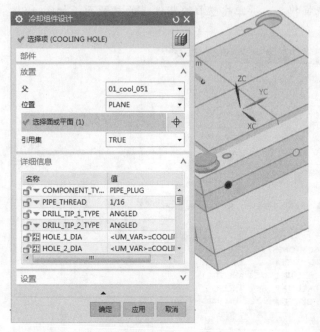

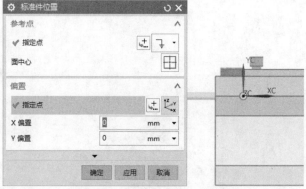

图 4-90　选择冷却件 2 的放置面　　　　　　　　图 4-91　编辑冷却件 2 的位置

step 12 完成的扣盖模具冷却水路，如图 4-92 所示。

图 4-92　完成扣盖模具冷却水路

机械设计实践：模具的支撑也叫模架，比如压铸机上将模具各部分按一定规律和位置加以组合和固定，并使模具能安装到压铸机上工作的部分就叫模架，其由推出机构、导向机构、预复位机构模脚垫块、座板组成。图 4-93 是模具中分开模具的推出部分。

图 4-93　模具推出部分

第4课 2课时 模具浇注系统

4.4.1　流道系统

> **行业知识链接：** 热流道系统，又称热浇道系统，主要由热浇口套、热浇道板、温控电箱构成。我们常见的热流道系统有单点热浇口和多点热浇口两种形式。单点热浇口是用单一热浇口套直接把熔融塑料射入型腔，它适用单一腔单一浇口的塑料模具；多点热浇口是通过热浇道板，把熔融料分支到各分热浇口套中再进入型腔，它适用于单腔多点入料或多腔模具。图 4-94 是双腔模的流道设计。

图 4-94　双腔模流道

流道是熔融塑料通过注塑机进入浇口和型腔前的流动通道，如果流道特征位于型腔或型芯的外部，可以创建一个分流道特征；如果流道特征位于型腔或型芯内部，可以创建一个水道特征。在注塑模向导模块中，主流道位于浇口套中，浇口套的底部与分型面接触，因此流道设计主要是进行分流道设计。

分流道的设计又可以由几大步骤决定，分别为引导线的创建、分型面上投影、创建流道通道。

1. 创建引导线和流道

流道设计首先需要创建一个引导线，流道截面沿线进行流道的创建，创建完成后保存在一个独立的文件中，并由【流道】对话框确认后，从型芯或型腔中剪除。

在【主要】工具条中单击【流道】按钮 🔲，系统弹出如图 4-95 所示的【流道】对话框。

引导线的设计需要以分流道和分型面等为依据，单击【绘制截面】按钮 🔲 进行绘制。

2. 创建流道截面

在【流道】对话框中的【截面】选项组中选择截面类型。工件中所有引导线会使用一个封闭的截面，它们的参数及其他选项沿每条引导线扫描创建一扫描分流道沟槽，当选择一个已有分流道沟槽时，系统将找回所选分流道的数据，并提示在对话框中供修改。

对话框中有 5 种截面形状供修改，分别为【圆形(Circular)】、【抛物线 (Parabolic) 】、【梯形 (Trapezoidal) 】、【六边形 (Hexagonal)】和【半圆(Semi_Circular)】，其中【六边形】不常用。截面类型如图 4-96 所示。

图 4-95　【流道】对话框

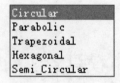

图 4-96　【截面类型】下拉列表框

在创建流道引导线时，注塑模向导模块默认的坐标方向为 X 方向，与出模方向、滑块放置有点类似，需要使用者注意。不同的截面形状如图 4-97～图 4-100 所示。

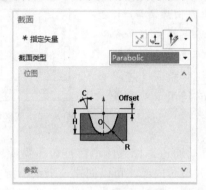

图 4-97　抛物线截面

图 4-98　梯形截面

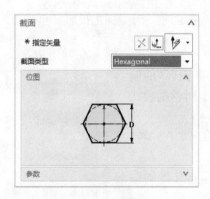

图 4-99　六边形截面

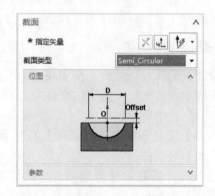

图 4-100　半圆截面

4.4.2　浇口设计

行业知识链接：流道系统的浇口，不需要后加工，可使整个成型过程完全自动化，节省工作时间，提高工作效率，压力损耗小。热浇道温度与注塑机射嘴温度相等，避免了原料在浇道内的表面冷凝现象，注射压力损耗小。图 4-101 所示是典型模具浇口设计。

图 4-101　模具浇口设计

浇口是连接流道和型腔的熔料进入口，浇口的设计直接影响塑件成型和后续加工。NX 在一个预定义的库中提供了一些浇口类型，并可以定制一个现有库或自己设计的浇口类型。

1. 浇口设计参数

浇口是上模底部开的一个进料口，目的在于将熔融的塑料注入型腔，使其成型。

在【主要】工具条中单击【浇口】按钮，系统弹出如图 4-102 所示的【浇口设计】对话框。

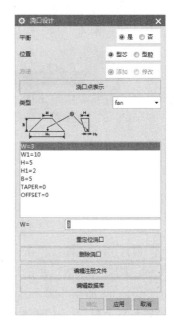

图 4-102　【浇口设计】对话框

【浇口设计】对话框中包括【平衡】选项、【位置】选项、【方法】选项、【类型】下拉列表、【浇口点表示】按钮、【重定位浇口】按钮、【删除浇口】按钮、【编辑注册文件】按钮和【编辑数据库】按钮等选项，下面做详细讲解。

1) 平衡

【平衡】用于多腔模具，其浇口位置创建于每一个阵列型腔的相同位置，由【是】和【否】两个单选按钮控制。当浇口的布置为平衡式时，修改或者重定位其中一个浇口参数，所有相应浇口会发生修改或者重定位。

2) 位置

【位置】是指设置浇口位于【型芯】侧、【型腔】侧或者两侧都有。浇口位置取决于浇口类型，一般情况，潜伏式浇口和扇形浇口只位于型芯侧或者型腔侧，圆形浇口可以位于型芯侧和型腔侧。

3) 方法

这里有两种操作方法：【添加】和【修改】。当选择一个浇口时，对话框便自动设置为【修改】类型，这和一些标准件的使用方法相同，所选浇口的相关参数将显示在编辑窗口中；如果选择【添加】选项则可以按所选类型加入一个新浇口，并在对话框中定义新浇口的参数。

4) 类型

【浇口设计】对话框中的【类型】下拉列表框中包括 fan(扇形浇口)、film(薄膜浇口)、pin(针状浇口)、pin point(针点状浇口)、rectangle(矩形浇口)、step pin(阶梯销状浇口)、submarine(潜伏式浇口)和tunnel(隧道浇口)8 种浇口形式，后面将做详细介绍。

5) 表达式列表及编辑

表达式列表及编辑是指对所选浇口的参数显示及编辑，从而实现浇口的所需设计。

6) 重定位浇口

【重定位浇口】按钮是指对创建的浇口重新进行定位。在视图区选择已创建的浇口后，单击【重定位浇口】按钮，将打开 REPOSITION(重定位)对话框，如图 4-103 所示，在此对话框中可以对浇口进行变换或者旋转操作。

7) 删除浇口

顾名思义就是可以将已经创建完毕的浇口进行删除，对于非平衡式的可以单个删除，对于平衡式的则删除整个浇口集，如没有其他同名浇口，将关闭相应的文件名。

8) 浇口点表示

【浇口点表示】按钮可以设置浇口点的放置位置或者删除浇口点，单击【浇口点表示】按钮，将打开【浇口点】对话框，如图 4-104 所示，对话框中有 6 种方式可以设置浇口位置。

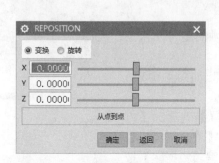

图 4-103　REPOSITION(重定位)对话框　　　　　图 4-104　【浇口点】对话框

(1) 点子功能。单击【浇口点】对话框中的【点子功能】按钮，将打开【点】对话框，如图 4-105 所示，此处可以通过点的选项放置浇口点。

(2) 面/曲线相交。【面/曲线相交】是指利用曲线和表面的交点来创建浇口的放置点，单击【浇口点】对话框中的【面/曲线相交】按钮，将打开【曲线选择】对话框，如图 4-106 所示。在图形中选择用于相交的曲线后，将打开【面选择】对话框，选择与曲线相交的表面，系统以两者的交点为浇口的放置点。

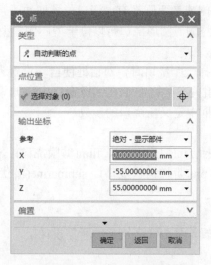

图 4-105　【点】对话框　　　　　　　　　图 4-106　【曲线选择】对话框

(3) 平面/曲线相交。【平面/曲线相交】是指利用曲线和平面的相交点创建浇口的放置点，此按钮跟【面/曲线相交】按钮功能类似，单击【浇口点】对话框中的【平面/曲线相交】按钮，系统将打开【曲线选择】对话框，在图形中选择曲线后，系统弹出如图 4-106 所示的【曲线选择】对话框，选择或创建曲面，此面与所选曲线的交点即为创建浇口点的位置。

(4) 曲线上的点。【曲线上的点】是指利用指定面上的点来创建浇口位置的放置点，单击【浇口点】对话框中的【曲线上的点】按钮，将打开【曲线选择】对话框，与上两个按钮功能类似，同样选择面，系统弹出【在曲线上移动点】对话框，如图 4-107 所示，并且在图 4-108 中可以看到移动的方向。

在【在曲线上移动点】对话框中可以利用圆弧长的百分比或者圆弧长，来确定浇口放置点在曲线上的位置。

图 4-107　【在曲线上移动点】对话框

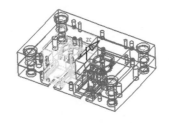

图 4-108　移动点的方向

(5) 点在面上。【点在面上】是指在所选的表面上创建浇口放置点，单击【浇口点】对话框中的【面上的点】按钮，将打开【面选择】对话框，选择放置平面，系统将打开如图 4-109 所示的 Point Move on Face 对话框。

选择 XYZ Value 选项，通过 X、Y、Z 值设置浇口点在所选面上的位置，也可以选择【矢量】选项，重新设置矢量。当选择【矢量】选项时，对话框会变为图 4-110 所示的【矢量】对话框，也可以利用长度创建浇口点位置。

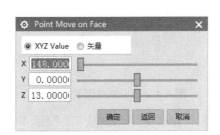

图 4-109　Point Move on Face 对话框

图 4-110　【矢量】对话框

(6) 删除浇口点。【删除浇口点】按钮是指将已有的浇口点进行删除。在视图区选择所要删除的浇口点，单击【浇口点】对话框中的【删除浇口点】按钮，系统将删除所选择的浇口点。

2. 侧浇口设计

侧浇口一般开在产品的一边，分型面上由产品的内侧或外侧进胶，适用于一模多件，能大大提高生产率，而且浇口修剪方便；但侧浇口易形成熔接痕、缩印、气孔等质量缺陷，注射压力损失较大，对壳形塑胶允许开设排气系统。

侧浇口分为：普通侧浇口即矩形浇口、扇形浇口、薄膜浇口、平缝式浇口、护耳式浇口等类型。

1) 矩形浇口

矩形浇口又称为边缘浇口，一般开设在分型面上，从塑件侧面进浇，这种浇口能方便地调整冲模时的剪切速率和浇口封闭时间，如图 4-111 所示。

2) 扇形浇口

扇形浇口是侧浇口中较为常用的浇口形式，但是趋于形状的变化，扇形浇口比矩形浇口的注射压力等消耗更大，但是修剪较为简单，修剪后的表面较为漂亮。可以使料更均匀地注射到模具型腔中，减少塑件翘曲变形。因此，这种浇口通常用于平面度要求较高和产品外观不能存在流线痕的工件。

3) 薄膜浇口

在形状上看，大而薄的浇口形式为薄膜浇口。当产品的形状大而薄，不容易由一般浇口完成注射和保证质量，尤其是塑料在纵向和横向有较大差异的时候，还无法完成产品中央进浇口的设计，这时采用这种浇口，可以达到更好的注射效果。

浇口的创建步骤为：在【浇口设计】对话框中的【类型】下拉列表框中选择浇口类型；进行浇口的选择，即尺寸参数的修改。

3. 潜伏式浇口设计

潜伏式浇口由点浇口演变而来，它除了具备点浇口的特点外，其进料部分一般选在塑件侧面较为隐蔽处，因而塑件表面不受损伤。这种浇口及流道成一定角度与型腔连接，形成能切断浇口的刀口，如图 4-112 所示。

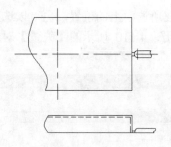

图 4-111　侧浇口

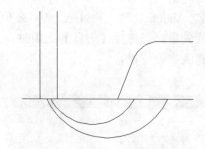

图 4-112　tunnel 潜伏式浇口

使用注塑模向导模块可以创建两种形式的潜伏式浇口，tunnel 潜伏式浇口(见图 4-112 所示)和 submarine 潜伏式浇口，如图 4-113 所示。

4. 点浇口设计

点浇口是一种尺寸很小的浇口，它的直径一般在 0.5～1.5mm，所以浇口去除非常方便，大部分情况下可以实现自动断料，并且产品外观非常好。这种浇口压力损失比较严重，收缩比较大，塑胶变形也很常见，因此在模具结构中要添加一块板用来进行分浇道的分型。其大体形状如图 4-114 所示。

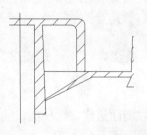

图 4-113　submarine 潜伏式浇口

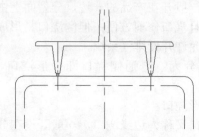

图 4-114　点浇口

使用注塑模向导模块可以创建 3 种形式的点浇口：pin、pin point 和 step pin。3 种形式分别如图 4-115 所示。

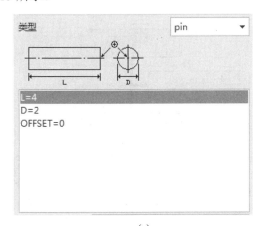

(a)

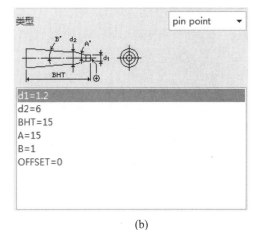

(b)

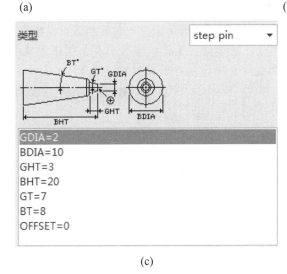

(c)

图 4-115　点浇口形式

课后练习

案例文件：ywj\04\01.prt 及所有模具文件

视频文件：光盘\视频课堂\第 4 教学日\4.4

练习案例的分析如下。

本课课后练习扣盖模具的流道和浇口部分的创建。流道的粗细和形状保证液流的流动和成型，浇口的设计便于模型脱模。图 4-116 所示是完成的扣盖模具浇注系统。

本课案例主要练习模具浇注系统的创建，一般先创建流道部分，再创建浇口。创建扣盖模具浇注系统的思路和步骤如图 4-117 所示。

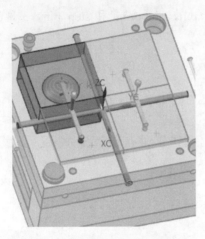

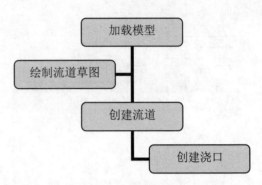

图 4-116　完成的扣盖模具浇注系统　　　　　　图 4-117　创建扣盖模具浇注系统的步骤

练习案例的具体操作步骤如下。

step 01　加载模型，选择【文件】|【打开】命令，打开扣盖模具模型，如图 4-118 所示。

step 02　创建流道，单击【注塑模向导】选项卡【主要】组中的【流道】按钮，弹出【流道】
对话框，单击【绘制截面】按钮，开始创建流道 1，如图 4-119 所示。

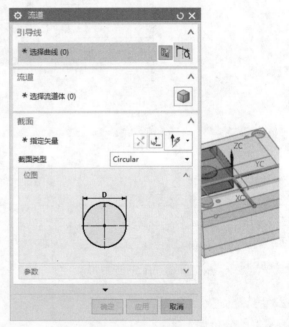

图 4-118　打开模具　　　　　　　　　图 4-119　开始创建流道 1

step 03　在弹出的【创建草图】对话框中，选择草绘平面，如图 4-120 所示，单击【确定】
按钮。

step 04　在【直接草图】工具条中单击【直线】按钮，绘制直线，尺寸如图 4-121 所示。

step 05　完成草绘后返回【流道】对话框，选择截面类型，单击【确定】按钮，完成创建流道
1，如图 4-122 所示。

step 06 单击【注塑模向导】选项卡【主要】组中的【流道】按钮█，弹出【流道】对话框，单
击【绘制截面】按钮█，在【直接草图】工具条中单击【直线】按钮／，绘制直线，如
图 4-123 所示。

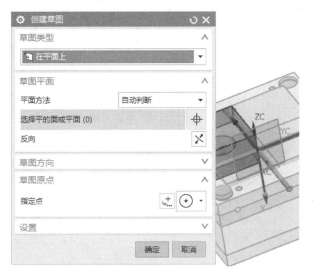

图 4-120 选择草绘面

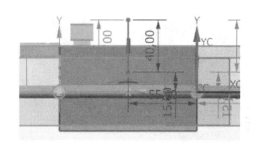

图 4-121 绘制直线

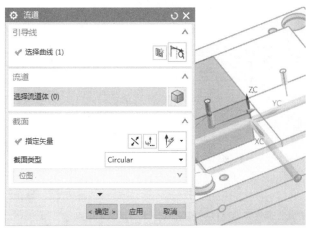

图 4-122 完成创建流道 1

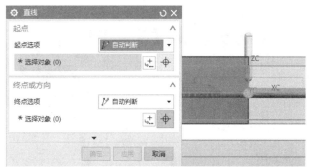

图 4-123 绘制直线

step 07 完成草绘后返回【流道】对话框，选择截面类型，单击【确定】按钮，完成流道 2 的创
建，如图 4-124 所示。

step 08 创建浇口，单击【注塑模向导】选项卡【主要】组中的【浇口】按钮█，弹出【浇口设
计】对话框，创建浇口如图 4-125 所示。

step 09 单击【浇口设计】对话框中的【浇口点表示】按钮，弹出【点】对话框，设置浇口位置
点，单击【确定】按钮，如图 4-126 所示。

step 10 在弹出的【矢量】对话框中，设置浇口方向，如图 4-127 所示，单击【确定】按钮。

step 11 完成的扣盖模具流道，如图 4-128 所示。

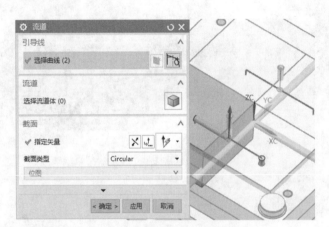

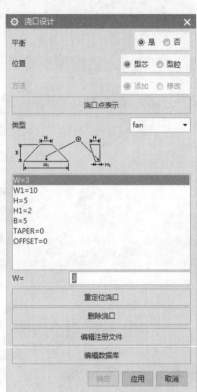

图 4-124　完成创建流道 2　　　　　　　图 4-125　创建浇口

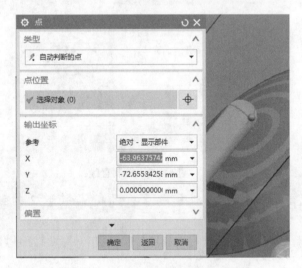

图 4-126　选择位置点　　　　　　　　图 4-127　设置浇口方向

图 4-128　完成的扣盖模具流道

机械设计实践： 热流道模具是利用加热装置使流道内熔体始终不凝固的模具。因为它比传统模具成形周期短，而且更节约原料，所以热流道模具在当今世界各工业发达国家和地区均得到极为广泛的应用。制件成型周期缩短，因没有浇道系统冷却时间的限制，制件成型固化后便可及时顶出。许多用热流道模具生产的薄壁零件成型周期可在 5 秒钟以下。图 4-129 所示是多口的热流道模具。

图 4-129　多口热流道模具

第 5 课 2 课时 模架附属结构

4.5.1　滑块和抽芯机构

行业知识链接： 滑块是在模具的开模动作中，能够按垂直于开合模方向或与开合模方向成一定角度滑动的模具组件。当产品结构使得模具在不采用滑块不能正常脱模的情况下就得使用滑块了。材料本身具备适当的硬度、耐磨性，足够承受运动的摩擦。图 4-130 所示是模具滑块。

图 4-130　模具滑块

下面介绍一下滑块和浮升销机构的设计方法。

1. 概述

在塑胶模具设计中，经常遇到的就是产品侧面带有通孔或是盲孔。截止到现在最好的结构莫过于侧抽芯结构和斜顶结构，产品的效果如图 4-131 所示。

图 4-131　侧面带有通孔的产品

注塑模向导模块的滑块和浮升销功能提供了一个设计滑块和浮升销的简易方法，具体介绍如下所述。

单击【滑块和浮升销库】按钮🏠时，打开【滑块和浮升销设计】对话框，如图 4-132 所示。

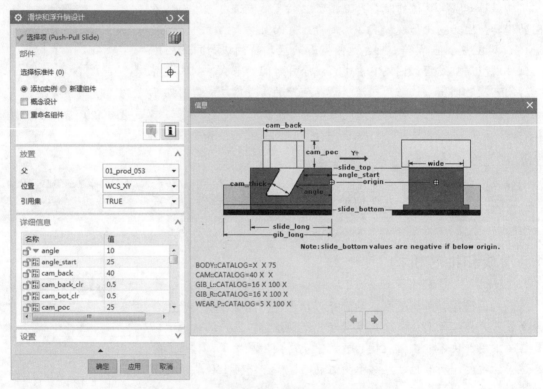

图 4-132　【滑块和浮升销设计】对话框

该对话框的界面类似于【标准件管理】对话框，【名称】列表显示了可供选择的滑块和浮升销组件。

滑块和浮升销由两个主要部件组成，即滑块头和滑块体。滑块/浮升销头与产品形状有关。滑块/浮升销体由注塑模向导模块定制的标准件组成，当然这里面的参数是可以修改的；而滑块头则是根据零件形状画出来的，图 4-133 与图 4-134 所示分别为滑块的两个视图。

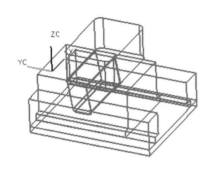

图 4-133 滑块(1)

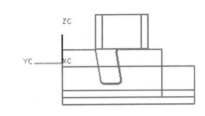

图 4-134 滑块(2)

从图中不难看出，滑块的基准是按照坐标系来摆放的，所以在进行滑块设计的时候需要将坐标系放置到滑块头的最外端，并且将 Y 轴调整至滑块头冲向工件的方向。

2. 滑块/浮升销设计

注塑模向导模块提供了两种设计方法：实体头和修剪体，下面来分别介绍一下。

1) 实体头

用创建一个实体的方法设计滑块头，使用的是实体分割功能，也可以用模型创建中的【拉伸】、【布尔运算】等进行创建，该方法常用于滑块的设计。在 NX 中方法比较多，灵活运用是关键，一般的步骤如下。

(1) 在型芯或型腔内创建一头部实体。

(2) 加入合适的滑块/浮升销标准件。

(3) 用 WAVE 连接头部实体到滑块/浮升销部件。

(4) 将滑块头和滑块体进行布尔运算即可。

另一种方法是，可以先新建一个部件，并将头部实体连接到新建的部件中，然后与滑块/浮升销体装配固定，这种方法更可取，可以为滑块头建立独立的加工。

2) 修剪体

使用修剪体功能，就是用型芯或型腔的修剪片体修剪所选实体，从而可以加入滑块或内抽芯到模架。

3. 滑块/浮升销装配结构

滑块和浮升销机构以子装配的形式加入模具装配的 Prod 节点下，每一个装配都包含滑块头、斜锲、滑块体、导轨等部件。典型的滑块子装配结构如图 4-135 所示。

由于滑块与浮升销属于一个特殊的产品，因此注塑模向导模块将滑块和浮升销子装配放置于产品装配下。

4. 滑块与浮升销的方位

在加入滑块/浮升销机构之前，必须先定义好坐标方位，因为滑块和浮升销的位置是根据坐标系的原点及坐标轴的方向定义的。

注塑模向导模块规定，WCS 的 YC 轴方向，必须沿着滑块/浮升销的移动方向。在所选用的每个位图说明中都显示有坐标原点、YC 正方向和分形线。注塑模向导模块的 WCS 会在【滑块和浮升销设计】对话框【放置】选项组【位置】下拉列表中显示，如图 4-136 所示。

图 4-135　装配导航器

图 4-136　【放置】选项组

滑块和浮升销的 XC_YC 原点与 WCS 原点相符。设置时 Y 轴将对准 YC 正方向。滑块和浮升销机构的可编辑参数，可在对话框的【详细信息】列表中进行编辑。

4.5.2　电极和镶块设计

> **行业知识链接：** 电极就是电火花放电加工的放电点，在金属材质上预先做好形状，通过加工给工件上电腐蚀出规定的形状。镶块是指模具中可以更换，用螺丝固定镶嵌在模具型腔的零件，一般位于容易磨损的部位或者不好加工的位置。图 4-137 所示是一种模具镶块。

图 4-137　模具镶块

1. 镶块设计

镶块还可以称作镶件，镶件用于模具的型芯、型腔的进一步细化设计。考虑到型腔和型芯的强度及加工的工艺，一个完整的镶件由两部分组成。

(1) 镶件体：成型产品的轮廓形状部分。

(2) 镶件脚：固定镶件体的部分。

镶件是为了便于模具的加工制造，或者是处于经常更换的位置才会去做镶件。

1) 标准镶块设计

单击【主要】工具条中的【子镶块库】按钮 ▦，系统弹出如图 4-138 所示的【子镶块设计】对话框。对话框中可以看到选择项 CAVITY SUB INSERT 和 CORE SUB INSERT，分别为型腔镶件和型芯镶件。在【详细信息】选项组可以看到 SHAPE 选项、RECTANGLE(矩形)和 ROUND(圆形)选项。其余部分功能与前面讲到的标准件等的用法是相同的。在【详细信息】选项组中可以对镶件的尺寸进行修改，如图 4-139 所示。

图 4-138 【子镶块设计】对话框

图 4-139 【详细信息】选项组

在模具设计中往往不会存在很多规则形状的镶件，可以创建一个不规则的头部形状的工具，在图 4-139 所示的对话框中有一个 FOOT 下拉列表框，包含了定义一个镶件体所必备的成分。如果镶件形状比较规则(如立方体或圆柱形)可选择标准内嵌件。

在创建镶件之前，必须先创建好型腔和型芯。镶件是在型腔和型芯内定义的，然后再连接到产品子装配中的一个新成员中。

2) 修剪模具组件

当镶件放置完毕后，肯定存在与分型面不符的位置，和修建顶针等标准件方法一致，单击【修边模具组件】按钮 ，系统弹出如图 4-140 所示的【修边模具组件】对话框，然后直接选择镶件，系统会根据分型面进行修剪。

2. 电极设计

模具的型芯、型腔或者镶件通常存在一些比较复杂的外形，有些加工非常困难，一般情况下采用电极加工和雕刻机加工。电极设计可以用于型芯、型腔的某个区域，也可以用于整个型芯或者型腔面设计。

NX 默认的创建电极方式是插入标准件，单击【注塑模向导】选项卡【主要】组中的【电极库】按钮 ，系统弹出【电极设计】对话框，如图 4-141 所示。

【电极设计】对话框和前面讲到的标准件中的浇口套、顶针、镶件等的使用方法类似，均可以在【尺寸】选项卡中进行详细尺寸的编辑，如图 4-142 所示。

单击【应用】按钮，系统将打开如图 4-143 所示的【点】对话框，可进行电极坐标位置的设置。

图 4-140 【修边模具组件】对话框

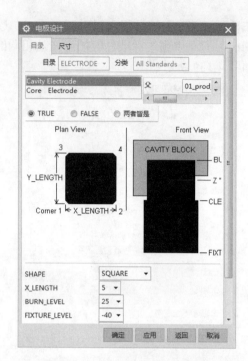

图 4-141 【电极设计】对话框

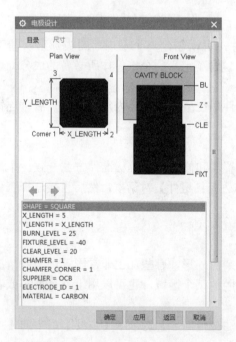

图 4-142 【电极设计】对话框的尺寸编辑

图 4-143 【点】对话框

电极放置好之后效果如图 4-144 所示。允许电极创建一个坐标系，用于在 NC 加工中设置该电极。在该电极组件中会创建一个定位的参考点，以用于放电加工的定位圈。坐标系的定位和 WCS 的定位方法相同，并且它的位置是与参考点相关的。

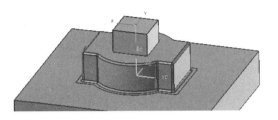

图 4-144　放置的电极

阶段进阶练习

　　本教学日主要讲解了模架库的使用和设置方法、标准件管理、滑块设计、镶件设计和电极设计。其中，滑块设计应注意坐标系的放置与方向；镶件和电极存在标准与非标准之说，在能用标准的时候尽量不去用非标准件来制作。在模具设计时要尽量考虑到加工的合理性与可行性。最后讲解了浇注系统、流道系统和冷却系统。对于一般的模具来说，浇注系统显得更为重；对于精密模具来说，浇注系统、流道系统和冷却系统这三个系统都很重要。其中，流道和冷却水道都可以利用引导线和截面扫描进行创建，而引导线的创建可以在建模中进行，此处又体现出 NX 的灵活性。

　　如图 4-145 所示，使用本章学过的各种命令来创建塑料壳体模型并创建模具和模架。

　　练习步骤和方法如下。

(1)　创建塑料壳体模型。

(2)　模型初始化。

(3)　创建分型面。

(4)　创建型芯和型腔。

(5)　加载模架。

(6)　创建浇注和流道。

图 4-145　塑料壳体模型

设 计 师 职 业 培 训 教 程

第 ⑤ 教学日

当用户完成一个零件的模型创建后，就需要加工生成这个零件，如车加工、磨加工、铣加工、钻孔加工和线切割加工等。NX 为用户提供了数控编程功能模块，可以满足用户的各种加工要求并生成数控加工程序。数控编程功能模块可以供用户编制交互式数控程序，处理车加工、磨加工、铣加工、钻孔加工和线切割加工等的刀具轨迹。

数控编程是数控技术中很重要的部分。本教学日将介绍 UG NX 10.0 数控加工的基础知识和界面；加工基础的相关内容，主要包括创建程序、创建刀具、创建几何体和创建工序的方法，使用户对概念及其操作方法有一个更深刻的理解和掌握；面铣削和型腔铣削的具体工序创建。

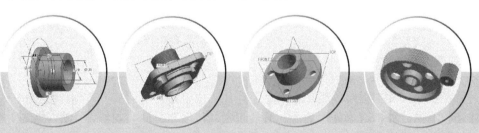

第①课 2课时 设计师职业知识——数控加工基础

5.1.1 数控加工技术和工艺流程

1. 数控技术介绍

数控技术是当今世界制造业中的先进技术之一，它涉及计算机辅助设计和制造技术、计算机模拟及仿真加工技术、机床仿真及后置处理、机械加工工艺、装夹定位技术与夹具设计与制造技术、金属切削理论，以及毛坯制造技术等多方面的关键技术。数控技术的发展具有良好的社会和经济效益，对国家整个制造业的技术进步，提高制造业的市场竞争力有着重要的意义。

数控技术是用数字或数字信号构成的程序对设备的工作过程实现自动控制的一门技术，简称数控(Numerical Control，NC)。数控技术综合运用了微电子、计算机、自动控制、精密检测、机械设计和机械制造等技术的最新成果，通过程序来实现设备运动过程和先后顺序的自动控制，位移和相对坐标的自动控制，速度、转速及各种辅助功能的自动控制。

数控系统是指利用数控技术实现自动控制的系统，而数控机床则是采用数控系统进行自动控制的机床。其操作命令以数字或数字代码(即指令)的形式来描述，其工作过程按照指令的控制程序自动进行。

所谓数控加工，主要是指用记录在媒体上的数字信息对机床实施控制，使它自动地执行规定的加工任务。数控加工可以保证产品达到较高的加工精度和稳定的加工质量；操作过程容易实现自动化，生产率高；生产准备周期短，可以节省大量专用工艺装备，适应产品快速更新换代的需要，大大缩短产品的研制周期；数控加工与计算机辅助设计紧密结合在一起，可以直接从产品的数字定义产生加工指令，保证零件具有精确的尺寸及准确的相互位置精度，保证产品具有高质量的互换性；产品最后用三坐标测量机检验，可以严格控制零件的形状和尺寸精度。当零件形状越复杂、加工精度要求越高、设计更改越频繁、生产批量越小的情况下，数控加工的优越性就越容易得到发挥。数控加工系统在现代机械产品中占有举足轻重的地位，并得到了广泛的应用。

数控技术是发展数控机床和先进制造技术的最关键技术，是制造业实现自动化、柔性化、集成化的基础，应用数控技术是提高制造业的产品质量和劳动生产率必不可少的重要手段。数控机床作为数控技术实施的重要装备，成为提高加工产品质量、提高加工效率的有效保证和关键。

2. 数控加工特点

数控加工就是数控机床在加工程序的驱动下，将毛坯加工成合格零件的加工过程。数控机床控制系统具有普通机床所没有的计算机数据处理功能、智能识别功能以及自动控制能力。数控加工与常规加工相比有着明显的区别，其特点如下。

1) 自动化程度高，易实现计算机控制

除了装夹工件还需要手工外，全部加工过程都在数控程序的控制下，由数控机床自动完成，不需要人工干预，因此加工质量主要由数控程序的编制质量来控制。

2) 数控加工的连续性高

工件在数控机床上只需装夹一次，就可以完成多个部位的加工，甚至完成工件的全部加工内容。配有刀具库的加工中心能装有几把甚至几十把备用刀具，具有自动换刀功能，可以实现数控程序控制的全自动换刀，不需要中断加工过程，生产效率高。

3) 数控加工的一致性好

数控加工基本消除了操作者的主观误差，精度高、产品质量稳定、互换性好。

4) 适合于复杂零件的加工

数控加工不受工件形状复杂程度的影响，应用范围广。它很容易实现涡轮叶片、成型模具等带有复杂曲面、高精度零件的加工，并解决一些装配要求较高、常规加工中难以解决的难题。

5) 便于建立网络化系统

建立直接数控系统(DNC)，把编程、加工、生产管理连成一体，建立自动化车间，走向集成化制造。甚至于 CAD 系统集成，形成企业的数字化制造体系。数控程序由 CAM 软件编制，采用数字化和可视化技术，在计算机上用人机交互方式能够迅速完成复杂零件的编程，从而缩短产品的研制周期。

近年来，随着数控机床的模块化发展，使数控加工设备增加了柔性化的特点。先进的柔性加工不仅适合于多品种、小批量生产的需要，而且增加了自动变换工件的功能，能交替完成两种或更多种不同零件的加工，可实现夜间无人看管的生产操作。由数台数控机床(加工中心)组成的柔性制造系统(FMS)是一种具有更高柔性的自动化制造系统，具有将加工、装配和检验等制造过程的关键环节高度集成的自动化制造系统。

数控技术已经成为制造业自动化的核心技术和基础技术。其中，数控机床的精确性和重复性成为用户考虑最多的重要因素。

3. 数控加工工艺

数控加工工艺是伴随着数控机床的产生，不断发展和逐渐完善起来的一门应用技术，研究的对象是数控设备完成数控加工全过程相关的集成化技术，最直接的研究对象是与数控设备有着紧密关系的数控装置、控制系统、数控程序与编制方法。数控加工工艺源于传统的加工工艺，将传统的加工工艺、计算机数控技术、计算机辅助设计和辅助制造技术有机地结合在一起。

1) 数控加工工艺的特点

普通加工工艺是数控加工工艺的基础和技术保障，由于数控加工采用计算机对机械加工过程进行自动化控制，使得数控加工工艺具有如下特点。

(1) 数控加工工艺远比普通机械加工工艺复杂。数控加工工艺要考虑加工零件的工艺性、加工零件的定位基准和装夹方式，也要选择刀具，制定工艺路线、切削方法及工艺参数等，而这些在常规工艺中均可以简化处理。因此，数控加工工艺比普通加工工艺要复杂得多，影响因素也多，因而有必要对数控编程的全过程进行综合分析、合理安排，然后整体完善。相同的数控加工任务，可以有多个数控工艺方案，既可以选择以加工部位作为主线安排工艺，也可以选择以加工刀具作为主线来安排工艺。数控加工工艺的多样化是数控加工工艺的一个特色，是与传统加工工艺的显著区别。

(2) 数控加工工艺设计要有严密的条理性。由于数控加工的自动化程度较高，相对而言，数控加工的自适应能力就较差。而且数控加工的影响因素较多，比较复杂，需要对数控加工的全过程深思熟虑。数控加工工艺设计必须具有很好的条理性，也就是说，数控加工工艺的设计过程必须周密、严谨，没有错误。

(3) 数控加工工艺的继承性较好。凡经过调试、校验和试切削过程验证的，并在数控加工实践中证明是好的数控加工工艺，都可以作为模板，供后续加工相类似零件调用，这样不仅节约时间，而且可以保证质量。作为模板本身在调用中也是一个不断修改完善的过程，可以达到逐步标准化、系列化的效果。因此，数控加工工艺具有非常好的继承性。

(4) 数控加工工艺必须经过实际验证才能指导生产。由于数控加工的自动化程度高，安全和质量是至关重要的。数控加工工艺必须经过验证后才能用于指导生产。在普通机械加工中，工艺员编写的工艺文件可以直接下到生产线用于指导生产，一般不需要上述的复杂过程。

2) 数控加工工艺方案设计

数控加工工艺方案设计是数控编程的核心部分。数控加工工艺方案设计的质量，完全取决于编程员的技术水平和加工经验，这其中包含对数控技术等相关技术的了解程度和熟练应用能力，同时也需要一些具体的应用技巧和操作技能。数控加工工艺方案设计的水平原则上决定了数控程序的质量，这是因为编程员在进行数控编程的过程中，多数工作内容集中在加工工艺分析和方案设计，以及数控编程参数设置这两个阶段，因而在一定程度上决定了数控编程的质量。

数控加工工艺方案设计的主要内容包括确定加工方法，确定零件的定位和装夹方案，安排加工顺序，以及安排热处理、检验及其辅助工序等。设计者应从生产实践中总结出一些综合性的工艺原则，结合实际的生产条件提出几个方案，进行分析对比，选择经济合理的最佳方案。合理的工艺方案能保证零件的加工精度、表面质量等要求。影响数控加工方案的主要因素如图 5-1 所示。

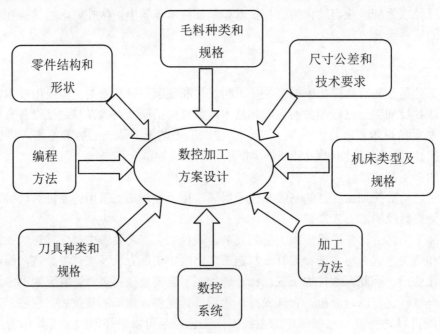

图 5-1 影响数控加工方案的主要因素

(1) 数控加工工艺方案设计的主要内容如下所述。

① 零件加工工艺性分析：对零件的设计图和技术要求进行综合分析。

② 加工方法的选择：选择零件具体的加工方法和切削方式。

③ 机床的选择：选择合适的机床，既能满足零件加工的外廓尺寸，又能满足零件的加工精度。

④ 工装的选择：数控设备尽管减少了对于夹具的依赖程度，但还不能完全取消，在满足零件加工精度和技术要求的前提下，工装越简单越好。

⑤ 加工区域规划：对加工对象进行分析，按其形状特征、功能特征及精度、粗糙度要求将加工对象划分成数个加工区域。对加工区域进行规划可以达到提高加工效率和加工质量的目的。

⑥ 加工工艺路线规划：合理安排零件从粗加工到精加工的数控加工工艺路线，进行加工余量分配。

⑦ 刀具的选择：根据加工零件的特点和精度要求，选择合适的刀具以满足零件加工的要求。

⑧ 切削参数的确定：确定合理的切削用量。

⑨ 数控编程方法的选择：根据零件的难易程度，采用手工或自动编程的方式，按照确定的加工规划内容进行数控加工程序编制。

(2) 影响数控加工工艺方案设计的主要因素。

数控加工工艺设计的内容非常具体、详细。在确定工艺方案时，要考虑的因素较多，如零件的结构特点、表面形状、精度等级和技术要求、表面粗糙度要求等，毛料的状态、切削用量以及所需的工艺装备、刀具等。以下是设计工艺方案必须考虑的几个重要环节。

① 加工方法的选择。零件的结构形状是多种多样的，但它们都是由平面、外圆柱面、内圆柱面或曲面、成型面等基本表面所组成的。每一种表面都有多种加工方法，具体选择时应根据零件的加工精度、表面粗糙度、材料、结构形状、尺寸及生产类型等选用相应的加工方法和加工方案。例如，外圆表面的加工方法主要是车削和磨削。当表面粗糙度要求较小时，还要进行光整加工。

② 工艺基准的选择。工艺基准是保证零件加工精度和形位公差的一个关键步骤，工艺基准的选择应与设计基准一致。基于零件的加工性考虑，选择的工艺基准也可能与设计基准不一致，但无论如何，在加工过程中，选择的工艺基准必须保证零件的定位准确、稳定，加工测量方便，装夹次数最少。

③ 确定加工步骤。工序安排的一般原则是先加工基准面后再加工其他面，先粗加工后精加工，粗精分开。具体操作还应考虑两个重要的影响因素：一是尽量减少装夹次数，既提高效率，又保证精度；二是尽量让有位置公差要求的型面在一次装夹中完成加工，充分利用设备的精度来保证产品的精度。

④ 工艺保证措施。关键尺寸和技术要求的工艺保证措施对设计工艺方案非常重要。由于加工零件是由不同的型面组成的，一个普通型面通常包括三个方面的要求——尺寸精度、形位公差和表面粗糙度，必须在这些关键特征上有可靠的技术保障，避免因装夹变形、热变形、工件震动导致加工波纹等因素影响到零件的加工质量。进行工艺方案设计时必须考虑以上因素的影响，采取相应的工艺方法和工艺措施来保证，如预留工艺装夹止口，精加工前先让工件冷却，精加工用较小的切削用量以及在零件上加或缠减震带。

图 5-2 简要地概括了数控加工工艺制定的全过程。

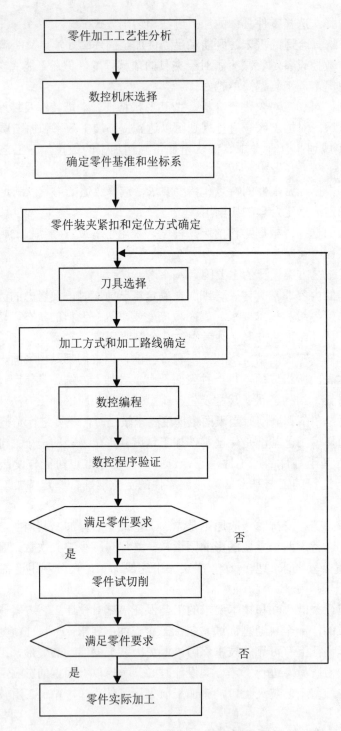

图 5-2　数控加工工艺流程图

3)　零件数控加工工艺分析

零件的数控加工工艺分析是编制数控程序中最重要而又极其复杂的环节，也是数控加工工艺方案设计的核心工作，必须在数控加工方案制定前完成。一个合格的编程人员对数控机床及其控制系统的功能及特点，以及影响数控加工的每个环节都要有一个清晰、全面的了解，这样才能避免由于工艺方案考虑不周而出现的产品质量问题，造成无谓的人力、物力等资源的浪费。全面合理的数控加工工艺分析是提高数控编程质量的重要保障。

在数控加工中从零件的设计图纸到零件成品合格交付，不仅要考虑到数控程序的编制，还要考虑到诸如零件加工工艺路线的安排、加工机床的选择、切削刀具的选择、零件加工中的定位装夹等一系列因素的影响，在开始编程前，必须要对零件设计图纸和技术要求进行详细的数控加工工艺分析，以最终确定哪些是零件的技术关键，哪些是数控加工的难点，以及数控程序编制的难易程度。

零件工艺性分析也是数控规划的第一步，在此基础上，方可确定零件数控加工所需的数控机床、加工刀具、工艺装备、切削用量、数控加工工艺路线，从而获得最佳的加工工艺方案，最终满足零件工程图纸和有关技术文件的要求。

(1) 数控加工工艺路线制定所需的原始资料包括：①零件设计图纸、技术资料，以及产品的装配图纸；②零件的生产批量；③零件数控加工所需的相关技术标准，如企业标准和工艺文件；④产品验收的质量标准；⑤现有的生产条件和资料，即工艺装备及专用设备的制造能力、加工设备和工艺装备的规格及性能、工人的技术水平。

(2) 毛坯状态分析。大多数零件设计图纸只定义了零件加工时的形状和大小，而没有指定原始毛坯材料的数据，包括毛料的类型、规格、形状、热处理状态以及硬度等。编程时，对毛料的深入了解是一个重要的开始，利用这些原始信息，有利于数控程序规划。

① 产品的装配图和零件图分析。对于装配图的分析和研究，主要是熟悉产品的性能、用途和工作条件，明确零件在产品中的相互装配位置及作用，了解零件图上各项技术条件制定的依据，找出其主要技术关键问题，为制定正确的加工方案奠定基础。当然普通零件进行工艺分析时，可以不进行装配图的分析研究。

② 零件图的工艺性分析。对零件图的分析和研究主要是对零件进行工艺审查，如检查设计图纸的视图、尺寸标注、技术要求是否有错误、遗漏之处，尤其对结构工艺性较差的零件，如果可能应和设计人员进行沟通或提出修改意见，由设计人员决定是否进行必要的修改和完善。

4) 加工阶段的划分

当零件的加工质量要求较高时，应把整个数控加工过程划分为几个阶段，通常划分为粗加工、半精加工和精加工三个阶段。如果零件的精度要求很高，还需要安排专门的光整加工阶段。必要时，如果毛坯表面比较粗糙，余量也较大，还需要安排先进行荒加工和初始基准加工。

(1) 粗加工阶段。粗加工阶段是为了去除毛料或毛坯上大部分的余量，使毛料或毛坯在形状和尺寸上基本接近零件的成品状态，这个阶段最主要的问题是如何获得较高的生产效率。

(2) 半精加工阶段。半精加工阶段是使零件的主要表面达到工艺规定的加工精度，并保留一定的精加工余量，为精加工做好准备。半精加工阶段一般安排在热处理之前进行。在这个阶段，可以将不影响零件使用性能和设计精度的零件次要表面加工完毕。

(3) 精加工阶段。精加工阶段的目的是保证加工零件达到设计图纸所规定的尺寸精度、技术要求和表面重量要求。零件精加工的余量都较小，主要考虑的问题是如何达到最高的加工精度和表面质量。

(4) 光整加工阶段。当零件的加工精度要求较高，如尺寸精度要求为 IT6 级以上，以及表面粗糙度要求较小($Ra \leqslant 0.2\mu m$)时，在精加工阶段之后就必须安排光整加工，以达到最终的设计要求。

5) 数控加工工序规划

加工工序规划是对整个工艺过程而言的，不能以某一工序的性质和某一表面的加工来判断。例如。有些定位基准面在半精加工阶段甚至在粗加工阶段中就需加工得很准确；有时为了避免尺寸链换算，在精加工阶段中，也可以安排某些次要表面的半精加工。

当确定了零件表面的加工方法和加工阶段后，就可以将同一加工阶段中各表面的加工组合成若干个工步。

(1) 加工工序划分的方法。在数控机床上加工的零件，一般按工序集中的原则划分工序，划分的方法有以下几种。

① 按所使用刀具划分。以同一把刀具完成的工艺过程作为一道工序。这种划分方法适用于工件的待加工表面较多的情形。加工中心常采用这种方法完成。

② 按工件安装次数划分。以零件一次装夹能够完成的工艺过程作为一道工序。这种方法适合于加工内容不多的零件，在保证零件加工质量的前提下，一次装夹完成全部的加工内容。

③ 按粗精加工划分。将粗加工中完成的那一部分工艺过程作为一道工序，将精加工中完成的那一部分工艺过程作为另一道工序。这种划分方法适用于零件有强度和硬度要求，需要进行热处理或零件精度要求较高，需要有效去除内应力，以及零件加工后变形较大，需要按粗、精加工阶段进行划分的零件加工。

④ 按加工部位划分。将完成相同型面的那一部分工艺过程作为一道工序。对于加工表面多而且比较复杂的零件，应合理安排数控加工、热处理和辅助工序的顺序，并解决好工序间的衔接问题。

(2) 加工工序划分的原则。零件是由多个表面构成的，这些表面有自己的精度要求，各表面之间也有相应的精度要求。为了达到零件的设计精度要求，加工工序安排应遵循一定的原则。

① 先粗后精的原则。各表面的加工顺序按照粗加工、半精加工、精加工和光整加工的顺序进行，目的是逐步提高零件加工表面的精度和表面质量。

如果零件的全部表面均由数控机床加工，工序安排一般按粗加工、半精加工、精加工的顺序进行，即粗加工全部完成后再进行半精加工和精加工。粗加工时可快速去除大部分加工余量，再依次精加工各个表面，这样既可提高生产效率，又可保证零件的加工精度和表面粗糙度。该方法适用于位置精度要求较高的加工表面。

但这也并不是绝对的，如对于一些尺寸精度要求较高的加工表面，考虑到零件的刚度、变形及尺寸精度等要求，也可以考虑将这些加工表面分别按粗加工、半精加工、精加工的顺序完成。

对于精度要求较高的加工表面，在粗、精加工工序之间，零件最好搁置一段时间，使粗加工后的零件表面应力得到完全释放，减小零件表面的应力变形程度，这样有利于提高零件的加工精度。

② 基准面先加工原则。加工一开始，总是把用作精加工基准的表面加工出来，因为定位基准的表面精确，装夹误差就小，所以任何零件的加工过程，总是先对定位基准面进行粗加工和半精加工，必要时还要进行精加工。例如，轴类零件总是对定位基准面进行粗加工和半精加工，再进行精加工；轴类零件总是先加工中心孔，再以中心孔面和定位孔为精基准加工孔系和其他表面。如果精基准面不止一个，则应该按照基准转换的顺序和逐步提高加工精度的原则来安排基准面的加工。

③ 先面后孔原则。对于箱体类、支架类、机体类等零件，平面轮廓尺寸较大，用平面定位比较稳定可靠，故应先加工平面，后加工孔。这样，不仅使后续的加工有一个稳定可靠的平面作为定位基准面，而且在平整的表面上加工孔，加工会变得容易一些，也有利于提高孔的加工精度。通常，可按零件的加工部位划分工序，一般先加工简单的几何形状，后加工复杂的几何形状；先加工精度较低的

部位，后加工精度较高的部位；先加工平面，后加工孔。

④ 先内后外原则。对于精密套筒，其外圆与孔的同轴度要求较高，一般采用先孔后外圆的原则，即先以外圆作为定位基准加工孔，再以精度较高的孔作为定位基准加工外圆，这样可以保证外圆和孔之间具有较高的同轴度要求，而且使用的夹具结构也很简单。

⑤ 减少换刀次数的原则。在数控加工中，应尽可能按刀具进入加工位置的顺序安排加工顺序，这就要求在不影响加工精度的前提下，尽量减少换刀次数，减少空行程，节省辅助时间。零件装夹后，尽可能使用同一把刀具完成较多的加工表面。当一把刀具完成可能加工的所有部位后，尽量为下道工序做些预加工，然后再换刀完成精加工或加工其他部位。对于一些不重要的部位，尽可能使用同一把刀具完成同一个工位的多道工序的加工。

⑥ 连续加工的原则。在加工半封闭或封闭的内外轮廓时，应尽量避免数控加工中的停顿现象。由于零件、刀具、机床这一工艺系统在加工过程中暂时处于动态的平衡状态下，若设备由于数控程序安排出现突然进给停顿的现象，因切削力会明显减少，就会失去原工艺系统的稳定状态，使刀具在停顿处留下划痕或凹痕。因此，在轮廓加工中应避免进给停顿的现象，以保证零件的加工质量。

6）数控机床的选择

选择数控机床时，一般应考虑以下几个方面的问题。

(1) 数控机床主要规格的尺寸应与工件的轮廓尺寸相适应。即小的工件应当选择小规格的机床加工，而大的工件则选择大规格的机床加工，做到设备的合理使用。

(2) 机床结构取决于机床规格尺寸、加工工件的重量等因素的影响。表 5-1 列出了数控设备最常见的重要规格和性能指标。

表 5-1 数控设备的规格和性能指标

序　号	机床性能	机床规格
1	主轴转速	18000rpm
2	工作行程	X：600mm　　Y：450mm　　Z：450mm
3	工作台规格	850mm×530mm
4	快移速度	22mpm
5	工作进给	15mpm
6	刀库容量	24 把
7	定位精度	A=0.008mm
8	重复精度	R=0.006mm
9	控制系统	SINUMERIC840D

(3) 机床的工作精度与工序要求的加工精度相适应。根据零件的加工精度要求选择机床，如精度要求低的粗加工工序，应选择精度低的机床；精度要求高的精加工工序，应选用精度高的机床。

(4) 机床的功率与刚度以及机动范围应与工序的性质和最合适的切削用量相适应。例如，粗加工工序去除的毛坯余量大，切削余量选得大，就要求机床有大的功率和较好的刚度。

(5) 装夹方便、夹具结构简单也是选择数控设备需要考虑的一个因素。选择采用卧式数控机床，还是选择立式数控机床，将直接影响所选的夹具的结构和加工坐标系，直接关系到数控编程的难易程度和数控加工的可靠性。

应当注意的是，在选择数控机床时应充分利用数控设备的功能，根据需要进行合理的开发，以扩大数控机床的功能，满足产品的需要。然后，根据所选择的数控机床，进一步优化数控加工方案和工艺路线，根据需要适当调整工序的内容。

选择加工机床，首先要保证加工零件的技术要求，能够加工出合格的零件。其次是要有利于提高生产效率，降低生产成本。选择加工机床一般要考虑到机床的结构、载重、功率、行程和精度；还应依据加工零件的材料状态、技术状态要求和工艺复杂程度，选用适宜、经济的数控机床。选择加工机床应综合考虑以下因素的影响。

① 机床的类别(车、铣、加工中心等)、规格(行程范围)、性能(加工材料)。

② 数控机床的主轴功率、扭矩、转速范围，刀具以及刀具系统的配置情况。

③ 数控机床的定位精度和重复定位精度。

④ 零件的定位基准和装夹方式。

⑤ 机床坐标系和坐标轴的联动情况。

⑥ 控制系统的刀具参数设置，包括机床的对刀、刀具补偿以及 ATC 等相关的功能。

7) 数控加工刀具的选择

在编制程序时，正确地选择数控刀具是很重要的。对数控刀具总的要求是安装调整方便、刚性好、精度高、耐用度好，在此基础上综合考虑工件材料的切削性能、机床的加工能力、数控加工工序的类型、切削用量以及与机床和数控装置工作范围有关的诸多因素。

(1) 影响数控刀具选择的因素。在选择刀具的类型和规格时，主要考虑以下因素的影响。

① 生产性质。在这里生产性质指的是零件的批量大小，主要从加工成本上考虑对刀具选择的影响。例如，在大量生产时采用特殊刀具，可能是合算的；而在单件或小批量生产时，选择标准刀具更适合一些。

② 机床类型。完成某工序所用的数控机床对选择的刀具类型(钻、车刀或铣刀)有影响。在能够保证工件系统和刀具系统刚性好的条件下，允许采用高生产率的刀具，如高速切削车刀和大进给量车刀。

③ 数控加工方案。不同的数控加工方案可以采用不同类型的刀具。例如，孔的加工可以用钻及扩孔钻，也可用钻和镗刀进行加工。

④ 工件的尺寸及外形。工件的尺寸及外形也影响刀具类型和规格的选择，如特型表面要采用特殊的刀具来加工。

⑤ 加工表面粗糙度。加工表面粗糙度影响刀具的结构形状和切削用量。例如，毛坯粗铣加工时，可采用粗齿铣刀，精铣时最好用细齿铣刀。

⑥ 加工精度。加工精度影响精加工刀具的类型和结构形状。例如，孔的最后加工依据孔的精度可用钻、扩孔钻、铰刀或镗刀来加工。

⑦ 工件材料。工件材料将决定刀具材料和切削部分几何参数的选择。刀具材料与工件的加工精度、材料硬度等有关。

(2) 数控刀具的性能要求。由于数控机床具有加工精度高、加工效率高、加工工序集中和零件装夹次数少的特点，对所使用的数控刀具提出了更高的要求。从刀具性能上讲，数控刀具应高于普通机床所使用的刀具。

选择数控刀具时，首先应优先选用标准刀具，必要时才可选用各种高效率的复合刀具及特殊的专用刀具。在选择标准数控刀具时，应结合实际情况，尽可能选用各种先进刀具，如可转位刀具、整体硬质合金刀具、陶瓷刀具等。

在选择数控机床加工刀具时，还应考虑以下几方面的问题。

① 数控刀具的类型、规格和精度等级应能够满足加工要求，刀具材料应与工件材料相适应。

② 切削性能好。为适应刀具在粗加工或对难加工材料的工件加工时，能采用大的背吃刀量和高进给量，刀具应具有能够承受高速切削和强力切削的性能。同时，同一批刀具在切削性能和刀具寿命方面一定要稳定，以便实现按刀具使用寿命换刀，或由数控系统对刀具寿命进行管理。

③ 精度高。为适应数控加工的高精度和自动换刀等要求，刀具必须具有较高的精度，如有的整体式立铣刀的径向尺寸精度高达 0.005mm。

④ 可靠性高。要保证数控加工中不会发生刀具意外损伤，以及潜在缺陷而影响到加工的顺利进行，要求刀具及与之组合的附件必须具有很好的可靠性及较强的适应性。

⑤ 耐用度高。数控加工的刀具，不论在粗加工或精加工中，都应具有比普通机床加工所用刀具更高的耐用度，以尽量减少更换或修磨刀具及对刀的次数，从而提高数控机床的加工效率和保证加工质量。

⑥ 断屑及排屑性能好。数控加工中，断屑和排屑不像普通机床加工那样能及时由人工处理，切屑易缠绕在刀具和工件上，会损坏刀具和划伤工件已加工表面，甚至会发生伤人和设备事故，影响加工质量和机床的安全运行，所以要求刀具具有较好的断屑和排屑性能。

(3) 刀具的选择方法。刀具的选择是数控加工工艺中的重要内容之一，不仅影响机床的加工效率，而且直接影响零件的加工质量。由于数控机床的主轴转速及范围远远高于普通机床，而且主轴输出功率较大，因此与传统加工方法相比，对数控加工刀具提出了更高的要求，包括精度高、强度大、刚性好、耐用度高，而且要求尺寸稳定，安装调整方便，这就要求刀具的结构合理、几何参数标准化、系列化。数控刀具是提高加工效率的先决条件之一，它的选用取决于被加工零件的几何形状、材料状态、夹具和机床选用刀具的刚性。具体应考虑以下几方面。

① 根据零件材料的切削性能选择刀具。例如，车或铣高强度钢、钛合金、不锈钢零件，建议选择耐磨性较好的可转位硬质合金刀具。

② 根据零件的加工阶段选择刀具。即粗加工阶段以去除余量为主，应选择刚性较好、精度较低的刀具；半精加工、精加工阶段以保证零件的加工精度和产品质量为主，应选择耐用度高、精度较高的刀具；粗加工阶段所用刀具的精度最低，而精加工阶段所用刀具的精度最高。如果粗、精加工选择相同的刀具，建议粗加工时选用精加工淘汰下来的刀具，因为精加工淘汰的刀具磨损情况大多为刃部轻微磨损，涂层磨损修光，继续使用会影响精加工的加工质量，但对粗加工的影响较小。

③ 根据加工区域的特点选择刀具和几何参数。在零件结构允许的情况下应选用大直径、长径比值小的刀具；切削薄壁、超薄壁零件的过中心铣刀端刃应有足够的向心角，以减少刀具和切削部位的切削力。加工铝、铜等较软材料零件时应选择前角稍大一些的立铣刀，齿数也不要超过4齿。

选取刀具时，要使刀具的尺寸与被加工工件的表面尺寸相适应。生产中，平面零件周边轮廓的加工，常采用立铣刀；铣削平面时，应选硬质合金刀片铣刀；加工凸台、凹槽时，应选高速钢立铣刀；加工毛坯表面或粗加工孔时，可选取镶硬质合金刀片的铣刀；对一些立体面型面和变斜角轮廓外形的加工，常采用球头铣刀、环形铣刀、锥形铣刀和盘形铣刀。

在进行自由曲面加工时，由于球头刀具的端部切削速度为零，因此，为保证加工精度，切削行距一般很小，故球头铣刀适用于曲面的精加工；而平端面立铣刀无论是在表面加工质量上还是在加工效率上都远远优于球头铣刀，因此，在确保零件加工不过切的前提下，粗加工和半精加工曲面时，尽量选择平端面立铣刀。另外，刀具的耐用度和精度与刀具价格关系极大，必须引起注意的是，在大多数情况下，选择好的刀具虽然增加了刀具成本，但由此带来的加工质量和加工效率的提高，则可以使整个加工成本大大降低。

在加工中心，所有刀具全都预先装在刀库里，通过数控程序的选刀和换刀指令进行相应的换刀动作。必须选用适合机床刀具系统规格的相应标准刀柄，以便数控加工用刀具能够迅速、准确地安装到机床主轴上或返回刀库。编程人员应能够了解机床所用刀柄的结构尺寸、调控方法以及调整范围等方面的内容，以保证在编程时确定刀具的径向和轴向尺寸，合理安排刀具的排列顺序。

(4) 模具型腔加工时刀具的选择原则。在模具型腔加工时，刀具的选择应遵循以下原则。

① 根据被加工型面形状选择刀具类型。对于凹形表面，在半精加工和精加工时，应选择球头刀，以得到好的表面质量，但在粗加工时宜选择平端立铣刀或圆角立铣刀，这是因为球头刀切削条件较差；对凸形表面，粗加工时一般选择平端立铣刀或圆角立铣刀，但在精加工时宜选圆角立铣刀，这是因为圆角铣刀的几何条件比平端立铣刀好；对带脱模斜度的侧面，宜选用锥度铣刀，虽然采用平端立铣刀通过插值也可以加工斜面，但会使加工路径变长而影响加工效率，同时会加大刀具的磨损而影响加工的精度。

② 根据从大到小的原则选择刀具。模具型腔一般包含多个类型的曲面，因此在加工时一般不能选择一把刀具完成整个零件的加工。

无论是粗加工还是精加工，应尽可能选择大直径的刀具，因为刀具直径越小，加工路径越长，造成加工效率降低，同时刀具的磨损会造成加工质量的明显差异。

③ 根据型面曲率的大小选择刀具。在精加工时，所用最小刀具的半径应小于或等于被加工零件上的内轮廓圆角半径，尤其是在拐角加工时，应选用半径小于拐角处圆角半径的刀具并以圆弧插补的方式进行加工，这样可以避免采用直线插补而出现过切现象；在粗加工时，考虑到尽可能采用大直径刀具的原则，一般选择的刀具半径较大，这时需要考虑的是粗加工后所留余量是否会给半精加工或精加工刀具造成过大的切削负荷，因为较大直径的刀具在零件轮廓拐角处会留下更多的余量，这往往是精加工过程中出现切削力的急剧变化而使刀具损坏或裁刀的直接原因。

④ 粗加工时尽可能选择圆角铣刀。一方面圆角铣刀在切削中可以在刀刃与工件接触的 0°～90°范围内给出比较连续的切削力变化，这不仅对加工质量有利，而且会使刀具寿命大大延长；另一方面，在粗加工时选用圆角铣刀，与球头刀相比具有良好的切削条件，与平端立铣刀相比可以留下较为均匀的精加工余量，这对后续加工是十分有利的。

8) 夹具和装夹方式的选择

在数控机床上加工零件时，为保证工件的加工精度和加工质量，必须使工件位于机床上的正确位置(也就是通常所说的"定位")，然后将它固定(也就是通常所说的"夹紧")。工件在机床上定位与夹紧的过程称为工件的装夹过程。

(1) 工件的定位原理主要包括以下几点。

① 六点定位原理。工件在空间中有六个自由度，即沿 X、Y、Z 三个坐标方向的移动自由度和绕 X、Y、Z 三个移动轴的旋转自由度 A、B、C。

要确定工件在空间的位置，需要按一定的要求安排六个支撑点(也就是通常所说的定位元件)，以限制加工工件的自由度，这就是工件定位的"六点定位原理"。需要指出的是，工件形状不同，定位表面不同，定位点的布置情况也各不相同。

② 限制自由度与工件加工要求的关系。根据工件加工表面的不同加工要求，有些自由度对加工要求有影响，有些自由度对加工要求无影响，对加工要求有影响的自由度必须限制，而不影响加工要求的自由度不必限制。

③ 完全定位与不完全定位。工件的六个自由度都被限制的定位称为完全定位；工件被限制的自由度少于六个，但不影响加工要求的定位，称为不完全定位。完全定位和不完全定位是实际加工中工件最常用的定位方式。

④ 工件安装的基本原则。在数控机床上工件安装的原则与普通机床相同，也要合理地选择定位基准和夹紧方案。为了提高数控机床的效率，在确定定位基准与夹紧方案时应注意：力求设计基准、工艺基准与编程计算基准的统一；尽量减少装夹次数，尽可能在一次定位和装夹后就能加工出全部待加工表面；避免采用占机调整式方案，以充分发挥数控机床的效能。

(2) 工件的夹紧。金属切削加工过程中，为保证工件定位时确定的正确位置，防止工件在切削力、离心力、惯性力或重力等作用下产生位移和振动，必须将工件夹紧。这种保证加工精度和安全生产的装置称为夹紧装置。

① 对夹紧的基本要求。工件在夹紧过程中，不能改变工件定位后所占据的正确位置；夹紧力的大小适当，既要保证工件在加工过程中的位置不能发生任何变动，又要使工件不产生大的夹紧变形，同时也要使得加工振动现象尽可能小；操作方便、省力、安全；夹紧装置的自动化程度及复杂程度，应与工件的批量大小相适应。

② 夹紧力方向和夹紧点的确定。夹紧力应尽可能朝向主要定位基准，这样可以保证夹紧工件时不破坏工件的定位，影响工件的加工精度要求；夹紧力方向应有利于减少夹紧力，要求能够在最小的夹紧力作用下，完成零件的加工过程。夹紧力的作用点应选在工件刚性较好的方向和方位上，这一原则对刚性较差的零件特别重要，可以保证零件的夹紧变形量最小。夹紧力作用点应尽量靠近零件的加工表面，保证主要夹紧力的作用点与加工表面之间的距离最短，可有效提高零件装夹的刚性，减少加工过程中的振动。夹紧力的作用方向应在定位支撑的有效范围内，不破坏零件的定位要求。

(3) 夹具的选择。数控加工的特点对夹具提出了两个基本要求，一是要保证夹具的坐标方向与机床的坐标方向相对固定；二是要能保证零件与机床坐标系之间的准确尺寸关系。依据零件毛料的状态和数控机床的安装要求，应选取能保证加工质量、满足加工需要的夹具。除此之外，还要考虑以下几点。

① 当零件加工批量不大时，应尽量采用组合夹具、可调夹具和其他通用夹具，以缩短生产准备时间，节省生产费用。在成批生产时可以考虑采用专用夹具，同时要求夹具的结构简单。

② 装夹零件要方便可靠，避免采用占机调整的装夹方式，以缩短辅助时间，尽量采用液压、气动或多工位夹具，以提高生产效率。

③ 在数控机床上使用的夹具，要能够安装准确，能保证工件和机床坐标系的相对位置和尺寸，力求设计基准、工艺基准与编程计算基准的统一，以减少基准不重合误差和数控编程中的计算工作量。

④ 尽量减少装夹次数，做到一次装夹后完成全部零件表面的加工或大多数表面的加工，以减少装夹误差，提高加工表面之间的相互位置精度，达到充分提高数控机床效率的目的。

9) 切削用量的选择

(1) 切削用量的选择原则。数控编程时，编程人员必须确定每道工序的切削用量，包括主轴转速、背吃刀量、进给速度等，并以数控系统规定的格式输入到程序中。对于不同的加工方法，需选用不同的切削用量。合理的选择切削用量，对零件的表面质量、精度、加工效率影响很大。这在实际中也很难掌握，要有丰富的实践经验才能够确定合适的切削用量。在数控编程时只能凭借编程者的经验和刀具的切削用量推荐值初步确定，而最终的切削用量将根据零件数控程序的调试结果和实际加工情况来确定。

切削用量的选择原则是：粗加工时以提高生产率为主，同时兼顾经济性和加工成本的考虑；半精加工和精加工时，应同时兼顾切削效率和加工成本的前提下，保证零件的加工质量。值得注意的是，切削用量(主轴转速、切削深度及进给量)是一个有机的整体，只有三者相互适应，达到最合理的匹配值，才能获得最佳的切削用量。

确定切削用量时应根据加工性质、加工要求，工件材料及刀具的尺寸和材料性能等方面的具体要求，通过查阅切削手册并结合经验加以确定。确定切削用量时除了遵循一般的原则和方法外，还应考虑以下因素的影响。

① 刀具差异的影响——不同的刀具厂家生产的刀具质量差异很大，所以切削用量需根据实际用刀具和现场经验加以修正。

② 机床特性的影响——切削性能受数控机床的功率和机床的刚性限制，必须在机床说明书规定的范围内选择。避免因机床功率不够发生闷车现象，或刚性不足产生大的机床振动现象，影响零件的加工质量、精度和表面粗糙度。

③ 数控机床生产率的影响——数控机床的工时费用较高，相对而言，刀具的损耗成本所占的比重较低，应尽量采用高的切削用量，通过适当降低刀具寿命来提高数控机床的生产率。

(2) 切削用量的选择。

① 确定背吃刀量 ap(mm)。背吃刀量的大小主要依据机床、夹具、刀具和工件组成的工艺系统的刚度来决定，在系统刚度允许的情况下，为保证以最少的进给次数去除毛坯的加工余量，根据被加工零件的余量确定分层切削深度，选择较大的背吃刀量，以提高生产效率。在数控加工中，为保证零件必要的加工精度和表面粗糙度，建议留少量的余量(0.2～0.5mm)，在最后的精加工中再沿轮廓走一刀。粗加工时，除了留有必要的半精加工和精加工余量外，在工艺系统刚性允许的条件下，应以最少的次数完成粗加工。留给精加工的余量应大于零件的变形量和确保零件表面完整性。

② 确定主轴转速 n(r/min)。主轴转速 n 主要根据刀具允许的切削速度 Vc(m/min)确定：

$$n=1000Vc/\pi \cdot d$$

式中：Vc——切削速度。

d——零件或刀具的直径(m)。

切削速度 Vc 与刀具耐用度关系比较密切，随着 Vc 的加大，刀具耐用度将急剧下降，故 Vc 的选择主要取决于刀具耐用度。

主轴转速 n 确定后，必须按照数控机床控制系统所规定的格式写入数控程序中。在实际操作中，操作者可以根据实际加工情况，通过适当调整数控机床控制面板上的主轴转速倍率开关，来控制主轴转速的大小，以确定最佳的主轴转速。

③ 进给量或进给速度 F(mm/r，mm/min)的选择。进给速度 F 是切削时单位时间内零件与铣刀沿进给方向的相对位移量，单位为 mm/r 或 mm/min。

进给量或进给速度在数控机床上用字母 F 表示。F 是数控机床切削用量中的一个重要参数，主要依据零件的加工精度和表面粗糙度要求，以及所使用的刀具和工件材料来确定。零件的加工精度要求越高、表面粗糙度要求越低时，选择的进给量数值就越小。实际中，应综合考虑机床、刀具、夹具和被加工零件精度、材料的机械性能、曲率变化、结构刚性、工艺系统的刚性及断屑情况，选择合适的进给速度。

进给率数是一个特殊的进给量表示方法，即进给率的时间倒数——FRN(Feed Rate Number)，对于直线插补的进给率数为

$$\text{FRN}= \frac{F}{L}\ (1/\text{min})$$

式中：F——进给量或进给速度(mm/r，mm/min)。

　　　L——程序段的加工长度，是刀具沿工件所走的有效距离(mm)。

程序段中编入了进给率数 FRN，实际上就规定了执行该程序段的时间 T，它们之间的关系是：

$$T= \frac{1}{\text{FRN}}\ (\text{min})或 T = \frac{60}{\text{FRN}}\ (\text{s})$$

程序编制时选定进给量 F 后，刀具中心的运动速度就一定了。在直线切削时，切削点(刀具与加工表面的切点)的运动速度就是程序编制时给定的进给量。但是在做圆弧切削时，切削点实际进给量并不等于程序编制时选定的刀具中心的进给量。

采用 FRN 编制程序，在做直线切削时，由于刀具中心运动的距离与程序中直线加工的长度经常是不同的，故实际的进给量与程序编制预定的 FRN 所对应的值也不同。在做圆弧切削时，刀具的进给角速度是固定的，所以切削点的进给量与编程预定的 FRN 所对应的值是一致的。由此可知，当一种数控装置既可以用 F 编制程序，也可以用 FRN 编制程序时，做直线切削适宜采用进给量 F 编制程序，做圆弧切削时宜采用 FRN 编制程序。

在轮廓加工中选择进给量 F 时，应注意在轮廓拐角处的"超程"问题，特别是在拐角较大而且进给量也较大时，应在接近拐角处适当降低速度，而在拐角过后再逐渐提速的方法来保证加工精度。

数控编程时，编程人员必须确定每道工序的切削用量，并以指令的形式写入程序中。切削用量包括主轴转速、背吃刀量及进给速度等。对于不同的加工方法，需要选用不同的切削用量。为了获得最高的生产率和单位时间的最高切除率，在保证零件加工质量和刀具耐用度的前提下，应合理地确定切削参数。

随着数控机床在生产实际中的广泛应用，数控编程已经成为数控加工中的关键问题之一。在数控程序的编制过程中，要在人机交互状态下即时选择刀具和确定切削用量。因此，编程人员必须熟悉刀具的选择方法和切削用量的确定原则，从而保证零件的加工质量和加工效率，充分发挥数控机床的优点，提高企业的经济效益和生产水平。

4. 数控加工编程介绍

数控编程是以数控加工中的编程方法作为研究对象的一门加工技术，它以机械加工中的工艺和编程理论为基础，针对数控机床的特点，综合运用相关的知识来解决数控加工中的工艺问题和编程问题。

数控编程人员必须掌握与数控加工相关内容的知识，包括数控加工原理、数控机床及其原理、机床坐标系，数控程序结构和常用数控指令等。

数控加工工艺分析和规划将影响数控加工的加工质量和加工效率，因此，数控加工工艺分析和规划是数控编程的核心内容，主要包括加工区域的划分和规划、刀轨形式与走刀方式的选择、刀具及机械参数的设置和加工工艺参数的设置。

1) 数控程序编制方法

数控机床程序编制方法有手工编程和自动编程两种。

手工编程是编程员直接通过人工完成零件图工艺分析、工艺和数据处理、计算和编写数控程序、输入数控程序到程序验证整个过程的方法。手工编程非常适合于几何形状不太复杂、程序计算量较少的零件的数控编程。相对而言，手工编程的数控程序较短，编制程序的工作量较少。因此，手工编程广泛应用于形状简单的点位加工和直线、圆弧组成的平面轮廓加工。

自动编程是一种利用计算机辅助编程技术的方法，它是通过专用的计算机数控编程软件来处理零件的几何信息，实现数控加工刀位点的自动计算。对于复杂的零件，特别是具有非圆曲线曲面的加工表面，或者零件的几何形状并不复杂，但是程序编制的工作量很大，或者是需要进行复杂的工艺及工序处理的零件，由于这些零件在编制程序和加工过程中，数值计算非常烦琐，程序量很大，如果采用手工编程往往耗时多、效率低、出错率高，甚至无法完成，这种情况下就必须采用自动编程。

现在广泛使用的自动编程是 CAD/CAM 图形交互自动编程，CAD/CAM 图形自动编程系统的特点是：利用 CAD 软件的图形编辑功能，将零件的几何图形绘制到计算机上，在图形交互方式下进行定义、显示和编辑，得到零件的几何模型；然后调用 CAM 数控编程模板，采用人机交互的方式定义几何体、创建加工坐标系、定义刀具，指定被加工部位，输入相应的加工参数，确定刀具相对于零件表面的运动方式，确定加工参数，生成进给轨迹，经过后置处理生成数控加工程序。整个过程一般都是在计算机图形交互环境下完成的，具有形象、直观和高效的优点。

高质量的数控加工程序，源于周密、细致的技术可行性分析、总体工艺规划和数控加工工艺设计。

2) 数控程序的特点

数控机床是一种用计算机实施控制的机床，用来控制机床的系统称为数控系统。数控机床的运动和辅助动作均受控于数控系统发出的指令。在数控机床上加工零件与在普通机床上加工零件，从加工方法上讲没有多大差异，区别在于机床运动的控制方面。在普通机床上加工零件时，机床的运动由操作工人控制；而在数控机床上加工零件时，机床的运动和辅助动作的实现均受控于数控系统发出的指令。数控系统的指令是由程序员根据零件的材料、加工要求、机床的特性和系统所规定的指令格式(数控语言或符号)编制的。

数控程序是从零件设计图纸或零件三维模型直到获得数控加工程序的全过程，在输出数控程序前，往往要进行多次验证检查和相应的程序调整，通过仿真加工或试切加工，以观察零件的全加工过程，校验刀位计算是否正确，加工过程是否存在过切现象，所选刀具、走刀路线、进退刀方式是否合理，刀具、刀柄、夹具之间是否存在干涉与碰撞现象等，以及根据仿真加工和试切的结果所需的反复修改或调整程序的时间，从而降低所耗费的人力和物力。

使用 CAD/CAM 软件完成的数控程序效率高、准确、可靠，同时对数控编程员提出了更高的要求。数控加工路线清晰、准确，刀具及切削参数选择合理，调试时需要调整的时间和内容少，数控程序简单。

在计算机上通过 NX/CAM 所实现数控编程的全过程，生成并保存为一个文本文件，然后输入数控机床的整个过程称为离线编程。如何编制完善的数控加工程序，加工高质量的零件，同时使设备安全、稳定的运行，是数控加工工艺人员、数控加工操作人员最关心的问题。

3) 数控编程主要工作程序

使用数控机床加工零件，最主要的工作就是编制零件的数控加工程序。数控编程过程可以归结为工艺方案的理解、工件装夹、建立坐标系、输入刀具参数、输入数控程序、程序验证、调整和机床操作等几个基本步骤。

数控工艺方案是加工的灵魂，对于一般工件，工艺方案的重点在于提高效率，降低成本；而对于关键件、重要件、复杂工件，工艺方案直接关系到零件的加工质量。编程员应在工艺方案上多下功夫，总结经验，踏实、认真地从每一个细节做起。在明确目标后，再进行工艺分析，确定相应的工序和工步，以及关键部位的工艺保证措施，同时也应考虑操作者的技能水平，现有工艺装备的配置状况，刀具、量具和设备等因素。

数控程序编制的主要工作内容如下。

(1) 零件数控加工工艺性分析。根据加工零件的设计图纸及相关技术文件，对零件的材料、毛坯种类、形状、尺寸、精度、表面质量以及热处理要求等进行综合分析。

零件设计图定义了零件的几何形状和结构特点、尺寸及其公差、形位公差、技术要求、材料、热处理要求等方面的内容。在进行零件数控编程时，还应了解零件的毛料状态，包括毛料的类型、规格、形状、热处理状态以及硬度等。这两部分构成了加工零件数控加工工艺分析的主要内容，也决定了哪些是零件的技术关键，加工中的难点，数控编程的难易程度。

在利用以上所有原始信息的基础上，综合考虑其他的相关因素，以确定合理的数控加工方案和数控加工方法。初步拟定定位和夹紧基准，合理选择机床，确定加工刀具和切削用量等。

(2) 数控机床及其控制系统性能分析。数控机床性能分析包括工作台的加工范围、机床主轴转速范围、机床的功率、机床采用的刀柄类型和规格、刀具系统的构成、夹具与机床的连接方式、数控程序输入方式等方面的内容。

首先，考虑的是数控机床的工作区域或工作空间能否满足零件的数控加工要求，零件必须安装在夹具里，所以数控机床应该足够大。零件及其工装夹具总的重量也不应超过机床的规定值。

其次，还应该掌握和了解数控机床的额定功率大小、主轴速度和进给速度限定范围、刀位数量、刀具系统以及机床其他附件等方面的内容。通常小型数控机床具有较高的主轴速度和较低的额定功率，而大型机床具有较低的主轴速度和较高的额定功率。

(3) 数控系统性能分析。数控系统性能分析包括控制系统的类型、坐标系的定义方式、主轴转速范围、进给速度的定义、刀具的识别和编号方法、对圆弧插补的要求、轴的连动方式、拐角控制方法、刀具运动(快速运动、直线运动和圆弧运动)的模式等方面的内容，还包括数控程序的格式、数控程序的语法结构、常见的数控编程指令及其使用规则。

控制系统作为数控机床的核心部分，在进行数控程序规划时，编程员必须对控制系统的标准指令有一个清晰的了解，只有这样，才能使用数控系统的特有功能和科学的编程方法，比如加工循环、子程序、宏指令和其他功能。

建议编程员能够很好地了解数控机床和数控系统，这对于编写高水平、高质量的数控程序非常有用，也更具有创新意义。数控系统功能的有效利用和数控程序的质量，反映了编程员对数控机床及其数控系统功能的了解程度。

(4) 零件数控加工工艺。零件设计图主要反映了设计人员的设计思想，在零件的形状特点、尺寸以及零件表面之间的相互位置关系等方面考虑得多一些；而在零件结构、加工工艺性等方面，很少或没有考虑对加工的影响。这包括以下内容。

零件图上的设计基准由反映设计思想的特征元素——点、线、面组成，也是建立零件坐标系的依据，加工坐标系的建立过程即是将设计基准和零件坐标系联系起来的过程。加工坐标系作为加工的基准，一是考虑设计基准是否适合建立零件的加工坐标系，即能否根据设计基准来建立；如果不适合，如何进行转换。二是考虑由设计基准确定的加工坐标系，其位置是否方便找正。三是考虑坐标系原点对于数控编程计算是否简单。

零件加工图形处理主要考虑零件的数控加工工艺性，对零件图形进行必要的数学处理和数值计算。具体可以概括为以下内容：①简化零件图形、提取零件设计图中的曲线和曲面(特征)作为数控加工图形。②压缩某些与制造无关的特征，例如不需加工及不能加工的特征(如孔、槽、圆角、螺纹等)。这些特征被压缩后，可提高运算速度和使刀位轨迹合理。③补全零件图形。根据零件数控加工的要求，重新构造或补充满足要求的图形。④增加一些加工辅助线或辅助面，构建刀具轨迹限制边界。

基点、节点和刀位点的计算表现为零件的轮廓曲线由直线、圆弧、二次曲线等不同的几何元素组成，在编制程序前，必须对加工轨迹的一些坐标值进行计算，作为程序刀位点的输入数据。数据计算包括基点计算、节点计算等。对于复杂的加工曲线和曲面，必须使用计算机辅助计算。

(5) 数控工艺路线设计。数控工艺路线设计是编程员结合机床具体情况，考虑工件的定位，设计夹具或选用夹具和辅助工装及数控加工方案设计的整个构思过程。

首先确定最终零件的数控加工图形或模型；然后确定零件的加工坐标系，为减少定位误差，加工坐标系应尽量与设计基准重合；最后进行数控加工方案设计，包括加工区域划分、加工路线确定和加工工序设计等方面的内容。

(6) 编写数控加工程序。根据确定的加工路线、刀具号、切削用量、辅助动作以及数值计算的结果，按照数控机床规定的使用功能指令代码及程序段格式，逐段编写加工程序。此外还应附上必要的加工示意图、刀具布置图、机床调整卡、工序卡及必要的说明等。

数控编程的过程是逐步完善数控工艺方案的过程，由于工艺方案是预先设想的，不一定全面，因此在数控编程中要不断调整和改进。

(7) 数控程序校验。数控程序的验证工作是不可缺少的环节。不能因为时间来不及或思想上的侥幸心理，放弃验证工作。程序校验主要包括如下内容。

① 数控程序是否存在语法错误，输入数据是否有效，即数控系统能否识别。

② 数控程序是否完整、合理。

③ 刀具运动轨迹是否正确。编好的数控程序通常可以通过在机床显示屏上显示刀具路径(即刀具的运动轨迹)来检验程序的正确性。

首件试切削程序校验部分的内容只能证明刀具轨迹运动的正确性，因此要对工件进行首件试切，以检验以下内容：刀具、刀柄与夹具、机床之间是否存在干涉，能否发生碰撞；选择刀具是否合理，能否满足加工要求，是否存在过切现象；切削用量是否合理，程序中的主轴转速、进给速度和切削深度等给定数值能否满足加工要求。

根据实际验证的内容，如干涉、过切区域，刀具、工件和夹具的刚度和弹性变形情况，以及刀具的磨损情况等因素进行必要的处理和调整。对于加工误差应分析加工误差产生的原因，予以修正，以便最终达到满足零件的精度要求和加工质量的目标。

(8) 数控文件固化。完成以上工作后，就必须对所有的数控工艺文件进行完善、固化并存档。以下列举了常见的数控工艺文件，这些文件可以根据具体情况加以完善和增减。

① 数控程序清单。

② 数控程序文本，也可以为存储介质。

③ 加工路径图。

④ 数控工步卡。

⑤ 数控工艺规程或工序图表。

⑥ 操作说明书。

⑦　工装清单。

⑧　刀具清单。

⑨　毛坯图。

⑩　零定位及装夹示意图、操作说明书。

⑪　数控调试和加工注意事项。

4)　数控编程的基本概念

下面介绍数控编程的基本概念。

(1)　刀位点。刀位点是刀具上的一个基准点，刀位点相对运动的轨迹即加工路线，也称编程轨迹。

(2)　对刀和对刀点。对刀是指操作员在启动数控程序之前，通过一定的测量手段，使刀位点与对刀点重合。可以用对刀仪对刀，其操作比较简单，测量数据也比较准确；还可以在数控机床上定位好夹具和安装好零件之后，使用量块、塞尺、千分表等，利用数控机床上的坐标对刀。对于操作者来说，确定对刀点将是非常重要的，会直接影响零件的加工精度和程序控制的准确性。在批量生产过程中，更要考虑到对刀点的重复精度，操作者有必要加深对数控设备的了解，掌握更多的对刀技巧。

①　对刀点的选择原则。在机床上容易找正，在加工中便于检查，编程时便于计算，而且对刀误差小。

对刀点可以选择零件上的某个点(如零件的定位孔中心)，也可以选择零件外的某一点(如夹具或机床上的某一点)，但必须与零件的定位基准有一定的坐标关系。

提高对刀的准确性和精度，即便零件要求精度不高或者程序要求不严格，所选对刀部位的加工精度也应高于其他位置的加工精度。

选择接触面大、容易监测、加工过程稳定的部位作为对刀点。

对刀点尽可能与设计基准或工艺基准统一，避免由于尺寸换算导致对刀精度甚至加工精度降低，增加数控程序或零件数控加工的难度。

为了提高零件的加工精度，对刀点应尽量选在零件的设计基准或工艺基准上。例如以孔定位的零件，以孔的中心作为对刀点较为适宜。

对刀点的精度既取决于数控设备的精度，也取决于零件加工的要求，人工检查对刀精度可以提高零件数控加工的质量。尤其在批量生产中要考虑到对刀点的重复精度，该精度可用对刀点相对机床原点的坐标值来进行校核。

②　对刀点的选择方法。

对于数控车床或车铣加工中心类数控设备，由于中心位置(X0，Y0，A0)已由数控设备确定，确定轴向位置即可确定整个加工坐标系。因此，只需要确定轴向(Z0 或相对位置)的某个端面作为对刀点即可。

对于三坐标数控铣床或三坐标加工中心，相对数控车床或车铣加工中心来说复杂很多。根据数控程序的要求，不仅需要确定坐标系的原点位置(X0，Y0，Z0)，而且同加工坐标系 G54、G55、G56、G57 等的确定有关，有时也取决于操作者的习惯。对刀点可以设在被加工零件上，也可以设在夹具上，但是必须与零件的定位基准有一定的坐标关系，Z 方向可以简单地通过确定一个容易检测的平面确定，而 X、Y 方向的确定需要根据具体零件选择与定位基准有关的平面、圆来确定。

对于四轴或五轴数控设备，增加了第 4、第 5 个旋转轴，同三坐标数控设备选择对刀点类似。由于设备更加复杂，同时数控系统智能化提供了更多的对刀方法，需要根据具体数控设备和具体加工零件确定。

对刀点相对机床坐标系的坐标关系可以简单地设定为互相关联，如对刀点的坐标为(X0，Y0，

Z0)，同加工坐标系的关系可以定义为(X0+Xr，Y0+Yr，Z0+Zr)，加工坐标系 G54、G55、G56、G57 等，只要通过控制面板或其他方式输入即可。这种方法非常灵活，技巧性很强，为后续数控加工带来很大方便。

(3) 零点漂移现象。零点漂移现象是由数控设备周围环境因素引起的，在同样的切削条件下，对同一台设备来说，使用同一个夹具、数控程序、刀具，加工相同的零件，发生的一种加工尺寸不一致或精度降低的现象。

零点漂移现象主要表现为数控加工过程的一种精度降低现象，或者可以理解为数控加工时的精度不一致现象。零点漂移现象在数控加工过程中是不可避免的，对于数控设备是普遍存在的。一般受数控设备周围环境因素的影响较大，严重时会影响数控设备的正常工作。影响零点漂移的原因很多，主要有温度、冷却液、刀具磨损、主轴转速和进给速度变化大等。

(4) 刀具补偿。经过一定时间的数控加工后，刀具的磨损是不可避免的，其主要表现在刀具半径和刀具长度的变化上。因此，刀具磨损补偿也主要是指刀具半径补偿和刀具长度补偿。

① 刀具半径补偿。在零件轮廓加工中，由于刀具总有一定的半径(如铣刀半径)，刀具中心的运动轨迹并不等于所需加工零件的实际轨迹，而是需要偏置一个刀具半径值，这种偏移习惯上称为刀具半径补偿。因此，进行零件轮廓数控加工时必须考虑刀具的半径值。需要指出的是，NX/CAM 数控程序是以理想的加工状态和准确的刀具半径进行编程的，刀具运动轨迹为刀心运动轨迹，没有考虑数控设备的状态和刀具的磨损程度对零件数控加工的影响。因此，无论对于轮廓编程，还是刀心编程，NX/CAM 数控程序的实现必须考虑刀具半径磨损带来的影响，合理使用刀具半径补偿。

② 刀具长度补偿。在数控铣、镗床上，当刀具磨损或更换刀具时，使刀具刀尖位置不在原始加工的编程位置，这时必须通过延长或缩短刀具长度方向一个偏置值的方法，来补偿其尺寸的变化，以保证加工深度或加工表面位置仍然达到原设计要求尺寸。

(5) 机床坐标系。数控机床的坐标轴命名规定为机床的直线运动采用笛卡儿坐标系，其坐标命名为 X、Y、Z，通称为基本坐标系。以 X、Y、Z 坐标轴或以与 X、Y、Z 坐标轴平行的坐标轴线为中心旋转的运动，分别称为 A 轴、B 轴、C 轴，A、B、C 的正方向按右手螺旋定律确定。

Z 轴：通常把传递切削力的主轴规定为 Z 坐标轴。对于刀具旋转的机床，如镗床、铣床、钻床等，刀具旋转的轴称为 Z 轴。

X 轴：X 轴通常平行于工件装夹面并与 Z 轴垂直。对于刀具旋转的机床(如卧式铣床、卧式镗床)，从刀具主轴向工件方向看，右手方向为 X 轴的正方向。当 Z 轴为垂直时，对于单立柱机床(如立式铣床)，则沿刀具主轴向立柱方向看，右手方向为 X 轴的正方向。

Y 轴：Y 轴垂直于 X 轴和 Z 轴，其方向可根据已确定的 X 轴和 Z 轴，按右手直角笛卡儿坐标系确定。

旋转轴的定义也按照右手定则，绕 X 轴旋转为 A 轴，绕 Y 轴旋转为 B 轴，绕 Z 轴旋转为 C 轴。

机床原点就是机床坐标系的坐标原点。机床上有一些固定的基准线，如主轴中心线；也有一些固定的基准面，如工作台面、主轴端面、工作台侧面等。当机床的坐标轴手动返回各自的原点以后，用各坐标轴部件上的基准线和基准面之间的距离，便可确定机床原点的位置，该点在数控机床的使用说明书上均有说明。

(6) 零件加工坐标系和坐标原点。工件坐标系又称编程坐标系，是由编程员在编制零件加工程序时，以工件上某一固定点为原点建立的坐标系。零件坐标系的原点称为零件零点(零件原点或程序零点)，而编程时的刀具轨迹坐标是按零件轮廓在零件坐标系的坐标确定的。

加工坐标系的原点在机床坐标系中称为调整点。在加工时，零件随夹具安装在机床上，零件的装夹位置相对于机床是固定的，所以零件坐标系在机床坐标系中的位置也就确定了。这时测量的零件原点与机床原点之间的距离称作零件零点偏置，该偏置需要预先存储到数控系统中。

在加工时，零件原点偏置便能自动加到零件坐标系上，使数控系统可按机床坐标系确定加工时的绝对坐标值。因此，编程员可以不考虑零件在机床上的实际安装位置和安装精度，而利用数控系统的偏置功能，通过零件原点偏置值，补偿零件在机床上的位置误差。现在的数控机床都有这种功能，使用起来很方便。零件坐标系的位置以机床坐标系为参考点，在一个数控机床上可以设定多个零件坐标系，分别存储在 G54/G59 中，零件零点一般设在零件的设计基准、工艺基准处，便于计算尺寸。

一般数控设备可以预先设定多个工作坐标系(G54～G59)，这些坐标系存储在机床存储器内。工作坐标系都是以机床原点为参考点，分别以各自与机床原点的偏移量表示，需要提前输入机床数控系统，或者说是在加工前设定好的坐标系。

加工坐标系(MCS)是零件加工的所有刀具轨迹输出点的定位基准。加工坐标系用 OM-XM-YM-ZM 表示。有了加工坐标系，在编程时无须考虑工件在机床上的安装位置，只要根据工件的特点及尺寸来编程即可。

加工坐标系的原点即为工件加工零点。工件加工零点的位置是任意的，是由编程人员在编制数控加工程序时根据零件的特点选定。工件零点可以设置在加工工件上，也可以设置在夹具上或机床上。为了提高零件的加工精度，工件零点尽量选在精度较高的加工表面上；为方便数据处理和简化程序编制，工件零点应尽量设置在零件的设计基准或工艺基准上。对于对称零件，最好将工件零点设在对称中心上，容易找准，检查也方便。

(7) 装夹原点。装夹原点常见于带回转(或摆动)工作台的数控机床和加工中心，比如回转中心，与机床参考点的偏移量可通过测量存入数控系统的原点偏置寄存器中，供数控系统原点偏移计算用。

5.1.2 NX 10.0 加工界面

下面首先来介绍 NX 10.0 CAM 加工环境的设置方法。

1. 加工环境初始化

在 NX 10.0 中打开一个待加工零件，选择【文件】|【加工】命令，系统将打开图 5-3 所示的【加工环境】对话框。用户可以为加工对象选择不同的 CAM 会话配置和指定相应的 CAM 设置。

CAM 会话配置文件是一个文本文件，包含定制加工环境所需的模板集、文档模板、后置处理模板、用户定义事件、刀具库、切削用量库、材料库等相关参数。用户可以通过修改这些文件来定义新的进程配置。

要创建的 CAM 设置是包含多个可供用户选择的操作和组(程序组、刀具组、方法组和几何组)、已预定义参数以及定制对话框的零件文件。

【加工环境】对话框的列表框显示要创建的 CAM 设置选

图 5-3 【加工环境】对话框

项，其各个加工设置不尽相同。在通用设置中，相应的 CAM 设置为平面铣(mill_planar)、平面轮廓铣削(mill_contour)、多轴铣削(mill_multi_axis)、钻削(drill)、孔加工(hole_making)、车削(turning)和线切割(wire_edn)等。

选择加工环境后，单击【确定】按钮，系统调用指定的会话配置、相应的 CAM 设置和相关的数据库，进行加工环境的初始化。

2. 工作界面简介

初始化后，工作界面上增加了一个【主页】选项卡，如图 5-4 所示。【主页】选项卡的【插入】工具条是各加工模块的入口位置，是用户进行交互编程操作的图形界面。【插入】工具条包括【创建工序】、【创建程序】、【创建刀具】、【创建几何体】和【创建方法】按钮，是进行 CAM 编程的基础。

图 5-4 【主页】选项卡

3. 菜单

【上边框条】的菜单主要包括【插入】菜单、【工具】菜单、【信息】菜单等，主要是用来创建工序、程序、刀具等的菜单命令，另外还有操作导航工具等，这些菜单如图 5-5～图 5-7 所示。菜单中主要命令及功能介绍如表 5-2 所示。

图 5-5 【插入】菜单　　　图 5-6 【信息】菜单　　　图 5-7 【工具】菜单

表 5-2　数控加工菜单中主要命令及功能

菜　单	主要命令	功能简述
【插入】菜单	工序	创建工序
	程序	创建加工程序节点
	刀具	创建刀具节点
	几何体	创建加工几何节点
	方法	创建加工方法节点
【工具】菜单	操作记录	针对操作导航工具的各种动作
	导航器	针对加工特征导航工具的各种动作
	材料	为部件指定材料
【信息】菜单	车间文档	打开【车间文档】对话框

4. 工具组

单击【应用模块】选项卡【加工】组中的【加工】按钮，进入加工环境，【主页】选项卡和各个工具条发生变化。工具条主要包括【插入】工具条、【操作】工具条和加工【操作】工具条。

说明：图中的工具条在进入加工模块后可以调出。

【插入】工具条主要包含的是用于创建工序和 4 种属性的按钮，如图 5-8 所示。

图 5-8　【插入】工具条

【操作】工具条中的按钮都是针对操作导航工具中的各种对象实施某些动作的按钮，如图 5-9 所示。

图 5-9　【操作】工具条

加工【操作】工具条中包含针对刀轨的路径管理的工具；改变操作的进给的工具；创建准备几何的工具；输出刀位源文件、后处理和车间文档的工具，如图 5-10 所示。

有关各工具条的具体按钮，后面将进行详细的介绍并讲解其具体的使用方法，这里就不再赘述。

图 5-10　加工【操作】工具条

5. 导航器

导航器包括【装配导航器】、【约束导航器】、【部件导航器】、【工序导航器】和【加工特征导航器】等。在导航器中单击相应的按钮，打开如图 5-11 所示的【工序导航器】，该导航器用于显示每个操作所属的程序组和每个操作在机床上的执行次序。

在导航器中打开【加工特征导航器】，则弹出如图 5-12 所示的加工特征列表。该视图用于显示当前零件中存在的各种加工特征以及使用这些刀具的操作名称。【特征类型】列用于显示当前特征的加工属性。

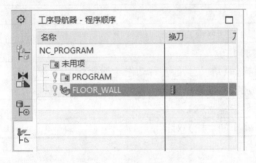

图 5-11　【工序导航器】　　　　　图 5-12　【加工特征导航器-特征】列表

在导航器中打开【机床导航器】，如图 5-13 所示。该视图显示加工当前零件使用的机床名称。

图 5-13　【机床导航器】

在导航器中的任意一个对象上，单击鼠标右键，均可弹出快捷菜单。通过快捷菜单可以编辑所选对象的参数；剪切或复制所选对象到剪贴板，以及从剪贴板复制到指定位置；删除所选对象；生成或重显菜单项，移动、复制和阵列刀具路径等操作。

参数组和基本操作
2课时

5.2.1　父参数组操作

　　行业知识链接：数控加工参数即实际加工时的数据。NX 数控加工创建的是加工工序，工序中包含各种设置。例如，铣削用的机床有卧式铣床或立式铣床，也有大型的龙门铣床，铣刀的设置即属于参数组设置。图 5-14 所示是龙门铣床。

图 5-14　龙门铣床

1. 创建程序组

程序组用于组织各加工操作和排列各操作在程序中的次序。例如，一个复杂零件如果需要在不同的机床上完成各表面的加工，则应该把可以在同一机床上加工的操作组合成程序组，以便刀具路径的后置处理。合理地将各种操作组成一个程序组，可以在一次后置处理中选择程序组的顺序输出多个操作。

单击【插入】工具条中的【创建程序】按钮 ，打开如图 5-15 所示的【创建程序】对话框。在【类型】下拉列表框中选择新建程序所属的类型，在【名称】文本框中输入新建程序组的名称。在【名称】文本框中用户可以选择系统默认的名称，也可以自行输入名称。

如果零件包含的操作不多，且都能在同一机床上完成，用户也可不创建程序组，而直接使用模板提供的默认程序组。

2. 创建刀具组

在加工过程中，刀具是从工件上切除材料的工具，在创建铣削、车削、点位加工操作时，必须创建刀具或者从刀具库中选择刀具。创建和选择刀具时，应该考虑加工类型、加工表面形状和加工部位的尺寸大小等因素。

1) 创建加工刀具组

单击【插入】工具条中的【创建刀具】按钮 ，打开如图 5-16 所示的【创建刀具】对话框。在这个对话框中，可以创建刀具组。先根据加工类型和加工表面形状，在【类型】下拉列表框中选择模板零件；再在【刀具子类型】选项组中选择刀具模板，这里刀具子类型会根据加工类型选择的不同而不同，表 5-3 列出了各种加工类型所对应的刀具子类型；最后在【名称】文本框中指定刀具名称。下面介绍一下具体的参数设置。

图 5-15 【创建程序】对话框

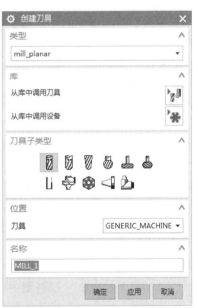

图 5-16 【创建刀具】对话框

表 5-3　各种加工类型对应的刀具类型

加工类型	刀具类型	解　释
drill(钻)	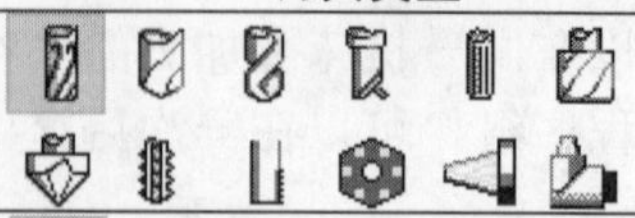	用于钻、铰、镗、攻牙的各类刀具
hole-making(孔加工)	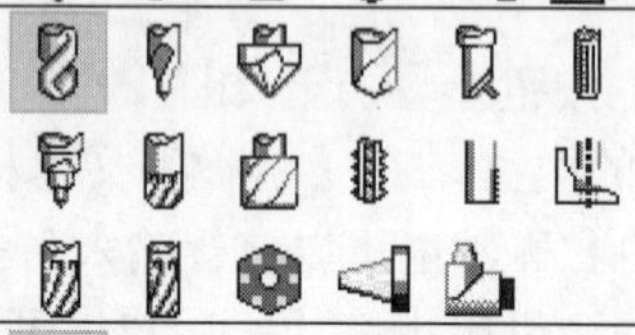	用于钻、铰、镗、攻牙的各类刀具
mill_planar(平面铣)	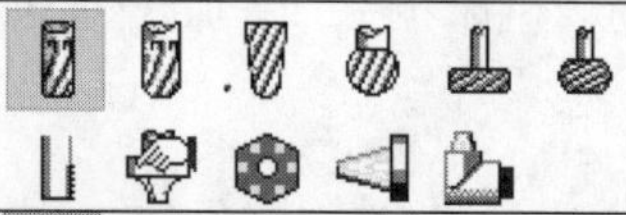	用于平面铣的各类刀具
mill_contour(轮廓铣)	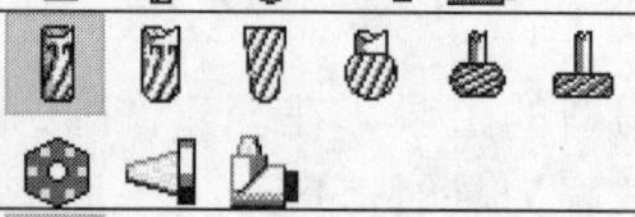	用于轮廓铣的各类刀具
mill_multi-axis(多轴轮廓铣)	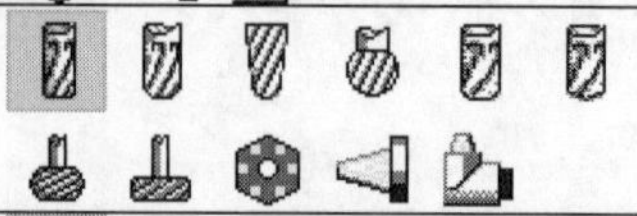	用于多轴轮廓铣的各类刀具
turning(车)	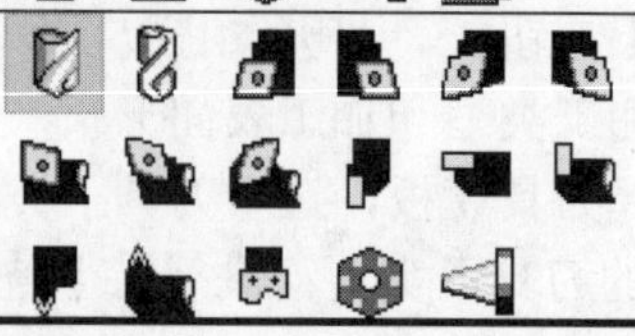	用于车削的各类刀具

2)　设置刀具形状参数

单击【创建刀具】对话框中的【应用】按钮或【确定】按钮，打开如图 5-17 所示的【铣刀-5 参数】对话框。不同的刀具有不同的设置内容，但均包含 3 个选项卡。

(1)　【尺寸】各参数含义介绍如下。

①　(D)直径：刀具的直径。

②　(R1)下半径：刀具底边的圆角半径。

③　(L)长度：刀具的长度。

④　(B)锥角：刀具侧面与刀具轴线之间的夹角。锥角为正值时，刀具上大下小；锥角为负值时，刀具上小下大。

⑤　(A)尖角：刀具底部的顶角。该角度从过刀具端点并与刀轴垂直的方向测量，且只取正角，并小于 90°。

⑥　(FL)刀刃长度：排屑槽的长度，应小于刀具长度。

(2)　【刀刃】：刀具排屑槽的个数。

(3)　【刀具号】：刀具在刀具库中的编号。

(4)　【补偿寄存器】：在机床控制器中刀具的刀具长度补偿值所在的寄存器的编号。

(5)　【刀具补偿寄存器】：在机床控制器中刀具的刀具直径补偿值所在的寄存器的编号。

3)　夹持器参数

铣刀刀柄参数的设置在【夹持器】选项卡中完成，如图 5-18 所示，主要有以下一些参数。

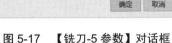

图 5-17　【铣刀-5 参数】对话框

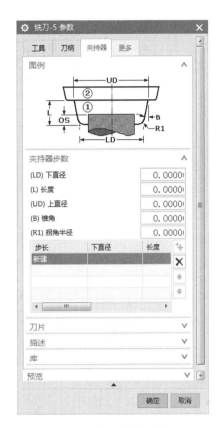

图 5-18　【夹持器】选项卡

(1) (LD)下直径：夹持器下端直径。

(2) (L)长度：夹持器长度，从夹持器的下端部开始计算，直到夹持器上部第一节机床的夹持位置。

(3) (UD)上直径：夹持器上端直径。

(4) (B)锥角：夹持器锥角，为主轴预测边所形成的角度。

(5) (R1)拐角半径：夹持器下部的圆角半径。

3. 创建几何体

创建几何体就是指定在被加工零件上需要加工的几何对象，以及零件在机床的方位的过程，包括定义加工坐标系、工件、边界和切削区域等。

单击【插入】工具条中的【创建几何体】按钮，系统将打开如图 5-19 所示的【创建几何体】对话框。

创建几何体的基本步骤为如下所述。

(1) 在【类型】下拉列表框中选择合适的模板零件。

(2) 在【几何子类型】选项组内选择几何模板。选择的加工类型不同，【创建几何体】对话框中可以有不同类型的几何组。表 5-4 列出了各种操作类型所对应的加工几何组类型。初学者应当注意一点，选择不同的子类型，几何体设置对话框是不相同的。

图 5-19 【创建几何体】对话框

表 5-4 各种加工类型所对应的加工几何组

加工类型	加工几何组类型	解　释
drill(钻)		用于钻、铰、镗、攻牙的各类加工几何
hole-making(孔加工)		用于钻、铰、镗、攻牙的各类加工几何
mill_planar(平面铣)		用于平面铣的各类加工几何
mill_contour(轮廓铣)		用于轮廓铣的各类加工几何
mill_multi-axis(多轴轮廓铣)		用于多轴轮廓铣的各类加工几何
turning(车)		用于车削的各类加工几何

(3) 在【几何体】列表框中选择几何父本组，单击下拉箭头有 GEOMETRY、MCS_MILL、PROFILE_GEOM、WORKPIECE 等选项，用户可根据加工要求做出相应的选择。创建几何体时，选定父本组后确定了新建几何体与已存几何组的参数继承关系。选定某个几何组作为父本组后，新建的几何体将包含在所选父组内，同时继承父本组中的所有参数。

(4) 在【名称】文本框中输入新建几何体名称，或使用默认名称。

(5) 单击【应用】按钮或【确定】按钮，打开图 5-20 所示的【工件】对话框，在其中进行几何对象的具体定义。

4. 创建加工方法

加工方法就是加工工艺方法，主要是指粗加工、半精加工和精加工指定加工公差、加工余量、进给量等参数的过程。

在 NX 加工模块里，一般在具体加工操作之前设置好三种加工的参数，方便以后直接调用。如果遇到特殊的加工情况，在其后的操作进程中也可以进行余量、转速等参数修改。

内、外公差参数决定刀具可以偏离零件表面的允许距离，内外公差值影响零件表面精度和粗糙度，也影响生成导轨的时间和 NC 文件大小。在满足零件精度和表面粗糙度前提下，尽量不设置太小的公差值。如果指定负的余量值，则切削到几何表面以下，但是刀具轮廓的最小圆弧半径应大于负值余量的绝对值。

加工方法的创建方法如下所述。

单击【插入】工具条中的【创建方法】按钮 ，弹出【创建方法】对话框，如图 5-21 所示。用户可以通过该对话框完成加工方法的创建。

图 5-20 【工件】对话框

图 5-21 【创建方法】对话框

单击【确定】按钮，弹出如图 5-22 所示【铣削方法】对话框，对话框中的按钮分别为【切除方法】按钮 、【进给】按钮 、【颜色】按钮 、【编辑显示】按钮 。各选项的含义如下所述。

1) 余量与公差

(1) 【部件余量】：该选项用于为当前所创建的加工方法指定零件余量。

(2) 【内公差】：该选项用于限制刀具在加工过程中切入零件表面的最大过切量。

(3) 【外公差】：该选项用于限制在切削过程中没有切至零件表面的最大间隙量。

2) 设置进给量

在【刀轨设置】选项组中单击【进给】按钮，弹出如图 5-23 所示的【进给】对话框，在其中可以为各选项设定合适的切削参数。下面解释各参数的含义。

(1) 【切削】：刀具从起始点到下一个前进点的移动速度。【曲线】设置为零时，在刀具位置源文件中自动插入快进命令，后置处理时产生 G0 快进代码。

(2) 【逼近】：刀具从起刀点到进刀点的进给速度。平面铣和型腔铣时，逼近速度控制刀具从一个切削层到下一个切削层的移动速度。表面轮廓铣时该速度是作进刀运动前的进给速度。

(3) 【进刀】：刀具切入零件时的进给速度。

(4) 【第一刀切削】：第一刀切削的进给量。

图 5-22　【铣削方法】对话框

图 5-23　【进给】对话框

(5) 【步进】：刀具进行下一次平行切削时的横向进给量，即通常所说的铣削宽度。只适用于往复切削方式。

(6) 【移刀】：刀具从一个加工区域向另一个加工区域作水平非切削运动时的刀具移动速度。

(7) 【退刀】：刀具切出零件时的进给速度，是刀具从最终切削位置到退刀点间的刀具移动速度。

(8) 【离开】：刀具离开起始点的移动速度。

(9) 【返回】：刀具回到返回点的移动速度。

3) 设置颜色

在【选项】选项组中单击【颜色】按钮，系统弹出如图 5-24 所示的【刀轨显示颜色】对话框，供用户设置刀轨的显示颜色；单击色块可打开如图 5-25 所示的【颜色】对话框，进行颜色选取。

图 5-24　【刀轨显示颜色】对话框

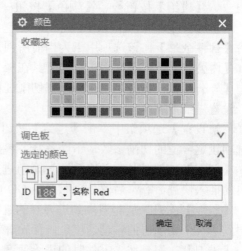

图 5-25　【颜色】对话框

4) 设置显示选项

在【选项】选项组中单击【编辑显示】按钮，打开如图 5-26 所示的【显示选项】对话框，单击下拉箭头可以选取适当的方式，拖动滑块可控制运动速度。

5) 选择切削方式

单击【刀轨设置】选项组中的【切削方法】按钮 ，将打开如图 5-27 所示的【搜索结果】对话框。用户可以从中指定一种加工方法。

图 5-26 【显示选项】对话框

图 5-27 【搜索结果】对话框

5.2.2 基本操作

行业知识链接：创建基本操作时用户也可以先引用模板提供的默认对象创建工序，再选择程序组、几何体、刀具组和加工方法。图 5-28 所示是铣削过程，开始铣削前要确定刀具、几何体等参数。

图 5-28 铣削过程

在完成了程序组、几何体、刀具组和加工方法的创建后，需要为被加工零件在指定的程序组中选择合适的刀具和加工方法。这个过程相当于编制零件加工工艺过程，在 NX 中被称为创建工序。

1. 创建工序

单击【插入】工具条中的【创建工序】按钮 ，打开如图 5-29 所示的【创建工序】对话框。用户可以通过该对话框完成各选项的设置，其基本步骤如下。

(1) 根据加工类型选择模板零件。

(2) 在【工序子类型】选项组选择与表面加工要求相适应的操作模板。选择的加工类型不同，对话框中可以有不同类型的操作子类型。表 5-5 列出了各种加工类型所对应的操作子类型。

(3) 在【程序】下拉列表框中选择程序父组。

(4) 在【几何体】下拉列表框中选择已建立的几何组。

(5) 在【刀具】下拉列表框中选择已定义的刀具。

(6) 在【方法】下拉列表框中选择合适的加工方法。

(7) 在【名称】文本框中为新建操作命名。

图 5-29 【创建工序】对话框

表 5-5 各种加工类型所对应的操作子类型

加工类型	操作子类型	解 释
drill(钻)		用于创建钻、铰、镗、攻牙的各类加工操作
hole-making(孔加工)		用于创建钻、铰、镗、攻牙的各类加工操作
mill_planar(平面铣)		用于创建平面铣的各类加工操作

续表

加工类型	操作子类型	解　释
mill_contour(轮廓铣)	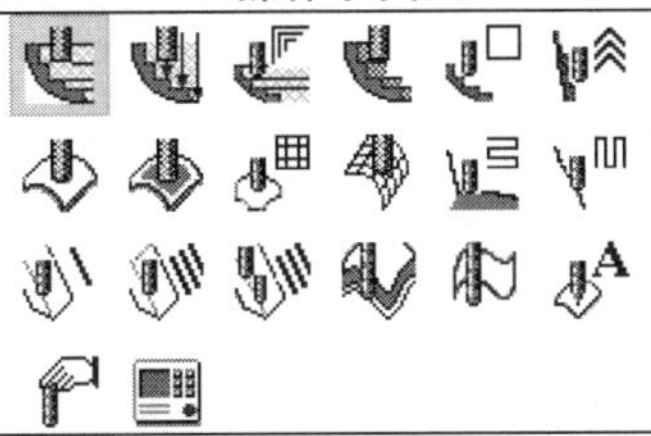	用于创建轮廓铣的各类加工操作
mill_multi-axis(多轴轮廓铣)	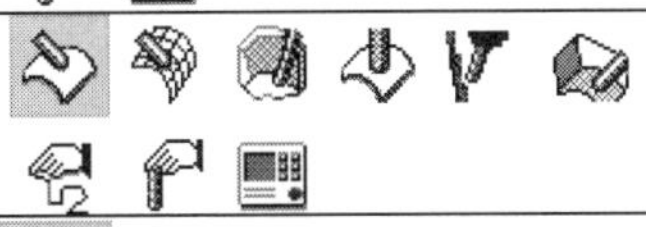	用于创建多轴轮廓铣的各类加工操作
turning(车)	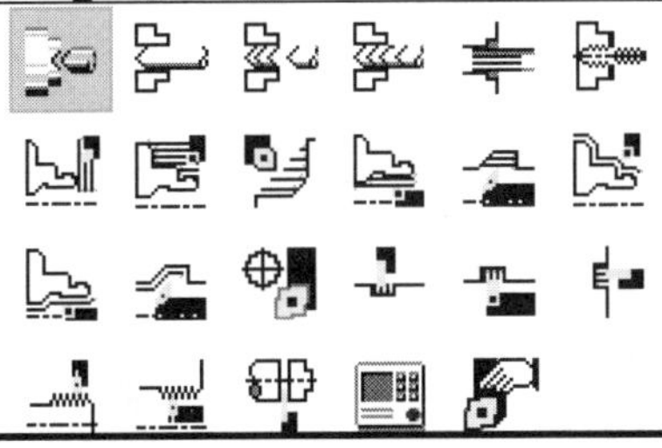	用于创建车削的各类加工操作

2. 设置工序参数

(1) 单击【应用】按钮后，打开设定的操作模板的对话框。例如，可打开如图 5-30 所示的【平面铣】对话框。其中，【工具】选项组中的参数主要控制刀具号、换刀设置等。【刀轴】选项组中的参数主要用于定义刀轴方向。该对话框中的选项参数主要用于选择、编辑和显示几何体、切削方式和加工工艺参数；显示设定的方法、几何体和刀具，并可对这些设置进行编辑修改。

下面主要介绍【刀轨设置】选项组中的参数设置，NX 10.0 共提供了【跟随部件】、【跟随周边】、【轮廓】、【标准驱动】、【摆线】、【单向】、【往复】和【单向轮廓】8 种切削模式，如图 5-31 所示，各种方式的刀轨如下。

- 【跟随部件】：也称为仿形零件，产生一系列跟随加工零件所有指定轮廓的刀轨，既跟随切削区的外周壁面，也跟随切削区中的岛屿。刀轨形状也是通过偏移切削区的外轮廓和岛屿轮廓获得的。
- 【跟随周边】：也称为仿形外轮廓铣，产生一系列同心封闭的环行刀轨，通过偏移切削区的外轮廓获得。
- 【标准驱动】：仅用于平面铣的表面铣的走刀方式。
- 【轮廓】：产生一系列单一或指定数量的绕切削区轮廓的刀轨，可实现对侧面的精加工。
- 【摆线】：产生一系列类似于轮廓的刀轨，但不允许自我交叉。
- 【单向】：产生一系列单向的平行线性刀轨，回程是快速横越运动。
- 【往复】：产生一系列平行连续的线性往复刀轨，切削效率较高。
- 【单向轮廓】：产生一系列单向的平行线性刀轨，回程是快速横越运动，在两段连续刀轨之间跨越刀轨是切削壁面的刀轨，加工质量比往复切削和单向切削好。

(2) 单击【非切削移动】按钮，可以打开【非切削移动】对话框，单击【起点/钻点】标签，切换到【起点/钻点】选项卡，如图 5-32 所示，可以设置加工区域起始点和预钻顶点。

单击【进刀】标签，切换到【进刀】选项卡，如图 5-33 所示，用户可以根据加工工艺需要选取或输入适当的数据。

图 5-30　【平面铣】对话框

图 5-31　切削模式

图 5-32　【起点/钻点】选项卡

图 5-33　【进刀】选项卡

(3)　在【面铣】对话框中的【刀轨设置】选项组中单击【切削参数】按钮⊞，打开如图 5-34 所示的【切削参数】对话框。该对话框中的参数与【创建方法】对话框中的部分参数相同，不必重新输入。【切削方向】等参数需要用户进行设置。

(4) 在【面铣】对话框中的【刀轨设置】选项组中单击【进给和速度】按钮 ，可以打开【进给率和速度】对话框，如图 5-35 所示。【进给率】选项组中的参数用于设置主轴速度、进刀和退刀速度等。

图 5-34　【切削参数】对话框

图 5-35　【进给率和速度】对话框

5.2.3　刀具轨迹

行业知识链接：刀具轨迹是模拟加工时的刀具运动的路径。图 5-36 所示是型腔铣削的刀具轨迹。

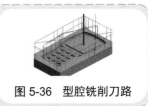

图 5-36　型腔铣削刀路

完成工序的创建之后，就可以生成刀具轨迹，并可使用刀具路径管理工具对刀轨进行编辑、重显、模拟、输出以及编辑刀具位置源文件等操作。

1. 生成刀轨

单击加工【操作】工具条中的【生成刀轨】按钮 ，系统会生成并显示一个切削层的刀轨。

2. 编辑和删除刀轨

刀轨生成以后，打开【工序导航器】，选取需要进行编辑的刀轨，右击，打开快捷菜单，选择【刀轨】|【编辑】命令，如图 5-37 所示。

这时候系统将打开如图 5-38 所示的【刀轨编辑器】对话框，在其中可以设置刀轨的生成参数。

图 5-37　选择【刀轨】|【编辑】命令

图 5-38　【刀轨编辑器】对话框

3. 列出刀轨

对于已生成刀具路径的操作，可以查看各操作所包含的刀具路径信息。单击加工【操作】工具条中的【列表】按钮，系统打开如图 5-39 所示的【信息】对话框，在该对话框中可以查看刀具路径信息。

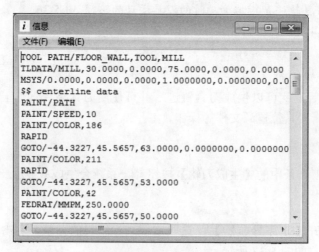

图 5-39　【信息】对话框

5.2.4 后处理和车间文档

行业知识链接：后处理包括对加工后续的文件输出，而车间文档可以自动生成车间工艺文档并以各种格式进行输出。图 5-40 所示是各种铣刀类型，其包含在车间文档当中。

图 5-40 各种铣刀

在生成刀轨文件后，NC 加工的编程基本完成，下面需要进行一些后置处理，从而进入加工的过程。

1. 后置处理

在加工【工序导航器】中选中一个操作或者一个程序组，单击加工【操作】工具条中的【后处理】按钮，打开如图 5-41 所示的【后处理】对话框。

该对话框的上部列出了各种可用机床，除了铣削加工所用的 3 至 5 轴铣床外，还有 2 轴车床、电火花线切割机等。如果所列机床不适用，还可以单击下方的【浏览查找后处理器】按钮，打开新的后处理器。

初学者既没有获得适用机床后处理器的其他途径，自己也没有能力创建机床后处理器的能力时，可以先使用相近的机床生成 NC 文件，再通过文本编辑器对 NC 文件的每一个刀轨的起始和结束部分的命令进行一些修改，一般情况下可以解决问题。

输出 NC 程序的一般操作步骤如下。

(1) 将要输出的程序节点下的操作的排列顺序重新检查一遍，保证符合加工工艺规程。

(2) 从【操作导航器】中选取要输出的程序。

(3) 单击【后处理】按钮，打开【后处理】对话框。

(4) 选取符合工艺规程的机床。

(5) 在【输出文件】选项组中单击【浏览查找一个输出文件】按钮，打开【指定 NC 输出】对话框，如图 5-42 所示，选定存放 NC 文件的文件夹。

(6) 选定输出单位，一般使用公制部件。

(7) 单击【应用】按钮，完成输出。

图 5-41 【后处理】对话框

启用【后处理】对话框中的【列出输出】复选框，在输出过程中可以通过【信息】窗口显示输出数据，但会降低输出速度。

用户完成上述操作后，系统以"*.ptp"格式保存 NC 文件。用写字板打开之后，可以查看内容。

2. 车间文档

NX 提供了一个车间文档生成器，它从部件文件中提取对加工车间有用的 CAM 文本和图形信息，包括数控程序中用到的刀具参数清单、操作次序、加工方法清单、切削参数清单。它们可以使用文本文件".txt"或者超文本链接文件".html"两种格式输出。

单击加工【操作】工具条中的【车间文档】按钮，打开【车间文档】对话框，如图 5-43 所示。选择其中的一个工艺文件模板，可以生成包含特定信息的工艺文件。标有"HTML"的模板生成超文本链接网页文件，标有"TEXT"的模板生成纯文本文件风格的网页文件。

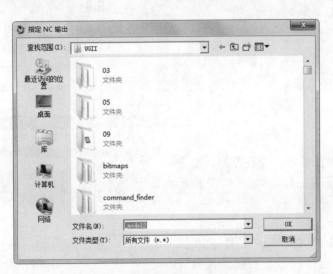

图 5-42 【指定 NC 输出】对话框

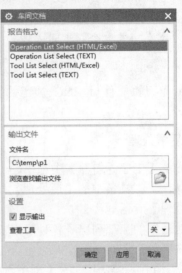

图 5-43 【车间文档】对话框

课后练习

案例文件： ywj\05\01.prt 及所有模具文件

视频文件： 光盘\视频课堂\第 5 教学日\5.2

练习案例的分析如下。

本课课后练习创建连接件模型，进一步熟悉 NX 的模型创建命令，便于加工设置过程中零件的修改。图 5-44 所示是完成的连接件模型。

本课案例首先是连接件模型的创建过程，之后创建了加工模型的几何体，这样便于加工工序的引用，方便设置。创建连接件模型的思路和步骤如图 5-45 所示。

图 5-44 完成的连接件模型

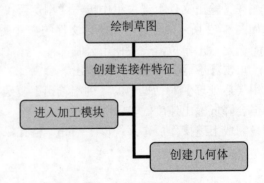

图 5-45 创建连接件模型的步骤

练习案例的具体操作步骤如下。

step 01 创建连接件，在【直接草图】工具条中单击【草图】按钮，弹出【创建草图】对话框，选择草绘平面，如图 5-46 所示，单击【确定】按钮。

step 02 在【直接草图】工具条中单击【直线】按钮，绘制三角形，尺寸如图 5-47 所示。

图 5-46　选择草绘面

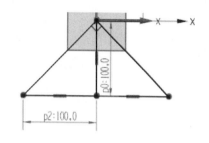

图 5-47　绘制三角形

step 03 在【直接草图】工具条中单击【直线】按钮，绘制矩形，尺寸如图 5-48 所示。

step 04 在【直接草图】工具条中单击【快速修剪】按钮，修剪草图，如图 5-49 所示。

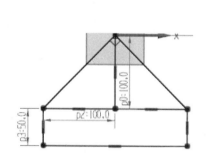

图 5-48　绘制矩形

图 5-49　修剪草图

step 05 在【特征】工具条中单击【拉伸】按钮，弹出【拉伸】对话框，选择草图，设置【距离】参数为 20，如图 5-50 所示，单击【确定】按钮，创建拉伸特征。

step 06 在【直接草图】工具条中单击【草图】按钮，弹出【创建草图】对话框，选择草绘平面，如图 5-51 所示，单击【确定】按钮。

step 07 在【直接草图】工具条中单击【圆】按钮，绘制直径为 50 的圆，如图 5-52 所示。

step 08 在【特征】工具条中单击【拉伸】按钮，弹出【拉伸】对话框，选择草图，设置【距离】参数为 30，如图 5-53 所示，单击【确定】按钮，创建拉伸特征。

step 09 在【直接草图】工具条中单击【草图】按钮，弹出【创建草图】对话框，选择草绘平面，如图 5-54 所示，单击【确定】按钮。

step 10 在【直接草图】工具条中单击【圆】按钮，绘制直径为 120 的圆，如图 5-55 所示。

图 5-50　拉伸草图

图 5-51　选择草绘面

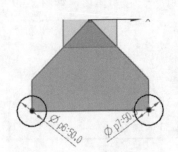

图 5-52　绘制直径为 50 的圆形

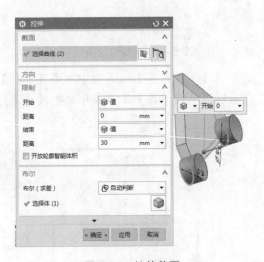

图 5-53　拉伸草图

图 5-54　选择草绘面

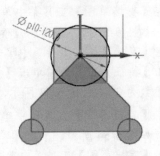

图 5-55　绘制直径为 120 的圆形

step 11 在【特征】工具条中单击【拉伸】按钮▥，弹出【拉伸】对话框，选择草图，设置【距离】参数为 40，如图 5-56 所示，单击【确定】按钮，创建拉伸特征。

step 12 在【直接草图】工具条中单击【草图】按钮▥，弹出【创建草图】对话框，选择草绘平面，如图 5-57 所示，单击【确定】按钮。

图 5-56　拉伸圆形　　　　　　　　　　　图 5-57　选择草绘面

step 13 在【直接草图】工具条中单击【圆】按钮〇，绘制直径为 80 的圆，如图 5-58 所示。

step 14 在【特征】工具条中单击【拉伸】按钮▥，弹出【拉伸】对话框，选择草图，设置【距离】参数为 20，单击【确定】按钮，创建拉伸切除特征，如图 5-59 所示。

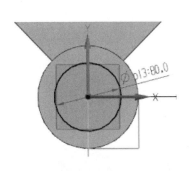

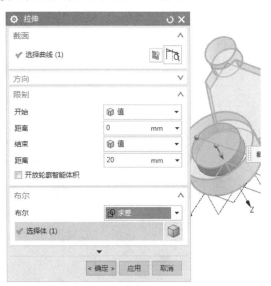

图 5-58　绘制直径为 80 的圆形　　　　　图 5-59　创建拉伸切除特征

step 15 在【特征】工具条中单击【拔模】按钮，打开【拔模】对话框，选择拔模面，设置拔模【角度】为 20，单击【确定】按钮，创建拔模，如图 5-60 所示。

step 16　在【特征】工具条中单击【边倒圆】按钮，弹出【边倒圆】对话框，创建半径为 8 的圆角，如图 5-61 所示，单击【确定】按钮，完成创建圆角。

图 5-60　创建拔模　　　　　　　　　　　　　图 5-61　创建圆角

step 17　完成的连接件模型，如图 5-62 所示。

step 18　进入加工模块，在【应用模块】选项卡中单击【加工】按钮，弹出【加工环境】对话框，选择面铣削选项，单击【确定】按钮，创建面铣工序，如图 5-63 所示。

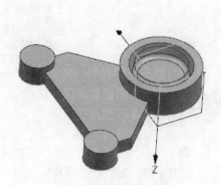

图 5-62　完成的连接件模型

图 5-63　创建面铣工序

step 19 创建几何体，单击【插入】工具条中的【创建几何体】按钮 🔊，打开【创建几何体】对话框，选择 MCS 按钮 🗛，如图 5-64 所示，单击【确定】按钮，设置加工几何体。

step 20 在打开的 MCS 对话框中，设置几何体的坐标系，单击【确定】按钮，如图 5-65 所示。

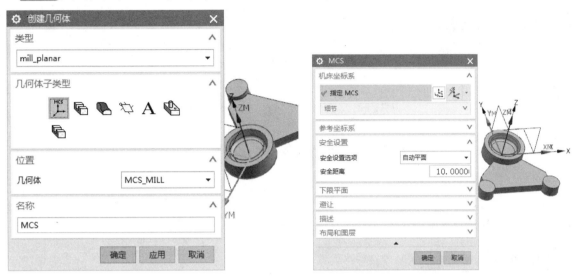

图 5-64 设置加工几何体　　　　　　　　图 5-65 设置几何体的坐标系

step 21 单击【插入】工具条中的【创建几何体】按钮 🔊，打开【创建几何体】对话框，选择 WORKPIECE 按钮 🗋，单击【确定】按钮，设置几何体部件，如图 5-66 所示。

step 22 在打开的【工件】对话框中，单击【选择或编辑部件几何体】按钮 🗋，弹出【部件几何体】对话框，选择几何体部件，如图 5-67 所示。

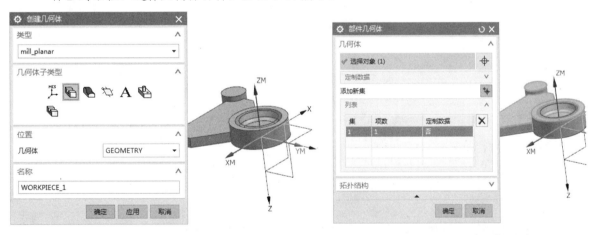

图 5-66 设置几何体部件　　　　　　　　图 5-67 选择几何体部件

step 23 在打开的【工件】对话框中，单击【选择或编辑毛坯几何体】按钮 🗋，弹出【毛坯几何体】对话框，创建毛坯几何体，如图 5-68 所示。

step 24 在打开的【工件】对话框中，单击【选择或编辑检查几何体】按钮 🗋，弹出【检查几何体】对话框，选择检查几何体，如图 5-69 所示。

step 25 在打开的【工件】对话框中，查看工件几何体设置完成，单击【确定】按钮，如图 5-70 所示。

step 26 完成的连接件模型，如图 5-71 所示。

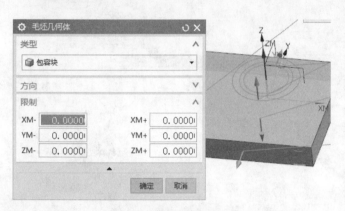

图 5-68 创建毛坯几何体

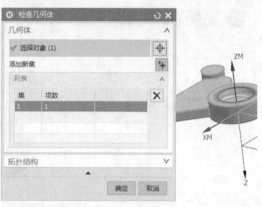

图 5-69 选择检查几何体

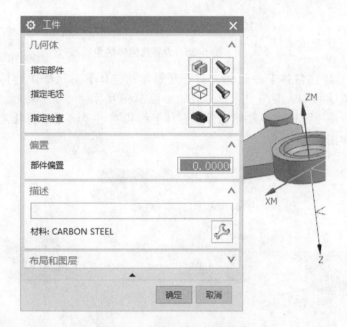

图 5-70 查看工件几何体设置

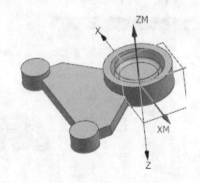

图 5-71 完成连接件模型

机械设计实践：工具铣床主要用于模具和工具制造，配有立铣头、万能角度工作台和插头等多种附件，还可进行钻削、镗削和插削等加工。其他铣床还有键槽铣床、凸轮铣床、曲轴铣床、轧辊轴颈铣床和方钢锭铣床等，它们都是为加工相应的工件而制造的专用铣床。图 5-72 所示是圆形零件的铣削刀路。

图 5-72 圆形零件铣削刀路

第3课 2课时 面铣削

5.3.1 平面铣削加工

> **行业知识链接**：铣床是指主要用铣刀在工件上加工各种表面的机床。通常铣刀旋转运动为主运动，工件和铣刀的移动为进给运动。它可以加工平面、沟槽，也可以加工各种曲面、齿轮等。图5-73所示是各种平面铣刀。

图5-73 平面铣刀

1. 概述

1）平面铣削加工概述

平面铣削加工创建的刀具路径可以在某个平面内切除材料。平面铣削加工经常用来在精加工之前对某个零件进行粗加工。用户可以指定毛坯材料。毛坯材料就是最初还没有进行铣削加工的材料，毛坯材料可以是锻造件和铸造件等。指定毛坯材料后，用户还需要指定部件材料和底部面。部件材料就是用户切削加工后的零件形状，它定义了刀具的走刀范围。用户可以通过曲线、边界、平面和点等几何来指定部件材料。底部面是刀具可以铣削加工的最大切削深度。此外，用户还可以指定切削加工中的检查几何体和修剪几何体。当用户指定底面后，系统将根据指定的毛坯材料、部件材料、检查几何体和修剪几何体，沿着刀具的轴线方向切削到底面，从而加工得到用户需要的零件形状。适合于平面铣加工的典型零件如图5-74所示。

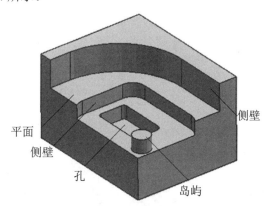

平面
侧壁
孔
岛屿
侧壁

图5-74 平面铣加工的零件

图 5-74 中适合于平面铣加工的零件一般侧壁与底面垂直。零件中可以包含岛屿或腔槽和孔，但岛屿顶面和腔槽底面必须是平面。这是因为平面铣属于固定轴铣，它的刀具轴线方向相对工件不发生变化，所以，它只能对侧面与底面垂直的加工部位进行加工，而不能加工零件中加工侧面与底面不垂直的部位。

2) 平面铣削操作的创建方法

用户可以通过在【插入】工具条中单击【创建工序】按钮，创建一个平面铣削操作，具体方法说明如下。

(1) 在【插入】工具条中单击【创建工序】按钮，打开如图 5-75 所示的【创建工序】对话框，系统提示用户"选择类型、子类型、位置，并指定工序名称"。

(2) 在【创建工序】对话框中，在【类型】下拉列表框中选择 mill_planar，在【工序子类型】选项组中单击【平面铣】按钮，指定加工类型。

(3) 在【程序】、【刀具】、【几何体】和【方法】下拉列表框中分别选择平面铣削操作的【程序】、【刀具】、【几何体】和【方法】，最后在【名称】文本框中输入操作名，或者直接使用系统默认的名称。

平面铣削操作的【程序】、【刀具】、【几何体】和【方法】等选项可以通过单击【插入】工具条中的【创建程序】、【创建刀具】、【创建几何体】和【创建方法】等按钮来实现，也可以先选择系统默认的选项，然后在【创建工序】对话框中重新定义。不同点在于，前者创建的【程序】、【刀具】、【几何体】和【方法】等是全局对象，即每一个操作都可以引用它；而后者创建的【程序】、【刀具】、【几何体】和【方法】等是局部对象，即只有本操作可以引用它，其他操作不能引用。

(4) 完成上述操作后，在【创建工序】对话框中单击【确定】按钮，打开【平面铣】对话框，如图 5-76 所示，系统提示用户"指定参数"。

图 5-75 【创建工序】对话框

图 5-76 【平面铣】对话框

(5) 在【几何体】选项组中，指定平面铣削操作的对象，如几何体、部件边界、毛坯边界、检查边界、修剪边界和底面等。

(6) 在【刀轨设置】选项组中，指定平面铣削操作的铣削方法和切削模式。设置平面铣削操作的其他相关参数，如步距、百分比、切削层、切削参数、角控制和进给速度等。

(7) 在【选项】选项组中，设置刀具轨迹的显示参数，如刀具轨迹的颜色、轨迹的显示速度、刀具的显示形式和显示前是否刷新等。

(8) 单击【操作】选项组中的【生成】按钮 ，生成刀具轨迹。

(9) 单击【操作】选项组中的【确认】按钮 ，验证几何零件是否产生了过切、有无剩余材料等。

在生成刀具轨迹之后，用户应该养成一个验证刀具轨迹的习惯。虽然这个步骤本身并不能改变刀具轨迹，但它可以真实地模拟切削加工的整个过程，能检查刀具在切削加工的整个过程中是否产生了过切、有无剩余材料等，对实际的加工工序非常有意义。

(10) 完成上述操作后，在【平面铣】对话框中单击【确定】按钮，关闭【平面铣】对话框，完成平面铣削操作的创建工作。

上面仅对平面铣削操作的创建方法进行了简单的说明，告诉用户平面铣削操作的创建方法的基本过程，具体的操作内容将在后面做详细介绍。

2. 加工几何体

1) 加工几何体的类型

如图 5-77 所示，用户在创建一个平面铣削操作时，需要指定 6 个不同类型的加工几何体，包括几何体、部件几何、毛坯几何、检查几何、修剪几何和底面等。这 6 个不同类型的加工几何体可以指定系统在毛坯材料上，按照用户指定的部件边界、检查边界、修剪边界和底面等来加工几何体铣削零件，从而得到正确的刀具轨迹。

(1) 几何体。几何体是铣削加工的主要组成部分，一般包含加工坐标系(MCS)、毛坯几何(Blank Geometry)和部件几何(Part Geometry)等信息，如图 5-78 所示。

图 5-77 设置加工几何体

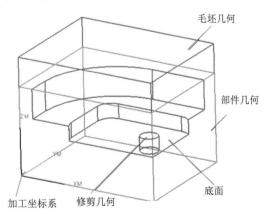

图 5-78 几何体

几何体可以在创建铣削加工工序之前创建。用户可以通过在【插入】工具条中单击【创建几何体】按钮 ，创建一个加工几何体。

（2）部件几何体。部件几何体是毛坯材料铣削加工后得到的最终形状，用来指定平面铣削加工的几何对象，它定义了刀具的走刀范围。用户可以选择面、曲线、点和边界等来定义部件几何体，如图 5-78 所示的部件几何体，用户可以通过选择面来制定部件几何体。

（3）毛坯几何体。毛坯几何体是切削加工的材料块，即部件没有进行切削加工前的形状。与部件几何体的指定方法类似，用户可以选择面、曲线、点和边界等来定义毛坯几何体。

在平面铣削加工中，用户可以指定毛坯几何体，也可以不指定毛坯几何体。如果用户定义了毛坯几何体，那么，毛坯几何体和部件几何体将共同决定刀具的走刀范围，系统根据它们的共同区域来计算刀具轨迹。

（4）检查几何体。检查几何体代表夹具或者其他一些不能铣削加工的区域。同样，用户可以选择面、曲线、点和边界等来定义检查几何体。

在平面铣削加工中，与毛坯几何体类似，用户可以指定检查几何体，也可以不指定检查几何体。如果用户定义了检查几何体，那么，系统将不在该区域内产生刀具轨迹。

（5）修剪几何体。修剪几何体是指在某个加工过程中，不参与加工工序的区域。当用户定义部件几何体后，如果希望切削区域的某一个区域不被切削，即不产生刀具轨迹，那么可以将该区域定义为修剪几何体，系统将根据定义的部件几何体和修剪几何体来计算刀具轨迹，保证该区域不产生刀具轨迹。因此，修剪几何体可以用进一来限制切削区域。

在平面铣削加工中，用户可以指定修剪几何体，也可以不指定修剪几何体。如果用户定义了修剪几何体，那么系统将不在该区域内产生刀具轨迹。如图 5-78 所示，在进行铣削加工时，为了不将底面上的小圆柱凸台铣削掉，用户可以将小圆柱凸台指定为铣削加工工序的修剪几何体，从而进一步来限制铣削加工的切削区域，此时系统将不在小圆柱凸台处产生刀具轨迹。

（6）底面。底面是铣削加工中刀具可以铣削加工的最大切削深度。当用户指定底面后，系统将根据指定的部件几何体、毛坯几何体、检查几何体和修剪几何体，沿着刀具的轴线方向切削到底面，从而加工得到用户需要的零件形状。

在平面铣削加工中，用户可以通过【平面】对话框来指定一个平面作为铣削加工的底面。底面是用户必须指定的，它定义了刀具可以铣削加工的最大切削深度。底面只能定义一个，如果定义多个底面，系统以最后指定的平面作为底面、作为最大切削深度。如图 5-78 所示，最大的切削深度是小圆柱凸台处的平面，因此该平面为铣削加工的底面。

2）加工几何体的指定方法

加工几何体的指定方法主要包括定义几何体、指定部件边界、指定毛坯边界、指定检查边界、指定修剪边界和指定底面等，这些指定几何体的方法详细说明如下。

（1）定义几何体。用户可以通过以下两种方法定义几何体。

① 直接选择。在【几何体】下拉列表框中选择一个已经创建好的几何体。

② 新建或者编辑几何体。在【几何体】选项卡中单击【新建】按钮或者【编辑】按钮来新建或者编辑几何体。

当用户单击【新建】按钮时，打开如图 5-79 所示的【新建几何体】对话框，系统提示用户"选择类型、子类型、组，并指定几何体名"。

用户可以在新建几何体对话框中选择几何体子类型。几何体子类型包括 MCS、WORKPIECE、

MILL_BND 和 MILL_GEOM 四种。用户选择不同的几何体子类型后，在【新建几何体】对话框中单击【确定】按钮后，系统打开的对话框也不相同。下文以选择 MILL_BND 子类型为例进行说明。

在【新建几何体】对话框中的【几何体子类型】选项组中单击 MILL_BND 按钮↺，其他选项使用系统默认的参数，然后在【新建几何体】对话框中单击【确定】按钮，系统将打开如图 5-80 所示的【铣削边界】对话框。

图 5-79　【新建几何体】对话框　　　　图 5-80　【铣削边界】对话框

用户可以在【铣削边界】对话框中指定部件边界、毛坯边界、检查边界等内容。

当用户完成参数设置后，在【铣削边界】对话框中单击【确定】按钮后，系统将返回到【平面铣】对话框。此时【平面铣】对话框中的【几何体】下拉列表框中将显示用户新建的几何体名称。

当用户单击【编辑】按钮🔧，可以对之前创建的几何体进行修改。

(2) 指定部件边界。当用户在【平面铣】对话框中的【几何体】选项组中单击【选择或编辑部件边界】按钮🌐时，系统将打开如图 5-81 所示的【边界几何体】对话框，系统提示用户"部件边界—选择面"。

在【边界几何体】对话框中，用户需要指定部件边界的指定模式、材料侧、定制边界数据和凸边等参数，这些参数的设置方法说明如下。

① 模式。用户指定部件边界的模式有 4 种，分别是【曲线/边...】模式、【边界】模式、【面】模式和【点...】模式，这 4 种模式分别说明如下。

当用户在【模式】下拉列表框中选择【面】模式，指定在定义部件边界时，用户通过选择面来定义部件边界。

图 5-81　【边界几何体】对话框

　　【面】模式是系统默认的定义部件边界的模式。当用户在【模式】下拉列表框中选择不同的模式后，【边界几何体】对话框也不完全相同。但是由于【面】模式是系统默认的定义部件边界的模式，因此，当用户在【模式】下拉列表框中选择【面】模式后，图 5-81 所示的【边界几何体】对话框没有发生变化；当用户选择其他模式后，【边界几何体】对话框将发生变化。

　　当用户在【模式】下拉列表框中选择【曲线/边…】模式，指定在定义部件边界时，用户通过选择曲线或者边来定义部件边界，此时系统将显示如图 5-82 所示的【创建边界】对话框，系统提示"部件边界—选择对象 #1"。 边界的类型有两种，分别是【封闭的】和【开放的】，用户可以根据切削区域选择不同的边界类型。图 5-83 所示为【封闭的】和【开放的】边界。当用户在【创建边界】对话框的【类型】下拉列表框中选择【开放的】类型，【材料侧】下拉列表框中的选项将从【内部】和【外部】选项变为【左】和【右】选项。

图 5-82　【创建边界】对话框

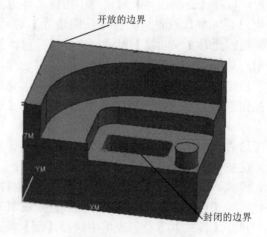

图 5-83　边界的类型

在创建【曲线/边…】模式的边界时，用户除了需要指定曲线或者边的类型外，还需要指定曲线或者边所在的平面。

指定平面的方法有两种，一种是【自动】，另外一种是【用户定义】。当用户在【平面】下拉列表框中选择【自动】选项，指定系统根据用户选择的曲线或者边，自动判断曲线或者边的平面。当用户在【平面】下拉列表框中选择【用户定义】选项，系统将打开如图 5-84 所示的【刨】对话框，系统提示用户"选择对象已定义平面"。

用户可以在【刨】对话框中选择一种构造平面的方法来定义一个平面，或者指定主平面类型，然后输入一个常数值来定义一个平面。

当用户定义一个平面后，在【刨】对话框中单击【确定】按钮，系统将返回到【创建边界】对话框。

当用户需要创建多个边界时，可以在创建一个边界后，单击【创建边界】对话框中的【创建下一个边界】按钮。此时用户创建的边界将显示在绘图区中，同时边界上显示箭头，代表部件边界和材料侧。当用户需要删除上次创建的边界时，可以单击【创建边界】对话框中的【移除上一个成员】按钮。此时用户上一次创建的边界将灰色显示在绘图区中，表明该边界不可用，已经被移除。

当用户在【模式】下拉列表框中选择【边界】模式，指定在定义部件边界时，用户通过选择边界来定义部件边界，此时【边界几何体】对话框显示如图 5-85 所示。

图 5-84　【刨】对话框

图 5-85　【边界几何体】对话框

当用户在【模式】下拉列表框中选择【点…】模式，指定在定义部件边界时，用户通过选择点来定义部件边界，此时系统打开如图 5-86 所示的【创建边界】对话框，提示用户"定义构造点—选择对象以自动判断点"。

选择点的类型有两种，分别是【封闭的】和【开放的】。用户可以根据切削区域，选择不同的点类型。用户可以选择【点方法】下拉列表框中的选项，任意选择一种指定点的方式，然后构成边界。

与【曲线/边…】模式类似，当用户在【创建边界】对话框的【类型】下拉列表框中选择【开放的】类型，【材料侧】下拉列表框中的选项将从【内部】和【外部】选项变为【左】和【右】选项。

与创建【曲线/边…】类型的边界类似，用户在创建【点…】类型的边界时，除了需要指定曲线或者边的类型外，还需要指定点所在的平面。指定平面的方法和创建【曲线/边...】类型的边界相同，这里不再赘述。

② 材料侧。材料侧是指用户需要保留的材料在边界的哪一侧。

部件材料的材料侧有两种，一种是【内部】和【外部】，另外一种是【左】和【右】。这两种材料侧的含义分别说明如下。

- 内部：当用户在【材料侧】下拉列表框中选择【内部】时，指定保留边界内部的材料，切削区域位于边界的外部。
- 外部：当用户在【材料侧】下拉列表框中选择【外部】时，指定保留边界外部的材料，切削区域位于边界的内部。

当用户需要切削加工得到凹坑时，需要在【材料侧】下拉列表框中选择【外部】，指定保留边界外部的材料，切削区域位于边界的内部，则边界外部为非切削区域。

③ 定制边界数据。当用户在【边界几何体】对话框中，单击【定制边界数据】按钮，此时【边界几何体】对话框将扩展为图5-87所示的对话框。

图5-86 【创建边界】对话框　　　　　　图5-87 【边界几何体】对话框

【定制边界数据】选项组中包括【公差】、【余量】、【毛坯距离】和【切削进给率】等复选框，这些复选框的含义说明如下。

- 公差：当用户启用【公差】复选框后，【内公差】和【外公差】文本框被激活。用户可以在【内公差】和【外公差】文本框中设置边界的内公差和外公差。系统默认的内公差和外公差是0.030。
- 余量：当用户启用【余量】复选框后，【余量】文本框被激活。用户可以在该文本框内输入边界的余量数值。

- 毛坯距离：当用户启用【毛坯距离】复选框后，【毛坯距离】文本框被激活。用户可以在该文本框内输入毛坯距离。

- 切削进给率：当用户启用【切削进给率】复选框后，【切削进给率】文本框和单位下拉列表框被激活。用户可以在【切削进给率】文本框内输入切削进给率，并且可以在【切削进给率】文本框右侧的下拉列表框中选择切削进给率的单位。切削进给率的单位包括【无】、【毫米/分钟】和【毫米/转】。用户可以根据数控机床和零件形状输入合适的切削进给率，并且选择合适的切削进给率单位。

【忽略孔】：当用户在【边界几何体】对话框中启用【忽略孔】复选框后，系统在创建边界时，将忽略平面上孔的边缘，即不在平面上的孔边缘生成边界。

当用户选择平面后，该平面将高亮度显示在绘图区。当用户在【边界几何体】对话框中启用【忽略孔】复选框、取消启用【忽略岛】复选框后，创建生成的边界将不在孔的边缘上生成边界，而只在外形轮廓和岛屿边缘处产生边界。

【忽略岛】：当用户在【边界几何体】对话框中启用【忽略岛】复选框后，系统在创建边界时，将忽略平面上岛屿的边缘，即不在平面上岛屿的边缘生成边界。

当用户在【边界几何体】对话框中启用【忽略岛】复选框、取消启用【忽略孔】复选框后，创建生成的边界将不在岛屿的边缘上生成边界，而只在外形轮廓和孔的边缘处产生边界。

当用户在【模式】下拉列表框中选择【面】，系统将自动启用【忽略岛】复选框，即不在平面上岛屿的边缘生成边界。

【忽略倒斜角】：当用户在【边界几何体】对话框中启用【忽略倒斜角】复选框后，系统在创建边界时，将忽略与平面邻接的倒角、圆角和圆面等，即创建的边界将包括与平面邻接的倒角、圆角和圆面等。

【凸边】：【凸边】下拉列表框用来控制刀具相对用户选择平面上凸边的位置。

【凸边】下拉列表框可以控制的刀具位置有两种，一种是【对中】，另外一种是【相切】。当用户在【凸边】下拉列表框中选择【对中】，指定刀具在用户选择平面上的凸边时，刀具中心位于边界上，即刀具中心位于凸边上。当用户在【凸边】下拉列表框中选择【相切】，指定刀具在用户选择平面上的凸边时，刀具相切于边界，即刀具与凸边相切。

当用户在【凸边】下拉列表框中选择【对中】，指定刀具位于凸边上时，外形轮廓和平面上的孔周围的边界显示完整的箭头，表明刀具位置为【对中】。在【凸边】下拉列表框中，系统默认地选择【相切】，指定刀具与凸边相切。

【凹边】：【凹边】下拉列表框用来控制刀具相对用户所选择平面上凹边的位置。

与【凸边】下拉列表框类似，【凹边】下拉列表框可以控制的刀具位置也有两种，分别是【对中】和【相切】。当用户在【凹边】下拉列表框中选择【对中】，指定刀具在用户所选择平面上的凹边时，刀具中心位于边界上，即刀具中心位于凹边上。当用户在【凹边】下拉列表框中选择【相切】，指定刀具在用户所选择平面上的凸边时，刀具相切于边界，即刀具与凹边相切。

当用户在【凹边】下拉列表框中选择【相切】，指定刀具与凹边相切时，平面上岛屿周围的边界显示半边箭头，表明刀具位置为【相切】。在【凹边】下拉列表框中，系统默认选择【相切】，指定刀具与凹边相切。这是因为在铣削凹边时，凹边周围会有竖直相邻面，为了防止铣削掉凹边周围的材料，一般指定刀具与凹边相切。

【移除上一个】：【移除上一个】按钮用来删除已经创建的边界。当新创建的边界不满足设计要求时，用户可以单击【移除上一个】按钮删除边界。

完成上述参数设置后，在【边界几何体】对话框中单击【确定】按钮，系统将返回到【平面铣】对话框。

如果创建的边界不满足铣削加工要求，用户还需要编辑边界，此时可以再次单击【边界几何体】对话框中的【选择或编辑部件边界】按钮，系统将打开如图 5-88 所示的【编辑边界】对话框，系统提示用户"在几个边界间循环或选择一个进行编辑"。用户可以在【编辑边界】对话框中创建永久边界、编辑边界、移除边界、增加新的边界和显示边界信息。

(3) 指定毛坯边界。用户在【平面铣】对话框的【几何体】选项组中单击【选择或编辑毛坯边界】按钮，系统将打开如图 5-89 所示的【边界几何体】对话框，系统提示用户"毛坯边界—选择面"。

指定毛坯边界的【边界几何体】对话框与指定部件边界的【边界几何体】对话框基本相同，只是【几何体类型】下拉列表框中显示的为【毛坯】，而指定部件边界的【边界几何体】对话框中显示为【部件】。指定毛坯边界的方法和指定部件边界的方法相同，用户可以参考前面的内容，这里不再赘述。

图 5-88 【编辑边界】对话框

图 5-89 【边界几何体】对话框

(4) 指定检查边界。用户在【平面铣】对话框的【几何体】选项组中单击【选择或编辑检查边界】按钮，系统仍将打开【边界几何体】对话框，系统提示用户"检查边界—选择面"。指定检查边界的方法和指定部件边界的方法相同，用户可以参考前面的内容，这里不再赘述。

当用户单击【选择或编辑检查边界】按钮，系统打开的【边界几何体】对话框中，【几何体类型】下拉列表框中的显示为【检查】，其他的都与【边界几何体】对话框相同。

(5) 指定修剪边界。用户在【平面铣】对话框的【几何体】选项组中单击【选择或编辑修剪边界】按钮，系统仍将打开【边界几何体】对话框，系统提示用户"修剪边界—选择面"。指定修剪边界的方法和指定部件边界的方法相同，用户可以参考前面的内容，这里不再赘述。

当用户单击【选择或编辑修剪边界】按钮，系统打开的【边界几何体】对话框中，【几何体类型】下拉列表框中显示的为【修剪】，其他的都与【边界几何体】对话框相同。

(6) 指定底面。用户在【平面铣】对话框的【几何体】选项组中单击【选择或编辑底平面几何体】按钮 ，系统将打开如图 5-90 所示的【刨】对话框，系统提示用户"选择对象以定义平面"。

3. 切削模式

【平面铣】对话框的【刀轨设置】中的【切削模式】下拉列表框用来控制刀具轨迹在加工切削区域时的走刀路线。用户可以根据切削区域的特征和切削的加工要求，选择不同的切削模式来控制刀具轨迹的走刀路线，从而切削得到满足加工要求的零件。

如图 5-91 所示，在【平面铣】对话框中的【切削模式】下拉列表框中，系统为用户提供了 8 种切削模式，它们分别是【跟随部件】、【跟随周边】、【轮廓】、【标准驱动】、【摆线】、【单向】、【往复】和【单向轮廓】，这些切削模式的含义、特点及其操作方法分别说明如下。

图 5-90 【刨】对话框

1) 跟随周边

当用户在【切削模式】下拉列表框中选择【跟随周边】时，设置刀具轨迹的模式为跟随周边。【跟随周边】切削模式能够产生一些与轮廓形状相似，而且同心的刀具轨迹，如图 5-92 所示。

图 5-91 【切削模式】下拉列表

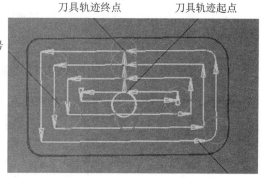

图 5-92 【跟随周边】切削模式

从生成的刀具轨迹可以看到，【跟随周边】切削模式的特点是能够产生一些与轮廓形状相似，而且同心的刀具轨迹。与【往复】切削模式、【单向】切削模式和【单向轮廓】切削模式不同，【跟随周边】切削模式的刀具轨迹由一些封闭的轨迹组成。这是因为【跟随周边】切削模式的刀具轨迹是通过偏置轮廓得到的。

【跟随周边】切削模式和【往复】切削模式类似，在切削过程中能够维持持续地进刀，因此切削加工效率比较高。通常用于一些零件的粗加工，如带有岛屿的零件或者有内腔的零件等。

2) 跟随部件

当用户在【切削模式】下拉列表框中选择【跟随部件】时，设置刀具轨迹的模式为跟随部件。【跟随部件】切削模式又叫沿部件切削的切削模式，它能够产生一些与部件形状相似的刀具轨迹，如

图 5-93 所示。

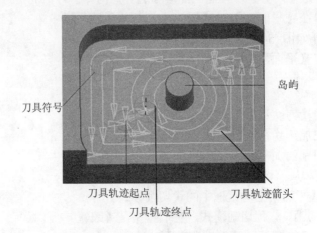

岛屿

刀具符号

刀具轨迹起点

刀具轨迹终点

刀具轨迹箭头

图 5-93   【跟随部件】切削模式

　　从图 5-93 生成的刀具轨迹可以看到，【跟随部件】切削模式的特点是能够产生一些与部件形状相似的刀具轨迹。其与【跟随周边】切削模式类似，【跟随部件】切削模式的刀具轨迹是通过偏置得到的。但不同的是，【跟随周边】切削模式只偏置外围的轮廓形状，而【跟随部件】切削模式不仅偏置外围的轮廓形状，还偏置岛屿和内腔等的形状。

　　图 5-94 所示为在【切削模式】下拉列表框中选择【跟随周边】后生成的刀具轨迹。

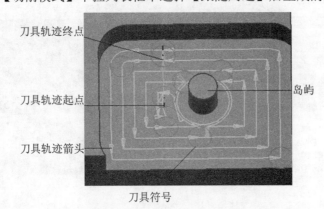

刀具轨迹终点

岛屿

刀具轨迹起点

刀具轨迹箭头

刀具符号

图 5-94   【跟随周边】切削模式

　　比较图 5-93 和图 5-94 可以看出，【跟随周边】切削模式只偏置外围的轮廓形状，刀具轨迹中间偏置的两圈仅仅是为了不将平面上的岛屿铣削；而【跟随部件】切削模式不仅偏置外围的轮廓形状，还偏置岛屿的形状。从图 5-94 可以看出，刀具轨迹中间偏置了三圈，外围轮廓也偏置了三圈。

　　当用户指定的加工几何体上只有一条外形边界几何时，【跟随周边】切削模式和【跟随部件】切削模式生成的刀具轨迹相同。

　　3)　轮廓

　　当用户在【切削模式】下拉列表框中选择【轮廓】时，设置刀具轨迹的模式为轮廓加工，即产生一条或者多条沿轮廓切削的刀具轨迹，如图 5-95 所示。

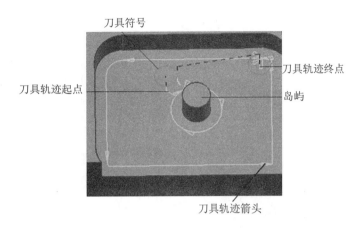

图 5-95 【轮廓】切削模式

从图 5-95 生成的刀具轨迹可以看到，【轮廓】切削模式生成了两条刀具轨迹，一条是沿着平面上岛屿轮廓切削得到的刀具轨迹，一条是沿着部件轮廓切削得到的刀具轨迹。

由于【轮廓】切削模式只沿着轮廓进行切削，因此【轮廓】切削模式一般用于精加工或者半精加工零件的侧壁和外形轮廓。

4) 标准驱动

当用户在【切削模式】下拉列表框中选择【标准驱动】时，设置刀具轨迹的模式为标准驱动，即产生一条或者多条沿轮廓切削的刀具轨迹，如图 5-96 所示。

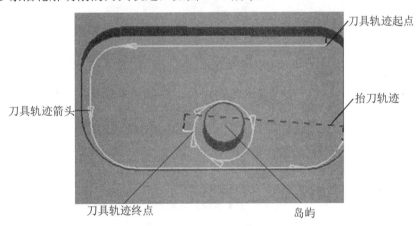

图 5-96 【标准驱动】切削模式

从图 5-96 生成的刀具轨迹可以看到，【标准驱动】切削模式生成了两条刀具轨迹，一条是沿着平面上岛屿轮廓切削得到的刀具轨迹，一条是沿着部件轮廓切削得到的刀具轨迹。

由于【标准驱动】切削模式生成的刀具轨迹允许刀具轨迹之间相交，因此适合于雕花、刻字等轨迹重叠或者相交的铣削加工工序。

5) 摆线

当用户在【切削模式】下拉列表框中选择【摆线】时，设置刀具轨迹的模式为摆线，即产生一些回转的小圆圈刀具轨迹，如图 5-97 所示。

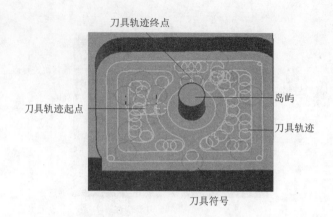

图 5-97　【摆线】切削模式

　　从图 5-97 生成的刀具轨迹可以看到，【摆线】切削模式的特点是能够产生一些回转的小圆圈刀具轨迹。【摆线】切削模式能够避免刀具在切削材料时发生过切现象。此外，【摆线】切削模式的切削负荷比较均匀，所以一般用于高速加工。

　　6)　单向

　　当用户在【切削模式】下拉列表框中选择【单向】时，设置刀具轨迹的模式为单向，即产生一些平行且单向的刀具轨迹，如图 5-98 所示。

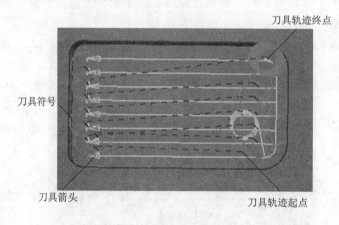

图 5-98　【单向】切削模式

　　从图 5-98 生成的刀具轨迹可以看到，【单向】切削模式的特点是能够产生一些平行且单向的刀具轨迹，但是没有沿部件轮廓的刀具轨迹。从图 5-98 生成的刀具轨迹可以看到，【单向】切削模式生成的刀具轨迹在每一次铣削过程中都有抬刀运动，而在抬刀运动过程中，刀具是不切削材料的，因此切削加工效果比较低。

　　由于【单向】切削模式的加工效果比较低，因此经常用于岛屿表面的精加工和一些不适合【往复】切削模式的零件，如一些陡壁的筋板。

　　7)　往复

　　当用户在【切削模式】下拉列表框中选择【往复】时，设置刀具轨迹的模式为往复，即产生一些平行往复式的刀具轨迹，如图 5-99 所示。

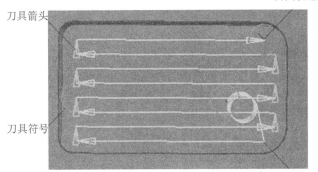

刀具轨迹终点

刀具箭头

刀具符号

刀具轨迹起点

图 5-99 【往复】切削模式

从图 5-99 生成的刀具轨迹可以看到，【往复】切削模式的特点是能够产生一些平行往复式的刀具轨迹，而且刀具轨迹连续，在切削加工过程中没有抬刀运动，因此切削加工效果比较高。此外，【往复】切削模式的刀具轨迹往复交替变化，因此指定顺铣和逆铣都不会改变刀具轨迹，但是会影响壁面清理的切削方向。

由于【往复】切削模式的加工效果比较高，因此经常用于形状较为规则的内腔的粗加工。

8) 单向轮廓

当用户在【切削模式】下拉列表框中选择【单向轮廓】时，设置刀具轨迹的模式为单向轮廓，即产生一些平行单向且沿着加工区域轮廓的刀具轨迹。

由于【单向轮廓】切削模式在行间运动时会产生切削运动，所以加工的壁面质量要比【往复】切削模式和【单向】切削模式好，通常用于加工薄壁零件等。

4. 切削模式的分类

通过上述内容的介绍，用户可以发现，部分切削模式生成的刀具轨迹比较相似。为了便于用户选择合适的切削模式，下面将根据刀具轨迹的形状和切削加工部位的不同，对切削模式进行分类，具体说明如下。

1) 根据刀具轨迹的形状

根据刀具轨迹形状的不同，可以将 8 种切削模式分为如下 3 种。

(1) 平行线的刀具轨迹。生成平行线刀具轨迹的切削模式包括【往复】切削模式、【单向】切削模式和【单向轮廓】切削模式。

(2) 同心的刀具轨迹。生成同心刀具轨迹的切削模式包括【跟随周边】切削模式、【跟随部件】切削模式和【摆线】切削模式。

(3) 沿轮廓产生一条或多条刀具轨迹。沿轮廓产生一条或多条刀具轨迹的切削模式包括【轮廓】切削模式和【标准驱动】切削模式。

2) 根据切削加工部位

根据切削加工部位的不同，可以将 8 种切削模式分为如下两种。

(1) 切削某个区域。切削某个区域的切削模式包括【往复】切削模式、【单向】切削模式、【单向轮廓】切削模式、【跟随周边】切削模式、【跟随部件】切削模式和【摆线】切削模式。

(2) 切削轮廓或者外形。切削轮廓或者外形的切削模式包括【轮廓】切削模式和【标准驱动】切削模式。

5. 参数设置

【平面铣】对话框中的参数设置包括【刀轨设置】、【机床控制】、【程序】、【选项】和【操作】等，这些参数的含义及其设置方法分别说明如下。

1）刀轨设置

在【平面铣】对话框中展开【刀轨设置】选项组，如图 5-100 所示。【刀轨设置】选项组包括【方法】、【切削模式】、【步距】、【切削层】、【切削参数】、【非切削移动】和【进给率和速度】等选项，其中【方法】和【切削模式】这两个选项已经在前文中做了介绍，下面将详细介绍其他几个选项的含义、参数及其操作方法。

（1）步距。步距是指两个刀具轨迹之间的间隔距离。当刀具轨迹为环形线时，步距距离为两条环形线之间的距离，如图 5-101 左图所示的 L。当刀具轨迹为平行线时，步距距离为两条平行刀具轨迹之间的距离，如图 5-101 右图所示的 L。

图 5-100 【刀轨设置】选项组

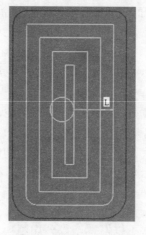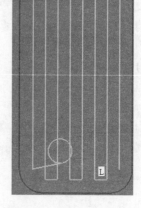

图 5-101 步距

用户可以通过【步距】下拉列表框来设置刀具轨迹的步距距离。【步距】下拉列表框中有 4 个选项，分别是【恒定】、【残余高度】、【刀具平直百分比】及【多个】，这 4 个选项分别说明如下。

① 恒定。当用户在【步距】下拉列表框中选择【恒定】时，指定刀具的步距距离是一个恒定值。此时【步距】下拉列表框下方将显示一个【最大距离】文本框，如图 5-102 所示。用户可以在【最大距离】文本框中输入刀具的步距距离。

系统默认的步距距离为刀具直径的一半，系统通过计算，以数值的形式把步距距离显示在【距离】文本框中。例如，【距离】文本框中的数值为 15，这是因为刀具的直径为 30。

当用户在【步距】下拉列表框中选择【恒定】，并且在【距离】文本框中输入步距距离后，如果步距距离不能均匀分割切削区域时，系统将自动调整步距距离，使步距距离能够均匀分割切削区域。调整后的步距距离比用户指定的步距距离要小一些。

② 残余高度。残余高度是指刀具在切削工件过程中残留在

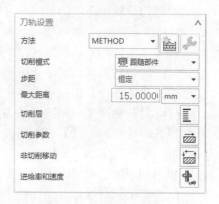

图 5-102 选择【恒定】步距

切削区域中的材料的最大高度。这是因为，刀具在切削工件过程中，难免会在两个刀痕之间留下没有切削的材料，尤其是使用球头刀具时，时常会在两个刀痕之间留下未切削的材料。用户可以通过设置允许的最大残余高度来控制工件切削区域的粗糙度。当用户指定允许的最大残余高度后，系统将自动计算得到刀具的步距距离。

当用户在【步距】下拉列表框中选择【残余高度】时，指定刀具的步距距离根据残余高度计算。此时【步距】下拉列表框下方将显示一个【高度】文本框。用户可以在【高度】文本框中输入允许的最大残余高度。最大残余高度是在垂直于刀具轴线的平面内测量的。当用户加工的表面不平整或为斜面时，加工后实际的最大残余高度可能比用户指定的最大残余高度大，会影响加工工件的粗糙度。

③ 刀具平直百分比。当用户在【步距】下拉列表框中选择【刀具平直百分比】时，指定刀具的步距距离根据刀具直径计算。此时【步距】下拉列表框下方将显示一个【平面直径百分比】文本框，用户可以在【平面直径百分比】文本框中输入百分比。例如，当用户在【平面直径百分比】文本框中输入 20，指定刀具的步距距离为刀具直径的 20%。如果此时刀具直径为 30，那么刀具的步距距离为 6。

【刀具平直百分比】方式是系统默认的指定刀具步距距离的方式，系统默认的百分比为 50，即步距距离为刀具直径的 50%。

④ 多个。当用户在【步距】下拉列表框中选择【多个】时，指定刀具的步距距离是可变的，即刀具轨迹之间的间隔距离是不相同的。根据切削模式的不同，可变步距距离的设置方法也不相同，主要有以下两种情况。

当切削模式生成的刀具轨迹为平行线(如【往复】切削模式、【单向】切削模式和【单向轮廓】切削模式)时，【步距】下拉列表框中的【多个】选项变为【变量平均值】选项。用户在【步距】下拉列表框中选择【变量平均值】后，系统将打开【最大值】和【最小值】文本框。用户在【最大值】和【最小值】文本框中可以分别设置最大步距和最小步距。系统将根据切削区域，自动计算得到刀具的步距距离，该步距距离在用户指定的最大步距和最小步距之间。

当切削模式生成的刀具轨迹为环形线(如【跟随周边】切削模式、【跟随部件】切削模式、【摆线】切削模式、【轮廓加工】切削模式和【标准驱动】切削模式)时，用户在【步距】下拉列表框中选择【多个】后，系统将打开【列表】选项组。

(2) 切削层。当用户在【刀轨设置】选项组中单击【切削层】按钮，系统将打开如图 5-103 所示的【切削层】对话框，系统提示用户"设置切削深度参数"。

在【切削层】对话框中用户可以选择切削深度的类型和切削深度的数值，这些参数的含义及其操作方法说明如下。

① 切削深度的类型。在【类型】下拉列表框中有 5 种深度类型，分别是【用户定义】、【仅底面】、【底面及临界深度】、【临界深度】和【恒定】，这些选项的含义及其操作方法说明如下。

● 当用户在【类型】下拉列表框中选择【用户定义】时，指定切削深度由用户自己定义。当用户在【类型】下拉列表框中选择【用户定义】时，【切削深度参数】对话框中的【最大值】文本框、【最小值】文

图 5-103 【切削层】对话框

本框、【初始】文本框、【最终】文本框和【侧面余量增量】文本框被激活。

- 当用户在【类型】下拉列表框中选择【仅底面】时，指定切削深度仅仅由底部面决定，系统将在底部面创建一个切削层。该选项一般在用户只需要切削加工底部面时选用。当用户在【类型】下拉列表框中选择【仅底面】时，【切削深度参数】对话框中【类型】下拉列表框下方的所有选项都显示为灰色，即不可选用。这是因为，此时不需要用户指定切削深度，系统将根据底部面自动确定切削深度。

- 当用户在【类型】下拉列表框中选择【底面及临界深度】时，指定切削深度由底部面和岛的顶面决定。该选项一般在用户只需要切削加工底部面和岛的顶面时选用。与【仅底面】选项类似，当用户在【类型】下拉列表框中选择【底面及临界深度】时，【切削层】对话框中【类型】下拉列表框下方的所有选项都显示为灰色。

- 当用户在【类型】下拉列表框中选择【临界深度】时，指定切削深度仅仅由岛的顶面决定。系统将在岛的顶面创建一个切削层。

- 当用户在【类型】下拉列表框中选择【恒定】时，指定切削深度由用户指定的固定深度来决定。系统将根据固定深度产生多个切削层。当用户在【类型】下拉列表框中选择【恒定】时，【切削层】对话框中的【最大值】文本框和【侧面余量增量】文本框被激活。

② 切削深度的数值设置。切削深度的数值包括【最大值】文本框、【最小值】文本框、【公共】文本框和【增量侧面余量】文本框。

用户可以在【增量侧面余量】文本框中输入切削加工侧面时的余量增量。侧面余量增量是指刀具在切削第一层时，按照零件余量加工到零件的周边；而在加工第二层时，切削的加工量是零件余量加上侧面余量增量；在加工第三层时，切削的加工量是在第二层的基础上再加上侧面余量增量，其他切削层以此类推。这样加工得到的零件侧面将会带有一定的坡度，即可以加工得到带有一定拔模角的零件。

(3) 切削参数。当用户在【刀轨设置】选项组中单击【切削参数】按钮，系统将打开如图 5-104 所示的【切削参数】对话框，系统提示用户"指定切削参数"。

在【切削参数】对话框中用户可以设置切削策略、切削余量、切削拐角、切削连接、未切削和更多等参数，这些参数的含义及其操作方法说明如下。

① 策略。当用户在【切削参数】对话框中单击【策略】标签，切换到【策略】选项卡，用户可以在该对话框中设置切削方向、切削顺序和图样方向。

在【切削方向】下拉列表框中包括【顺铣】、【逆铣】、【跟随边界】和【边界反向】4 个不同的切削方向，这些切削方向的含义说明如下。

- 当用户在【切削方向】下拉列表框中选择【顺铣】时，指定刀具的切削方向为顺铣，即刀具的进给方向与刀具旋转方向的切线方向相同。

- 当用户在【切削方向】下拉列表框中选择【逆铣】时，指定刀具的切削方向为逆铣，即刀具的进给方向与刀具旋转方向的切线方向相反。

- 当用户在【切削方向】下拉列表框中选择【跟随边界】时，指定刀具的切削方向为跟随边

图 5-104 【切削参数】对话框

界，即刀具的切削方向与边界成员顺序方向相同。

- 当用户在【切削方向】下拉列表框中选择【边界反向】时，指定刀具的切削方向与边界相反，即刀具的切削方向与边界成员顺序方向相反。
- 当用户在【切削模式】下拉列表框中选择【摆线】时，再在【刀轨设置】选项组中单击【切削参数】按钮 ，系统打开的【切削参数】对话框中的【策略】选项卡中没有【切削方向】下拉列表框，即在【摆线】切削模式中，用户不需要指定切削方向，系统将根据用户指定的部件几何和加工刀具等自动确定切削方向。

在【切削顺序】下拉列表框中包括【层优先】和【深度优先】两个选项，这两个切削顺序的含义分别说明如下。

- 当用户在【切削顺序】下拉列表框中选择【层优先】时，指定刀具的切削顺序为层优先，即先完成上一层所有区域内的切削加工，再转而切削下一个切削层内的切削加工。如图 5-105(a) 所示，区域 2 和区域 3 同属于第二个切削层，区域 4、区域 5 和区域 6 属于第三个切削层，因此首先完成第二个切削层内的材料切削，即首先切削区域 2 和区域 3，然后转而切削第三个切削层内的材料，即切削加工第三层的区域 4、区域 5 和区域 6。
- 当用户在【切削顺序】下拉列表框中选择【深度优先】时，指定刀具的切削顺序为深度优先，即先完成同一个切削区域内所有切削深度内的材料加工，再转而切削下一个切削区域。如图 5-105(b)所示，区域 2、区域 3、区域 4、区域 5 和区域 6 同属于一个切削区域，当完成区域 1 的加工后，系统接下来将切削加工另外一个切削区域，即区域 2、区域 3、区域 4、区域 5 和区域 6 内的材料。完成该区域的材料加工后，接下来才会加工区域 7。

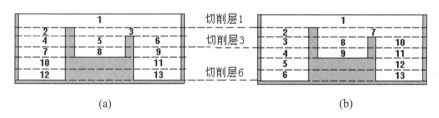

(a)   (b)

图 5-105 层优先和深度优先

在【刀路方向】下拉列表框中包括【向外】和【向内】两个图样方向，这两个图样方向的含义说明如下。

- 当用户在【刀路方向】下拉列表框中选择【向外】时，指定刀具的切削方向为由内向外，即刀具轨迹的起点在切削区域的内部，而刀具轨迹的终点在切削区域的外部，如图 5-106(a)所示。
- 当用户在【刀路方向】下拉列表框中选择【向内】时，指定刀具的切削方向为由外向内，即刀具轨迹的起点在切削区域的外部，而刀具轨迹的终点在切削区域的内部，如图 5-106(b)所示。

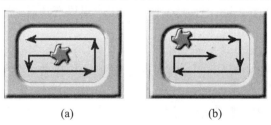

(a)   (b)

图 5-106 向外和向内

当用户在【切削模式】下拉列表框中选择【跟随部件】、【轮廓】和【标准驱动】三个切削模式时，在【刀轨设置】选项中单击【切削参数】按钮，系统打开的【切削参数】对话框中的【策略】选项卡中没有【刀路方向】下拉列表框，即在【跟随部件】切削模式、【轮廓】切削模式和【标准驱动】切削模式中，用户不需要指定图样方向，系统将根据用户指定的部件几何和加工刀具等自动确定图样方向。

② 余量。当用户在【切削参数】对话框中单击【余量】标签，切换到【余量】选项卡时，【切削参数】对话框显示如图 5-107 所示。用户可以在该对话框中设置余量和公差。

③ 拐角。当用户在【切削参数】对话框中单击【拐角】标签，切换到【拐角】选项卡时，【切削参数】对话框显示如图 5-108 所示。用户可以在该对话框中设置拐角处的刀轨形状、圆弧上进给调整和拐角处进给减速。用户可以在【切削参数】对话框中设置凸角、光顺、调整进给率、减速距离等。

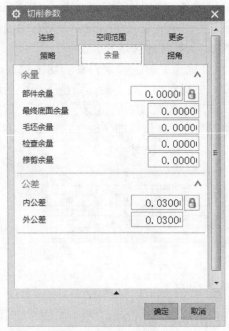 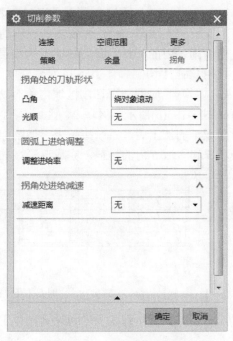

图 5-107　【余量】选项卡　　　　图 5-108　【拐角】选项卡

④ 连接。当用户在【切削参数】对话框中单击【连接】标签，切换到【连接】选项卡时，【切削参数】对话框显示如图 5-109 所示。用户可以在该对话框中设置切削顺序和优化。

⑤ 空间范围。当用户在【切削参数】对话框中单击【空间范围】标签，切换到【空间范围】选项卡时，【切削参数】对话框显示如图 5-110 所示。用户可以在该对话框中设置重叠距离和自动保存边界。

⑥ 更多。当用户在【切削参数】对话框中单击【更多】标签，切换到【更多】选项卡时，【切削参数】对话框显示如图 5-111 所示。用户可以在该对话框中设置部件安全距离、底切和下限平面等参数。

(4) 非切削移动。当用户在【刀轨设置】选项组中单击【非切削移动】按钮，系统将打开如图 5-112 所示的【非切削移动】对话框。

图 5-109　【连接】选项卡

图 5-110　【空间范围】选项卡

图 5-111　【更多】选项卡

图 5-112　【非切削移动】对话框

在【非切削移动】对话框中用户可以设置进刀、退刀、起点/钻点、转移/快速、避让和更多等参数，这些参数的含义及其操作方法说明如下。

① 进刀。当用户在【非切削移动】对话框中单击【进刀】标签，切换到【进刀】选项卡时，用户可以在该对话框中设置【封闭区域】、【开放区域】、【初始封闭区域】和【初始开放区域】的进刀运动参数。

② 退刀。在【退刀类型】下拉列表框中，用户可以设置的类型包括【与初始进刀相同】、【线性】、【线性-相对于切削】、【圆弧】、【点】、【抬刀】、【线性-沿矢量】、【角度 角度 平面】、【矢量平面】和【无】，如图 5-113 所示。

③ 起点/钻点。当用户在【非切削移动】对话框中单击【起点/钻点】标签，切换到【起点/钻点】选项卡时，【非切削移动】对话框显示如图 5-114 所示。用户可以在该对话框中设置【重叠距离】、【默认区域起点】和【预钻孔点】等参数。

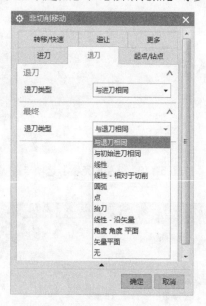

图 5-113 【退刀类型】下拉列表

图 5-114 【起点/钻点】选项卡

④ 转移/快速。当用户在【非切削移动】对话框中单击【转移/快速】标签，切换到【转移/快速】选项卡时，【非切削移动】对话框显示如图 5-115 所示。用户可以在该对话框中设置【区域之间】、【区域内】和【初始和最终】等选项组中的参数。

⑤ 避让。当用户在【非切削移动】对话框中单击【避让】标签，切换到【避让】选项卡时，【非切削移动】对话框显示如图 5-116 所示。用户可以在该对话框中设置【出发点】、【起点】、【返回点】和【回零点】等选项组中的参数。

⑥ 更多。当用户在【非切削移动】对话框中单击【更多】标签，切换到【更多】选项卡时，【非切削移动】对话框显示如图 5-117 所示。用户可以在该对话框中设置【碰撞检查】和【刀具补偿】的相关参数。

启用【碰撞检查/跟踪数据】复选框可以检测与部件几何体和检查几何体的碰撞。所有适用的余量和安全距离都添加到部件和检查几何体中用于碰撞检查。软件始终会尝试后备移动，如果原移动过切，则可避免碰撞。如果不能进行无过切移刀运动，则会发出警告。取消启用该复选框可关闭碰撞检查。如果取消启用此复选框，则软件允许过切的进刀、退刀和移刀。

(5) 进给率和速度。当用户在【刀轨设置】选项组中单击【进给率和速度】按钮 ，系统将打开如图 5-118 所示的【进给率和速度】对话框。

图 5-115　【转移/快速】选项卡

图 5-116　【避让】选项卡

图 5-117　【更多】选项卡

图 5-118　【进给率和速度】对话框

在【进给率和速度】对话框中用户可以设置【自动设置】、【主轴速度】和【进给率】等参数，这些参数的含义及其操作方法说明如下。

① 自动设置。在【自动设置】选项组中，用户可以设置【表面速度】和【每齿进给量】等参数。表面速度是指刀具的切削速度，每齿进给就是在切削过程中每一个齿的进给量。如果用户不想设置刀具的切削速度和每一个齿的进给量，还可以单击【自动设置】选项组中的【设置加工数据】按钮，系统将根据用户指定加工刀具和该刀具的线速度推荐值，自动计算出主轴转速和切削进给。

② 主轴速度。在【主轴速度】选项中，用户可以设置【主轴速度】、【输出模式】和【方向】

等参数，这些参数的含义及其操作方法说明如下。

用户可以手动在【主轴速度】文本框内输入数值，也可以单击【自动设置】选项组中的【设置加工数据】按钮，让系统自动设置主轴速度。

在【输出模式】下拉列表框中包括 RPM、SFM、SMM 和【无】；在【方向】下拉列表框中包括【无】、【顺时针】和【逆时针】3 个选项。

③ 进给率。在【进给率】选项组中，用户可以设置【切削】、【更多】和【单位】等参数，这些参数的含义及其操作方法说明如下。

- 用户可以手动在【切削】文本框内输入切削速度的数值，还可以在【切削】文本框右侧的下拉列表框中选择切削速度的单位。
- 在【更多】选项组中列出了刀具的各种运动，如快进、逼近、进刀、第一刀切削、单步执行、移刀、退刀、离开等。用户可以直接在各种运动相应的文本框内输入数值，并选择运动速度的单位。
- 用户可以设置非切削单位和切削单位。在【设置非切削单位】下拉列表框和【设置切削单位】下拉列表框中都包括【无】、mmpm 和 mmpr 3 个选项。
- 当用户完成【步距】、【切削层】、【切削参数】、【非切削移动】和【进给率和速度】等选项的参数设置后，接下来可以设置【机床控制】选项组。

2) 机床控制

展开【机床控制】选项组、【选项】选项组和【操作】选项组，此时【平面铣】对话框显示如图 5-119 所示。

在【机床控制】选项组中用户可以复制和编辑开始刀轨事件与结束刀轨事件，复制和编辑刀轨事件的方法说明如下。

(1) 复制刀轨事件。当用户在【机床控制】选项组中单击【复制自...】按钮，系统将打开图 5-120 所示的【后处理命令重新初始化】对话框。

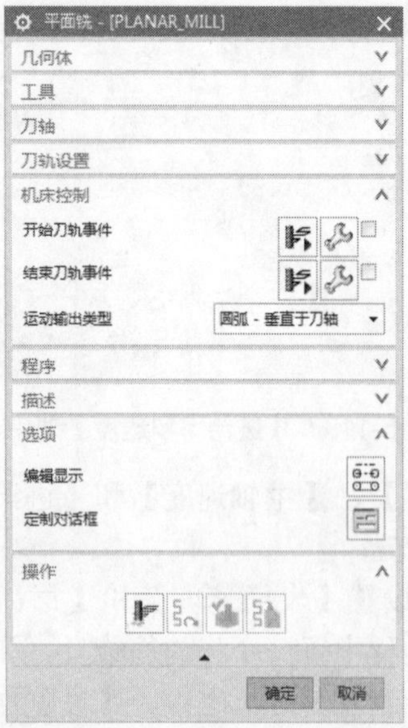

图 5-119 【平面铣】对话框

图 5-120 【后处理命令重新初始化】对话框

用户可以在【后处理命令重新初始化】对话框中设置加工模板、加工类型和加工子类型等。用户直接在下拉列表框中选择合适的选项即可。

(2) 编辑刀轨事件。当用户在【机床控制】选项组中单击【编辑】按钮，系统将打开【用户定义事件】对话框。

用户可以在【用户定义事件】对话框中定义事件，并且可以对定义事件进行【删除】、【切削】、【粘贴】、【编辑】和【列表】等操作。

用户可以首先在【用户定义事件】对话框中的【可用的列表】列表框中选择一个合适的事件。选择合适的事件后，该事件将显示在【定义的列表】列表框中。用户可以对该事件进行【删除】、【切削】、【粘贴】、【编辑】和【列表】等操作。

3) 选项

当用户在【选项】选项组中单击【编辑显示】按钮，系统将打开如图 5-121 所示的【显示选项】对话框。

用户可以在【显示选项】对话框中指定刀具轨迹的颜色、刀具的显示形式、刀轨显示的形式、刀具运动的快慢以及其他一些过程显示参数，这些选项的含义及其设置方法分别说明如下。

图 5-121 【显示选项】对话框

(1) 刀具轨迹的颜色。当用户在【显示选项】对话框中单击【刀轨显示颜色】按钮，系统将打开【刀轨显示颜色】对话框。

(2) 刀具显示。在【显示选项】对话框中，【刀具显示】下拉列表框中有 3 种刀具形式，分别是【无】、2D 和 3D，这 3 个选项的含义说明如下。

- 当用户在【刀具显示】下拉列表框中选择【无】时，指定在刀具轨迹中不显示刀具。
- 当用户在【刀具显示】下拉列表框中选择 2D 时，指定在刀具轨迹中，以二维形式显示刀具。
- 当用户在【刀具显示】下拉列表框中选择 2D 时，【刀具显示】下拉列表框下方出现【频率】文本框。【频率】文本框用来指定刀具在刀具轨迹中的显示频率。例如，输入 5，则在刀具轨迹上每 5 个点刀具显示一次。由此可知，数值越大，刀具在刀具轨迹中显示的次数越少。反之，刀具在刀具轨迹中显示的次数越多。
- 当用户在【刀具显示】下拉列表框中选择 3D 时，指定在刀具轨迹中，以三维形式显示刀具。

(3) 刀轨显示。在【显示选项】对话框中，【刀轨显示】下拉列表框中有 5 种刀轨显示形式，分别是【实线】、【虚线】、【轮廓线】、【填充】和【轮廓线填充】。

(4) 速度。在【显示选项】对话框中，用户可以通过拖动滑块来指定刀具速度的快慢，即改变刀具在模拟切削过程中的速度。向左拖动可以减小刀具速度，向右可以加快刀具速度，其中 1 最慢，10 最快。

(5) 更多。在【显示选项】对话框中展开【更多】选项组。用户可以在【更多】选项组中设置刀具轨迹的【进给率】、【箭头】和【行号】。

完成上述刀具轨迹的显示参数设置后，用户可以返回【平面铣】对话框。

4) 操作

在【操作】选项组中用户可以对刀具轨迹进行【生成】、【重播】、【确认】和【列表】等操作，这些操作方法说明如下。

（1）生成。在【平面铣】对话框中完成各参数的设置后，用户就可以通过单击【生成】按钮 来生成刀具轨迹。

（2）重播。当用户完成平面铣操作的参数设置，并且生成刀具轨迹后，就可对已经生成的刀具轨迹进行重播。在重播过程中，用户可以观察刀具切削材料的全过程。

（3）验证。验证是在计算机中模拟刀具切削材料的整个过程，它通过可视化的方式，十分逼真地模拟了刀具实际切削材料的过程。用户可以验证刀具轨迹和切削后的零件形状是否正确，验证几何零件是否产生了过切、有无剩余材料等。它的优点是能够在实际切削加工前发现问题，从而避免加工后的工件报废，节省了原材料。此外，还能节省生产时间，实际切削需要几个小时完成的切削过程，在计算机上不到一分钟就可以完成。

（4）列表。列表是在文件中列出已生成刀具轨迹的相关信息，如刀具轨迹的操作名称、加工刀具、刀具的进给速度、刀具轨迹的显示颜色、GOTO 命令、机床控制和辅助说明等。

5.3.2 面铣削加工

行业知识链接：铣床除能铣削平面、沟槽、轮齿、螺纹和花键轴外，还能加工比较复杂的型面，效率较刨床高，在机械制造和修理部门得到广泛应用。图 5-122 所示是异形面铣刀。

图 5-122 异形面铣刀

1. 概述

1）面铣削加工概述

面铣削加工适合于加工实体上平的表面，如体上的块表面。当用户选择表面后，系统将自动识别几何形状，确定切削区域。用户可以通过直接选择需要加工的面来指定面几何，也可以通过选择已经存在的曲线和边来指定面几何，还可以通过指定一系列的点来指定面几何。指定面几何后，可以很方便地生成边界。

图 5-123 面铣削加工的典型零件

适合于面铣削加工的零件如图 5-123 所示。

使用面铣削有如下几个优点。

（1）交互操作非常简单，原因是用户只需选择所有要加工的面并指定要从各个面的顶部移除的余量即可。

（2）区域互相靠近且高度相同时，它们就可以一起加工，这样就因消除了某些进刀和退刀移动而节省了时间。合并区域还会生成最有效的刀轨，原因是刀具在切削区域之间移动不太远。

（3）面铣削提供一种描述需要从所选面的顶部移除的余量的快速简单方法。余量是自面向上而非自顶向下的方式进行建模的。

（4）使用"面铣削"可轻松地加工实体上的平面。

（5）创建区域时，系统将面所在的实体识别为部件几何体。如果实体被选为部件，用户可以使用过切检查来避免过切部件。

(6) 刀具将完全切过固定垫块，并在抬刀前完全清除部件。

(7) 跨空区域切削时，用户可以使刀具保持切削状态而无须执行任何抬刀操作。

2) 面铣削操作的创建方法

用户可以在【插入】工具条中单击【创建工序】按钮 ，创建一个面铣削操作，具体方法说明如下。

(1) 在【插入】工具条中单击【创建工序】按钮 ，打开如图 5-124 所示的【创建工序】对话框，系统提示用户"选择类型、子类型、位置，并指定工序名称"。

(2) 在【创建工序】对话框中，在【类型】下拉列表框中选择 mill_planar，在【工序子类型】中有三种面铣削加工类型。这 3 种类型介绍如下。

当用户在【工序子类型】选项组中选择【使用边界面铣削】 加工类型时，需要指定部件几何、面(毛坯边界)、检查边界和检查几何等。

当用户在【工序子类型】选项组中选择【手工面铣削】 加工类型时，需要指定所有类型的几何，如部件几何、毛坯几何、检查几何、修剪几何和切削区域等，切削类型为混合型。

(3) 在【程序】、【刀具】、【几何体】和【方法】下拉列表框中分别选择面铣削操作的【程序】、【刀具】、【几何体】和【方法】，最后在【名称】文本框中输入操作名，或者直接使用系统默认的名称。

(4) 完成上述操作后，在【创建工序】对话框中单击【确定】按钮，打开如图 5-125 所示的【面铣】对话框，系统提示用户"指定参数"。

图 5-124 【创建工序】对话框

图 5-125 【面铣】对话框

(5) 在【几何体】选项组中，指定面铣削操作的几何体，如部件几何、面边界、检查几何、检查边界等。

(6) 在【刀轨设置】选项组中，指定面铣削操作的铣削方法和切削模式。设置面铣削操作的其他相关参数，如步距、百分比、切削参数、非切削移动和进给速度等。

(7) 在【选项】选项组中，设置刀具轨迹的显示参数，如刀具轨迹的颜色、轨迹的显示速度、刀具的显示形式和显示前是否刷新等。

(8) 单击【操作】选项组中的【生成】按钮📄，生成刀具轨迹。

(9) 单击【操作】选项组中的【确认】按钮🖥，验证几何零件是否产生了过切、有无剩余材料等。

(10) 完成上述操作后，在【平面铣】对话框中单击【确定】按钮，关闭【平面铣】对话框，完成面铣削操作的创建工作。

2. 加工几何体

用户在创建一个面铣削操作时，需要指定 5 个不同类型的加工几何体，包括几何体、部件几何、切削区域、检查体、检查边界和壁几何体等。这些加工几何体的含义及其指定方法分别说明如下。

当用户在【创建工序】对话框的【工序子类型】选项组中选择【手工面铣削】🔩加工类型时，打开【手工面铣削】对话框，其【几何体】选项组显示如图 5-126 所示。当用户在【创建工序】对话框的【工序子类型】选项组中选择【使用边界面铣削】🔩加工类型时，【平面铣】对话框中【几何体】选项组显示如图 5-127 所示。

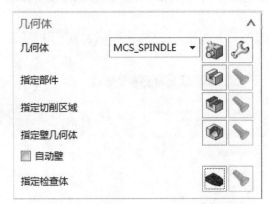

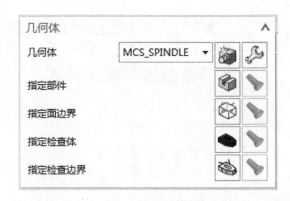

图 5-126 【手工面铣削】的【几何体】选项组　　图 5-127 【使用边界面铣削】的【几何体】选项组

1) 几何体

几何体是铣削加工的主要组成部分，一般包含加工坐标系(MCS)、毛坯几何(Blank Geometry)和部件几何(Part Geometry)等信息。具体的指定方法与【平面铣】操作的指定方法相同。

2) 部件几何

部件几何用来指定平面铣削加工的几何对象，它定义了刀具的走刀范围。

当用户在【几何体】选项组中单击【选择或编辑部件几何体】按钮🧊时，系统将打开如图 5-128 所示的【部件几何体】对话框，系统提示用户"选择部件几何"，在【部件几何体】对话框中，用户需要指定部件几何体的操作模式和过滤方式等参数。

3) 切削区域

当用户在【几何体】选项组中单击【选择或编辑切削区域几何体】按钮🧊时，系统将打开如图 5-129 所示的【切削区域】对话框，系统提示用户"选择切削区域几何体"。 在【切削区域】对话框中，用户可以指定部件几何体的操作模式、选择选项和过滤方法等参数。

图 5-128　【部件几何体】对话框

图 5-129　【切削区域】对话框

4) 壁几何体

当用户在【几何体】选项组中单击【选择或编辑壁几何体】按钮 时，系统将打开如图 5-130 所示的【壁几何体】对话框，系统提示用户"选择壁几何体"。【壁几何体】对话框中的选项和【切削区域】对话框的选项基本相同，因此这里不再介绍。

5) 检查体

检查体代表夹具或者其他一些不能铣削加工的体。在指定加工几何体时，为了避免刀具在切削加工过程中与夹具或者其他物体发生碰撞，可以将夹具或者其他物体设为检查体。

当用户在【几何体】选项组中单击【选择或编辑检查几何体】按钮 时，系统将打开【检查几何体】对话框。【检查几何体】对话框中的参数和【部件几何体】对话框中的参数相同，【部件几何体】对话框已经在前文中做了介绍，这里不再赘述。

6) 检查边界

当用户在【几何体】选项组中单击【选择或编辑检查边界】按钮 时，系统将打开如图 5-131 所示的【检查边界】对话框，系统提示用户"选择一个面"。

图 5-130　【壁几何体】对话框

图 5-131　【检查边界】对话框

在【检查边界】对话框中，用户可以选择过滤器类型、点方法、类选择、忽略几何、指定平面类型和定制数据等。

过滤器类型有 3 种，分别是【面】边界、【曲线】边界和【点】边界，这 3 种类型的含义分别说明如下。

(1) 面。当用户在【选择方法】选项中单击【面】选项时，指定系统以平面方式创建检查边界。这是系统默认的【过滤器类型】选项参数。

(2) 曲线。当用户在【选择方法】选项中单击【曲线】选项时，指定系统以曲线或者边方式创建检查边界。

(3) 点。当用户在【选择方法】选项中单击【点】选项时，指定系统以点方式创建检查边界。

用户在【选择方法】选项组中选择过滤器类型后，【检查边界】对话框中的部分选项将被激活，而且在【边界】选项组中选择的过滤器类型不同，被激活的选项也不完全相同。

3. 切削模式

如图 5-132 所示，在面铣削的【平面铣】对话框中，【切削模式】下拉列表框中包括 8 种切削模式，它们分别是【跟随部件】、【跟随周边】、【混合】、【轮廓】、【摆线】、【单向】、【往复】和【单向轮廓】。

与平面铣削的【平面铣】对话框中的【切削模式】下拉列表框相比，缺少了【标准驱动】切削模式，增加了【混合】切削模式。由于【往复】、【单向轮廓】、【跟随周边】、【跟随部件】、【摆线】和【轮廓】这 6 种切削模式的含义与【平面铣】操作相同，下面只介绍【单向】和【混合】切削模式。

图 5-132　【切削模式】列表

1) 单向

当用户在【切削模式】下拉列表框中选择【单向】时，设置刀具轨迹的模式为单向，即产生一些平行且单向的刀具轨迹。在【平面铣】对话框中，【单向】切削模式是系统默认的切削模式。

2) 混合

当用户在【切削模式】下拉列表框中选择【混合】时，用户可以在不同的切削区域采用不同的切削模式。用户可以按照自己的加工要求，根据切削区域的形状选择合适的切削模式，以便提高加工质量和加工效率。

4. 参数设置

面铣削的【平面铣】对话框中的参数设置包括【刀轨设置】、【机床控制】、【程序】、【选项】和【操作】等，这些参数的含义及其设置方法大部分与平面铣削的【平面铣】对话框中的含义及其设置方法相同，这里不再赘述。下面仅对不相同的一些参数进行介绍，不相同的参数主要有【毛坯距离】、【每刀切削深度】、【最终底部面余量】和【切削参数】等，如图 5-133 所示。这些参数的含义及其设置方法分别说明如下。

1) 毛坯距离

【毛坯距离】文本框用来指定形成毛坯时的偏置距离或者毛坯表面距加工表面的距离，如图 5-134 所示。

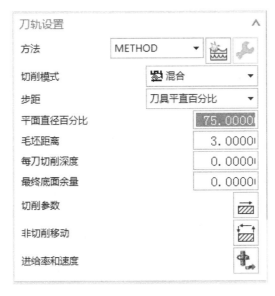

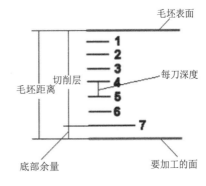

图 5-133　【刀轨设置】选项组　　　图 5-134　毛坯距离、每刀深度和底部面余量

2）每刀深度

【每刀切削深度】文本框用来指定刀具每一次切削时的加工深度。系统将根据每刀深度来计算切削层的数量，具体的计算公式如下：

$$切削层数量=(毛坯距离-底部面余量)÷每刀深度$$

3）最终底部面余量

【最终底部面余量】文本框用来指定刀具完成切削后，工件底面尚未切削的材料量。

4）切削参数

当用户在【刀轨设置】选项组中单击【切削参数】按钮 时，系统将打开如图 5-135 所示的【切削参数】对话框，提示用户"指定切削参数"。

在【切削参数】对话框中用户可以设置切削策略、切削余量、切削拐角、切削连接、切削空间范围和更多等参数，这些参数的含义及其操作方法与平面铣削的【平面铣】对话框中的含义及其设置方法相同，这里不再赘述。下面仅对【切削参数】对话框中的【切削区域】选项组中的参数含义进行说明。

【切削区域】选项组包括【毛坯距离】文本框、【延伸到部件轮廓】复选框、【合并距离】文本框、【简化形状】下拉列表框和【刀具延展量】文本框。其中，【毛坯距离】文本框已经在上文做了介绍，下面仅对【延伸到部件轮廓】、【合并距离】、【刀具延展量】和【简化形状】进行说明。

(1)【延伸到部件轮廓】：启用该复选框，允许用户将选定的面延伸到部件边缘。

(2)【合并距离】：允许以单个刀轨加工两个或多个面以减少进刀和退刀。

(3)【刀具延展量】：毛坯延展是指允许刀具沿着切削区域的边缘延伸的最大距离。用户可以通过输入一个百分比来指定毛坯延展的距离，系统将该百分比乘以刀具直径就是毛坯延展的距离。设置小于 100% 的刀具直径的毛坯延展距离，可以减少刀具非切削运动的时间，提高加工效率。

(4)【简化形状】：如图 5-136 所示，在【简化形状】下拉列表框中包括【无】、【凸包】和【最小包围盒】，这 3 个选项的含义分别说明如下。

图 5-135 【切削参数】对话框　　　　　　　图 5-136 【简化形状】下拉列表

① 无。当用户在【简化形状】下拉列表框中选择【无】，指定刀具在生成刀具轨迹时，不简化形状，按照用户指定的切削区域的形状生成刀具轨迹，如图 5-137(a)所示。

② 凸包。当用户在【简化形状】下拉列表框中选择【凸包】，指定刀具在生成刀具轨迹时，把切削区域的形状简化为一个凸包，然后在这个凸包范围内生成刀具轨迹，如图 5-137(b)所示。

③ 最小包围盒。当用户在【简化形状】下拉列表框中选择【最小包围盒】，指定刀具在生成刀具轨迹时，在切削区域的周围形成一个最小包围盒，然后在这个最小包围盒内生成刀具轨迹，如图 5-137(c)所示。

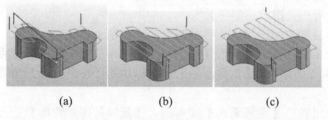

(a)　　　　　　　　(b)　　　　　　　　(c)

图 5-137 简化形状

课后练习

案例文件：ywj\05\01.prt 及所有模具文件

视频文件：光盘\视频课堂\第 5 教学日\5.3

练习案例的分析如下。

本课课后练习创建连接件模型的平面和面铣削工序，平面铣削包括面铣削，面铣削具有特定范围，没有加工高度的限制。图 5-138 所示是完成的连接件面铣削刀路。

本课案例主要练习 NX 加工模块的平面和面铣削工序，在创建的时候要注意区别两种不同的铣削方法。创建连接件面铣削刀路的思路和步骤如图 5-139 所示。

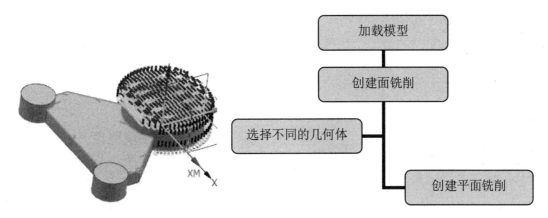

图 5-138　完成的连接件面铣削刀路　　　　图 5-139　创建连接件面铣削刀路的步骤

练习案例的具体操作步骤如下。

step 01 加载模型，选择【文件】|【打开】命令，打开连接件模型，如图 5-140 所示。

step 02 创建面铣削，单击【插入】工具条中的【创建工序】按钮，弹出【创建工序】对话
框，选择【使用边界面铣削】按钮，单击【确定】按钮，创建面铣削工序，如图 5-141
所示。

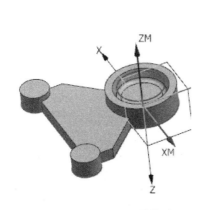

图 5-140　打开连接件模型

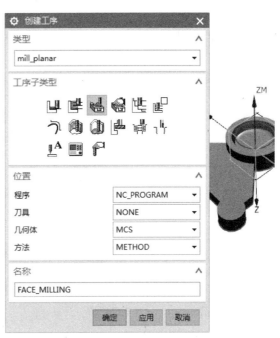

图 5-141　创建面铣削工序

step 03 在弹出的【面铣】对话框中，设置切削参数，如图 5-142 所示。

step 04 在【面铣】对话框中单击【选择或编辑部件几何体】按钮，弹出【部件几何体】对话
框，选择部件几何体，如图 5-143 所示。

图 5-142　设置切削参数　　　　　　　　图 5-143　选择部件几何体

step 05 在【面铣】对话框中单击【选择或编辑面几何体】按钮⊗，弹出【毛坯边界】对话框，
设置毛坯边界，如图 5-144 所示。

step 06 在【面铣】对话框中单击【选择或编辑检查几何体】按钮◆，弹出【检查几何体】对话
框，设置检查几何体，如图 5-145 所示。

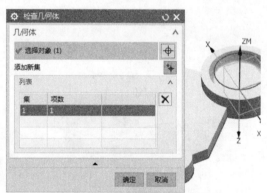

图 5-144　设置毛坯边界　　　　　　　　图 5-145　设置检查几何体

step 07 在【面铣】对话框的【工具】选项组中，单击【新建】按钮，弹出【新建刀具】对话
框，选择面铣刀，如图 5-146 所示。

step 08 在弹出的【铣刀-T 型刀】对话框中，设置刀具参数，如图 5-147 所示，单击【确定】按
钮，完成刀具参数的设置。

图 5-146　选择面铣刀

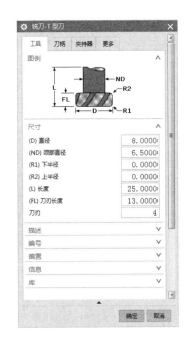

图 5-147　设置刀具参数

step 09 单击【面铣】对话框的【操作】选项组中的【生成】按钮 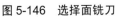，生成刀具轨迹，如图 5-148 所示。

step 10 创建平面铣削，单击【插入】工具条中的【创建工序】按钮，弹出【创建工序】对话框，选择【平面铣】按钮，选择几何体，单击【确定】按钮，创建平面铣削工序，如图 5-149 所示。

图 5-148　生成刀具轨迹

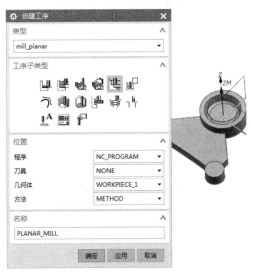

图 5-149　创建平面铣削工序

step 11 在弹出的【平面铣】对话框中，设置平面铣削工序参数，如图 5-150 所示。

step 12 在【平面铣】对话框中单击【选择或编辑部件边界】按钮，弹出【边界几何体】对话框，设置部件边界，如图 5-151 所示。

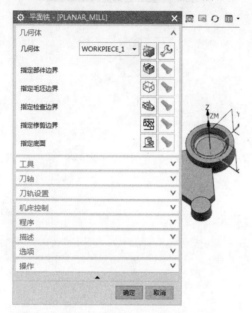

图 5-150　设置平面铣削工序参数

图 5-151　设置部件边界

step 13　在【平面铣】对话框中单击【选择或编辑毛坯边界】按钮⬡，弹出【边界几何体】对话框，设置毛坯边界，如图 5-152 所示。

step 14　在【平面铣】对话框中单击【选择或编辑底平面几何体】按钮🔲，弹出【刨】对话框，设置底面，如图 5-153 所示。

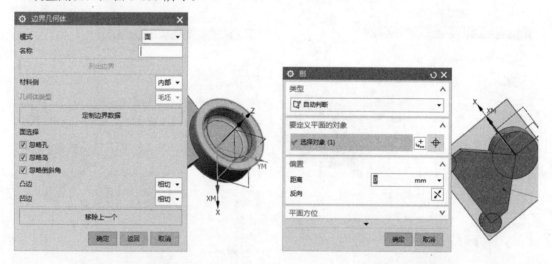

图 5-152　设置毛坯边界　　　　　　　　图 5-153　设置底面

step 15　在【平面铣】对话框的【工具】选项组中，单击【新建】按钮🔧，弹出【新建刀具】对话框，创建普通铣刀，如图 5-154 所示。

step 16　在弹出的【铣刀-5 参数】对话框中，设置刀具参数，如图 5-155 所示，单击【确定】按钮，完成刀具的参数设置。

图 5-154　创建普通铣刀

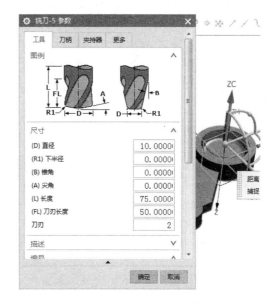

图 5-155　设置刀具参数

step 17　单击【平面铣】对话框的【操作】选项组中的【生成】按钮 ，生成刀具轨迹，如图 5-156 所示。

step 18　完成加工设置的连接件面铣削刀路，如图 5-157 所示。

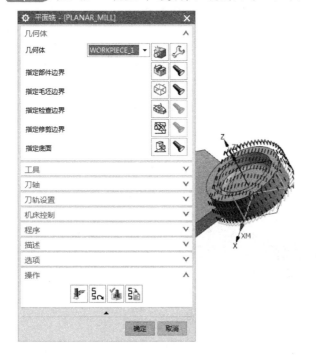

图 5-156　生成刀具轨迹

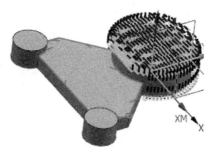

图 5-157　完成的连接件面铣削刀路

机械设计实践：动力部件是为组合机床提供主运动和进给运动的部件，主要有铣削动力头、动力箱、切削头、镗刀头和动力滑台，铣削头属于动力部件。支承部件是用以安装动力滑台、带有进给机构的切削头或夹具等的部件，有侧底座、中间底座、支架、可调支架、立柱和立柱底座等。图 5-158 所示是铣削刀具在铣削工作面的刀路。

图 5-158　铣削刀路

第4课 [2课时] 型腔铣削

5.4.1　型腔铣削加工

行业知识链接：型腔是 CNC 铣床、加工中心中常见的铣削加工内结构。铣削型腔时，需要在由边界线确定的一个封闭区域内去除材料，该区域由侧壁和底面围成，其侧壁和底面可以是斜面、凸台、球面以及其他形状。图 5-159 所示是型腔铣削的刀路示意图。

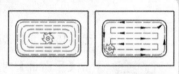

图 5-159　型腔铣削的刀路

1. 概述

1) 型腔铣削加工概述

型腔铣削加工可以在某个面内切除曲面零件的材料，特别是平面铣不能加工的型腔轮廓或区域内的材料。型腔铣削加工经常用来在精加工之前对某个零件进行粗加工。型腔铣削可以加工侧壁与底面不垂直的零件，还可以加工底面不是平面的零件。此外，型腔铣削还可以加工模具的型腔或者型芯。适合于型腔铣削加工的典型零件如图 5-160 所示。

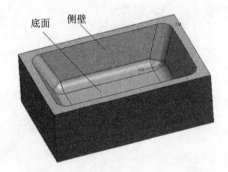

图 5-160　型腔铣削加工的典型零件

如图 5-160 所示，适合于型腔铣削加工的零件的侧壁可以与底面不垂直，而且零件的底面也可以不是平面。虽然型腔铣削加工的刀具轴线方向相对工件也不发生变化，但因为它的刀轴只需要垂直于切削层，而不一定要垂直于零件底平面，所以可以加工侧面与底面不垂直的零件，而平面铣削加工却不能加工侧面与底面不垂直的零件。

2) 型腔铣削和平面铣削的比较

型腔铣削加工和平面铣削加工有很多相同点和不同点,为了较好地掌握型腔铣削的特点,区分型腔铣削和平面铣削的不同点,下面将分别说明型腔铣削加工和平面铣削加工的相同点和不同点。

型腔铣削加工和平面铣削加工的相同点主要有以下 5 点。

(1) 型腔铣削加工和平面铣削加工的创建步骤基本相同,都需要在【创建工序】对话框中定义部件几何、指定加工刀具、设置刀轨参数和生成刀具轨迹。

(2) 型腔铣削加工和平面铣削加工的刀具轴线都垂直于切削层平面,并且在该平面内生成刀具轨迹。

(3) 型腔铣削加工和平面铣削加工的切削模式基本相同,都包括【往复】、【单向】、【单向轮廓】、【跟随周边】、【跟随部件】、【轮廓】等切削模式(型腔铣工序中没有标准驱动铣)。

(4) 在创建型腔铣削工序和平面铣削工序时,定义几何体、指定加工刀具、设置【步距】、【切削参数】、【非切削移动】、【进给率和速度】、【机床】和【显示选项】等参数的方法基本相同。

(5) 完成参数设置后,型腔铣削工序和平面铣削工序的刀具轨迹的生成方法和验证方法基本相同。

型腔铣削加工和平面铣削加工的不同点主要有以下 5 点。

(1) 型腔铣削工序的刀具轴线只需要垂直于切削层平面,而平面铣削工序的刀具轴线不仅需要垂直于切削层平面,还需要垂直于部件底面。因此,平面铣削工序适合于加工侧面与底面垂直的、或岛屿顶部和腔槽底部为平面的零件;而型腔铣削工序却可以用来加工侧面与底面不垂直的、或岛屿顶部和腔槽底部为曲面的零件。

(2) 型腔铣削工序一般用于零件的粗加工;而平面铣削工序既可以用于零件的粗加工,也可以用于精加工。

(3) 型腔铣削工序可以通过任何几何对象,包括体、曲面区域和面(曲面或平面)等来定义加工几何体;而平面铣削工序只能通过边界来定义加工几何体,边界可以是曲线、点和平面上的边界,也可以通过选择永久边界来定义。

(4) 型腔铣削工序通过部件几何体和毛坯几何体来确定切削深度;而平面铣削工序却是通过部件边界和底面之间的距离来确定切削深度的。

(5) 型腔铣削工序不需要用户指定部件底面,但是需要用户指定切削区域;而平面铣削工序需要用户指定部件底面,切削区域通过边界来确定。

2. 创建工序

创建型腔铣削工序的一般方法说明如下。

1) 打开【创建工序】对话框

在【插入】工具条中单击【创建工序】按钮,打开如图 5-161 所示的【创建工序】对话框,系统提示用户"选择类型、子类型、位置,并指定工序名称"。

2) 选择类型和子类型

在【创建工序】对话框中,在【类型】下拉列表框中选择 mill_contour,指定为型腔铣加工工序模板,此时,在【工序子类型】选项组中将显示多种工序子类型的按钮。型腔铣削工序子类型最常用的就是【型腔铣】、【插铣】、【拐角粗加工】、【剩余铣】、【深度轮廓加工】和【固定轮廓铣】

等。其中，【型腔铣】按钮🖱️是最基本的工序子类型，单击该按钮基本上可以满足一般的型腔铣加工要求，其他的一些加工方式都是在此加工方式之上改进或演变而来的。

3) 指定工序的位置和工序名称

在【程序】、【刀具】、【几何体】和【方法】下拉列表框中分别选择型腔铣削工序的【程序】、【刀具】、【几何体】和【方法】，最后在【名称】文本框中输入工序名，或者直接使用系统默认的名称。

4) 打开【型腔铣】对话框

完成上述工序后，在【创建工序】对话框中单击【确定】按钮，打开如图 5-162 所示的【型腔铣】对话框，系统提示用户"指定参数"。

图 5-161 【创建工序】对话框

图 5-162 【型腔铣】对话框

5) 指定几何体

在【几何体】选项组中，指定型腔铣削工序的几何体，如几何体、部件边界、毛坯边界、检查边界、切削区域和修剪边界等。

6) 指定铣削方法和切削模式

在【刀轨设置】选项组中，指定型腔铣削工序的铣削方法和切削模式。设置型腔铣削工序的其他相关参数，如步距、百分比、切削层、切削参数、非切削移动和进给速度等。

7) 设置刀具轨迹的显示参数

在【选项】选项组中，设置刀具轨迹的显示参数，如刀具轨迹的颜色、轨迹的显示速度、刀具的显示形式和显示前是否刷新等。

8) 生成刀具轨迹

单击【操作】选项组中的【生成】按钮🏃，生成刀具轨迹。

9) 验证刀具轨迹

单击【操作】选项组中的【确认】按钮🏃，验证几何零件是否产生了过切、有无剩余材料等。

10) 关闭【型腔铣】对话框

完成上述工序后,在【型腔铣】对话框中单击【确定】按钮,关闭【型腔铣】对话框,完成型腔铣削工序的创建工作。

3. 加工几何体

1) 加工几何体的概述

如图 5-163 所示,用户在创建一个型腔铣削工序时,需要指定 6 个不同类型的加工几何体,包括几何体、部件几何、毛坯几何、检查几何、切削区域和修剪几何等。

与平面铣削工序相比,型腔铣削工序不需要用户指定部件底面,但是需要用户指定切削区域。此外,型腔铣削工序的几何体、毛坯几何、检查几何和修剪几何等的指定方法基本相同,因此本教学日仅介绍型腔铣削工序的部件几何和切削区域的定义方法,其他的几何体定义方法不做介绍。

2) 指定部件几何

在【几何体】选项组中单击【选择或编辑部件几何体】按钮,系统将打开如图 5-164 所示的【部件几何体】对话框,系统提示用户"选择部件几何体"。

图 5-163 【几何体】选项组

图 5-164 【部件几何体】对话框

在【部件几何体】对话框中,用户需要指定部件几何体对象、定制数据等参数。

3) 指定切削区域

在【几何体】选项组中单击【选择或编辑切削区域几何体】按钮,系统将打开如图 5-165 所示的【切削区域】对话框,系统提示用户"选择切削区域几何体"。

在【切削区域】对话框中,用户可以选择几何体、指定部件几何体的选择方法、定制数据等参数。

4. 参数设置

【型腔铣】对话框(如图 5-166 所示)中的参数设置包括【刀轨设置】、【机床控制】、【程序】、【选项】和【操作】等,与【平面铣】对话框中的参数进行比较可知,只有【型腔铣】对话框中的切削层设置方法与【平面铣】对话框不同。

图 5-165　【切削区域】对话框

图 5-166　【型腔铣】对话框

当用户在【创建工序】对话框中单击【确定】按钮，打开【型腔铣】对话框后，在【刀轨设置】选项组中的【切削层】选项为灰显的，仅当用户在【型腔铣】对话框定义部件几何体或者毛坯几何体后，【切削层】选项才会亮显在【刀轨设置】选项组中。

1）　切削模式

如图 5-167 所示，在【型腔铣】对话框的【切削模式】下拉列表框中共有 7 种切削模式，它们分别是【跟随部件】、【跟随周边】、【轮廓】、【摆线】、【单向】、【往复】和【单向轮廓】。

与【平面铣】对话框的【切削模式】下拉列表框中的选项相比，【型腔铣】对话框的【切削模式】下拉列表框中没有【标准驱动】选项，其余选项的含义与【平面铣】对话框的【切削模式】相同，这里不再赘述。

2）　切削层

当用户在【刀轨设置】选项组中单击【切削层】按钮 时，系统将打开如图 5-168 所示的【切削层】对话框，提示用户"指定每刀深度和范围深度"。

在【切削层】对话框中，用户可以设置范围类型、公共每刀切削深度、切削层、范围定义和切削层信息等内容，这些参数的含义及其工序方法说明如下。

(1)　范围类型。【范围类型】列表包括 3 个类型，分别是【自动】、【用户定义】和【单个】，这 3 个类型的含义分别说明如下。

①　自动。当用户在【范围类型】下拉列表框中选择【自动】选项，系统将根据切削区域的最高点和最低点自动生成几个范围。系统根据部件几何和切削区域几何，自动生成 3 个切削范围。只要用户不修改切削范围或者增加新的切削范围，自动生成的切削范围将与部件几何体保持相关性，即部件几何发生变化后，自动生成的切削范围也随着部件的变化而发生相应的变化。

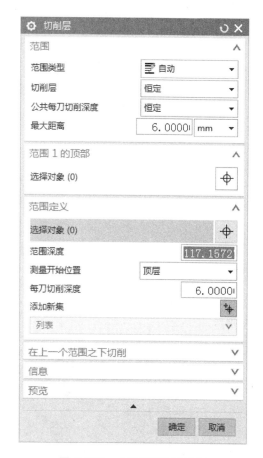

图 5-167　【切削模式】下拉列表　　　　图 5-168　【切削层】对话框

②　用户定义。当用户在【范围类型】下拉列表框中选择【用户定义】选项时，指定切削范围由用户手动定义生成。此时，用户需要指定每个切削范围的底面。

③　单个。当用户在【范围类型】下拉列表框中单击【单个】选项时，指定生成单个切削范围，即只生成一个切削范围。此时，系统将根据部件几何和毛坯几何只生成一个切削范围。用户只能修改顶面和底面。

(2)　公共每刀切削深度。【公共每刀切削深度】文本框用来指定每个切削层的最大切削深度。当用户在【范围类型】选项组中单击【自动】或者【单个】按钮时，系统将根据用户指定的全局每刀深度，自动将切削区域分成几层。

切削区域总的深度为 25mm。当在【范围类型】选项组中选择【自动】选项，并在【公共每刀切削深度】文本框中输入 6 时，系统将自动生成 5 个切削层，如图 5-169(a)所示。在【公共每刀切削深度】文本框中输入 3 时，系统将自动生成 9 个切削层，如图 5-169(b)所示。

系统生成切削层的全局每刀深度并不一定完全等于【公共每刀切削深度】文本框中的数值。当切削区域总的深度与全局每刀深度不能整除时，系统将自动减小全局每刀深度，使每个切削层的深度尽量相同。因此，如图 5-169(a)所示的全局每刀深度并不是 6，而是 5(小于【公共每刀切削深度】文本框中的数值)。同样，图 5-169(b)所示的全局每刀深度并不是 3，而约等于 2.78(小于【公共每刀切削深度】文本框中的数值)。

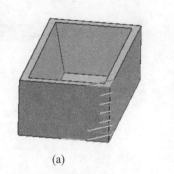

(a)   (b)

图 5-169　全局每刀深度

(3) 切削层。【切削层】下拉列表框中包括 3 个选项，分别是【恒定】、【最优化】和【仅在范围底部】，这 3 个选项的含义分别说明如下。

① 恒定。当用户在【切削层】下拉列表框中选择【恒定】时，指定切削层的深度始终为一个恒定值。这是系统默认的切削层选项。

② 最优化。当用户在【切削层】下拉列表框中选择【最优化】时，指定系统优化切削层的深度。系统将会在较为陡峭的壁面或者斜率发生变化的面上增加切削，以尽量保持切削均匀。如图 5-170 所示，当在【切削层】下拉列表框中选择【最优化】后，在较为陡峭的壁面上增加切削。

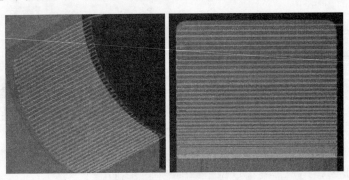

图 5-170　优化切削层

仅当用户在【创建工序】对话框的【工序子类型】选项组中单击【陡峭区域轮廓铣】按钮后，【切削层】下拉列表框中才会显示【最优化】选项。

③ 仅在范围底部。当用户在【切削层】下拉列表框中选择【仅在范围底部】时，指定在每个切削范围内不分割切削层，即每个切削范围只有一个切削层。

(4) 范围深度和每刀切削深度。

① 范围深度。【范围深度】文本框用来指定每个切削范围的切削深度。用户在【范围深度】文本框中输入一个数值后，系统将根据用户指定的开始测量位置(从顶层、从范围顶部、从范围底部和从 WCS 原点等)，计算得到新的切削范围的底部。

用户可以在【范围深度】文本框中输入正值，也可以输入负值。正值表示切削范围在开始测量位置的上面，负值表示切削范围在开始测量位置的下面。用户除了可以在【范围深度】文本框中输入范围深度外，还可以拖动右侧的滑块来指定范围深度。当用户拖动右侧的滑块时，【范围深度】文本框中数值也随之发生变化。

② 每刀切削深度。【每刀切削深度】文本框用来指定某个切削范围内每个切削层的深度。与全

局每刀深度一样，它们都用来指定切削层的深度。区别在于，【公共每刀切削深度】文本框中的数值将影响所有切削范围的切削层深度，而【每刀切削深度】文本框中的数值只能影响某个切削范围的切削层深度。

对不同的切削范围设置不同的每刀切削深度，可以在某个切削范围内多切除一些材料，而在另外一个切削范围内少切除一些材料。如图 5-171 所示，为了在切削范围 1 内快速切除材料，可以在切削范围 1 内设置较大的每刀切削深度，如图中的每刀切削深度 A。为了在切削范围 2 内得到较好的底部形状，较少地切除材料，可以在切削范围 2 内设置较小的每刀切削深度，如图中的每刀切削深度 B。

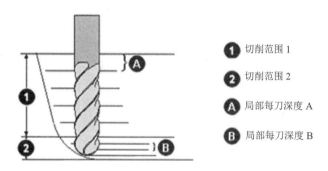

① 切削范围 1
② 切削范围 2
Ⓐ 局部每刀深度 A
Ⓑ 局部每刀深度 B

图 5-171　每刀切削深度

(5) 信息和显示。

① 信息。当用户在【切削层】对话框中单击【信息】按钮🔢时，系统打开如图 5-172 所示的【信息】窗口。

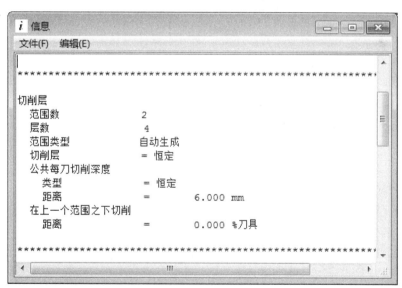

图 5-172　【信息】窗口

在【信息】窗口中，系统列出了切削范围的数量、层数、范围类型、顶层点的坐标和关联面等信息。

② 显示。当用户在【切削层】对话框的【预览】选项组中单击【显示】按钮时，所有的切削范围都将高亮度显示在绘图区。

5.4.2 插铣削加工

> **行业知识链接**：插铣法又称为 Z 轴铣削法，是实现高切除率金属切削最有效的加工方法之一。对于加工难度大的加工材料的曲面加工、切槽加工以及刀具悬伸长度较大的加工，插铣法的加工效率远远高于常规的端面铣削法。图 5-173 所示是插铣削的示意图。

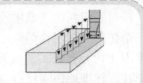

图 5-173 插铣削的示意图

1. 概述

1) 插铣削加工概述

插铣削加工主要用来加工切削深度较大的零件，因此插铣削的加工刀具一般较长。插铣削加工可以较快地切除零件中的大量材料。等高曲面轮廓铣加工的加工顺序是从最高处到最低处，而插铣削加工的加工顺序是从最低处到最高处，即从切削深度最大的区域开始插铣削加工。插铣削加工的典型零件如图 5-174 所示。

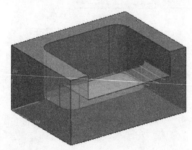

图 5-174 插铣削加工的典型零件

2) 插铣削加工的创建方法

创建插铣削工序的一般方法说明如下。

(1) 打开【创建工序】对话框。在【插入】工具条中单击【创建工序】按钮，打开如图 5-175 所示的【创建工序】对话框，系统提示用户"选择类型、子类型、位置，并指定工序名称"。

(2) 选择类型和子类型。在【创建工序】对话框中，在【类型】下拉列表框中选择 mill_contour，指定为轮廓铣加工工序模板，再在【工序子类型】选项组中单击【插铣】按钮，指定【工序子类型】为【插铣削】。

(3) 指定工序的位置和工序名称。在【程序】、【刀具】、【几何体】和【方法】下拉列表框中分别选择【插铣削】工序的【程序】、【刀具】、【几何体】和【方法】，最后在【名称】文本框中输入工序名，或者直接使用系统默认的名称。

(4) 打开【插铣】对话框。完成上述工序后，在【创建工序】对话框中单击【确定】按钮，打开如图 5-176 所示的【插铣】对话框，系统提示用户"指定参数"。

(5) 指定几何体。在【几何体】选项组中，指定【插铣削】工序的几何体，如几何体、部件几何、毛坯几何、检查几何、切削区域和修剪边界等。

(6) 设置【插铣削】。在【刀轨设置】选项组中，设置【插铣削】工序的【插削层】参数。

(7) 设置其他相关参数。在【刀轨设置】选项组中，设置插铣削工序的其他相关参数，如切削模式、步距、百分比、切削参数、传递方法和进给速度等。

(8) 设置刀具轨迹的显示参数。在【选项】选项组中，设置刀具轨迹的显示参数，如刀具轨迹的颜色、轨迹的显示速度、刀具的显示形式和显示前是否刷新等。

(9) 生成刀具轨迹。单击【操作】选项组中的【生成】按钮，生成刀具轨迹。

(10) 验证刀具轨迹。单击【操作】选项组中的【确认】按钮，验证几何零件是否产生了过切、有无剩余材料等。

(11) 关闭【插铣】对话框。完成上述工序后，在【插铣】对话框中单击【确定】按钮，关闭【插铣】对话框，完成插铣削工序的创建工作。

插铣削工序的加工几何也包括几何体、部件几何、毛坯几何、检查几何、切削区域和修剪几何，这些与型腔铣削工序相同，所以不再赘述。下面将直接讲解【插铣削】工序参数中【插削层】的含义及其设置方法。

图 5-175 【创建工序】对话框

图 5-176 【插铣】对话框

2. 插削层

1) 插削层概述

在创建【型腔铣削】工序时，用户需要指定【型腔铣削】工序的【切削层】参数。类似地，在创建【插铣削】工序时，用户需要指定【插铣削】工序的【插削层】参数。【插削层】参数主要用来指定插铣时每一刀的切削深度和范围深度。用户可以手动设置【插削层】参数，也可以指定系统自动生成【插削层】参数。

2) 【切削层】对话框

在【插铣】对话框中的【刀轨设置】选项组中单击【切削层】按钮 ，系统将打开如图 5-177 所示的【切削层】对话框，提示用户"指定每刀深度和范围深度"。

在【切削层】对话框中，用户可以设置范围类型、切换当前插削层、编辑插削层、指定范围深度和显示插削层的信息等，这些参数的含义及其工序方法说明如下。

(1) 范围类型。【范围类型】选项组包括三个类型，分别是【自动】、【用户定义】和【单个】，但是仅有【单个】范围类型可以选用。【单个】范围类型的含义说明如下。

当用户在【范围类型】选项组中选择【单个】选项时，指定生成单个切削范围，即只生成一个切削范围。此时，系统将根据部件几何、切削区域和毛坯几何生成一个切削范围，如图 5-178 所示。

图 5-177 【切削层】对话框

图 5-178 单个切削范围

与【型腔铣削】工序中【切削层】可以生成【自动】、【用户定义】和【单个】3 种范围类型不同，在【插铣削】工序的【切削层】选项中，用户只能生成单个切削范围。

系统生成的单个切削范围只有两层，分别是顶层和底层。如果用户使用系统的默认值，系统生成的单个切削范围将与部件几何体保持相关性，即部件几何发生变化后，自动生成的切削范围也随着部件的变化而发生相应的变化。

(2) 信息和显示

① 信息。当用户在【切削层】对话框中单击【信息】按钮 时，系统打开【信息】对话框。

在【信息】对话框中，系统列出了切削范围的数量、层数、范围类型、顶层点的坐标和关联面等信息。

② 显示。当用户在【切削层】对话框中单击【显示】按钮 时，单个的切削范围将高亮度显示在绘图区。

3. 参数设置

如图 5-179 所示,【插铣】对话框中的参数设置包括【刀轨设置】、【机床控制】、【程序】、【选项】和【操作】等,这些参数与【型腔铣削】对话框中的参数大部分相同。下面将主要介绍一些与【型腔铣】对话框不同的工序参数。

图 5-179 【刀轨设置】选项组

1) 切削模式

插铣削加工提供了如下的切削模式,下面分别介绍。

(1)【跟随部件】:通过从整个指定的【部件几何体】中形成相等数量的偏置(如果可能),来创建切削模式。与【跟随周边】不同,【跟随部件】通过从整个部件几何体中偏置来创建切削模式,不管该部件几何体定义的是周边环、岛还是型腔模式。因此它可以保证刀具沿着整个部件几何体进行切削,从而无须设置岛清理刀路。只有当没有定义要偏置的部件几何体时(如在面加工区域中)【跟随部件】才会从毛坯几何体偏置。图 5-180 所示,偏置定义型腔和岛的部件几何体,可创建【跟随部件】切削模式。

(2)【跟随周边】:创建的切削模式可生成一系列沿切削区域轮廓的同心刀路。通过偏置该区域的边缘环可以生成这种切削模式。当刀路与该区域的内部形状重叠时,这些刀路将合并成一个刀路,然后再次偏置这个刀路就形成下一个刀路。可加工区域内的所有刀路都将是封闭形状。图 5-181 所示说明了使用【顺铣】和【向外】腔体方向时,【跟随周边】刀具移动的基本顺序。

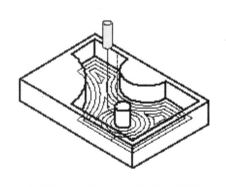

图 5-180 【跟随部件】切削模式

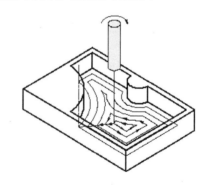

图 5-181 【跟随周边】刀具移动的基本顺序

(3)【轮廓】:是一种轮廓切削方法,它允许刀准确地沿指定边界运动,从而不需要再应用【轮廓铣】中使用的自动边界修剪功能。

(4)【单向】:可创建一系列沿一个方向切削的线性平行刀路。单向将保持一致的【顺铣】或【逆铣】,并且在连续的刀路间不执行轮廓铣,除非指定的【进刀】方法要求刀具执行该工序。刀具从切削刀路的起点处进刀,并切削至刀路的终点。然后刀具退刀,移刀至下一刀路的起点,并以相同方向开始切削。图 5-182 所示说明了【逆铣】的单向刀具运动的基本顺序。

(5)【往复】:创建一系列平行的线性刀路,彼此切削方向相反,但步进方向一致,如图 5-183 所示。这种切削类型可以通过允许刀具在步距间保持连续的进刀来最大化切削运动。在相反方向切削的结果是生成一系列的交替【顺铣】和【逆铣】。指定【顺铣】或【逆铣】方向不会影响此类型的切削行为，但却会影响其中用到的【单刀路清根】工序的方向。

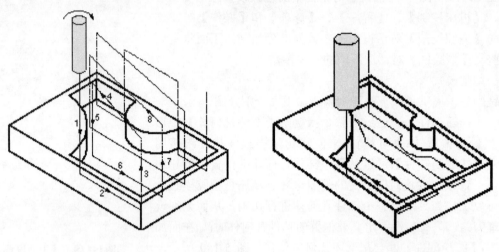

图 5-182　【逆铣】的单向刀具运动的基本顺序　　　图 5-183　【往复】切削模式

　　（6）【单向轮廓】：创建的单向切削模式将跟随两个连续单向刀路间的切削区域的轮廓，它将严格保持【顺铣】或【逆铣】。系统根据沿切削区域边缘的第一个单向刀路来定义【顺铣】或【逆铣】刀轨。图 5-184 所示说明了【顺铣】的【单向轮廓】刀具运动的基本顺序。

　　2）　向前步长

　　【向前步长】文本框用来指定刀具插铣削加工时，从当前位置移动到下一个位置的向前步长，如图 5-185 所示的 A。

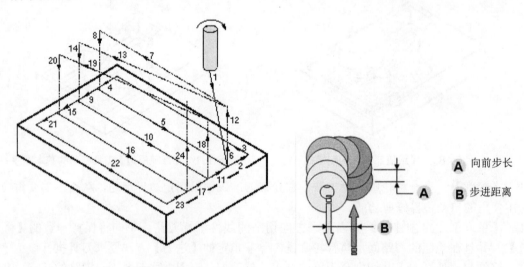

图 5-184　【单向轮廓】刀具运动的基本顺序　　　图 5-185　向前步长

A　向前步长
B　步进距离

　　3）　最大切削宽度

　　【最大切削宽度】文本框用来指定刀具在刀轴投影方向，能够切削工件的最大宽度，如图 5-186 所示的 C。

加工刀具的最大切削宽度一般由刀具制造商提供。如果加工刀具的最大切削宽度小于刀具半径，则加工刀具的底部区域将有一部分不能切削材料。

4）点

当用户在【刀轨设置】选项组中单击【点】按钮时，系统将打开如图 5-187 所示的【控制几何体】对话框，提示用户"指定控制几何体"。

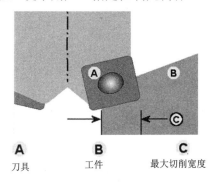

图 5-186　最大切削宽度

图 5-187　【控制几何体】对话框

在【控制几何体】对话框中，用户可以设置预钻进刀点和切削区域起点。这两个控制几何体的指定方法相同。

当用户在【控制几何体】对话框的【预钻进刀点】选项组中单击【编辑】按钮时，系统将打开如图 5-188 所示的【预钻进刀点】对话框，提示用户"选择预钻进刀点"。

用户可以在【预钻进刀点】对话框中选择【点/圆弧】或者【光标】选项指定一个预钻进刀点。图 5-189 所示为用户指定一个预钻进刀点的例子。

图 5-188　【预钻进刀点】对话框

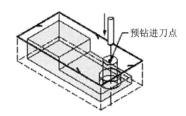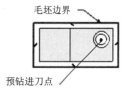

图 5-189　预钻进刀点

5）转移方法

【转移方法】下拉列表框中包含【安全平面】和【自动】两个选项，这两个选项的含义分别说明如下。

（1）安全平面。当用户在【转移方法】下拉列表框中选择【安全平面】时，指定插铣削加工的传递运动在安全平面内进行，即刀具每完成一次插铣削加工，就退回到安全平面，然后进行下一次插铣削加工，如此往复循环。

（2）自动。当用户在【转移方法】下拉列表框中选择【自动】时，指定插铣削加工的传递运动由系统自动决定。插铣削加工的传递运动将在原切削区域所在的平面上偏置一定的距离后进行，该偏置距离至少保证不发生过切现象，也不能与工件或者夹具发生碰撞。

6) 退刀

【退刀】选项包含【退刀距离】和【退刀角】两个选项，这两个选项的含义分别说明如下。

(1) 退刀距离。【退刀距离】文本框来指定刀具退刀时的退刀距离。

(2) 退刀角。【退刀角】文本框用来指定刀具退刀时与竖直方向的角度。刀具在退刀时，将沿着 3D 矢量方向进行。3D 矢量方向由竖直角度和水平角度组成。其中，竖直角度由用户指定，水平角度由系统自动生成。

课后练习

案例文件：ywj\05\01.prt 及所有模具文件

视频文件：光盘\视频课堂\第 5 教学日\5.4

练习案例的分析如下。

本课课后练习创建连接件模型的型腔铣削和插铣削工序。型腔铣削的时候刀具进行平行移动，插铣削的时候刀具进行垂直移动。图 5-190 所示是完成的连接件铣削刀路。

本课案例主要练习 NX 加工模块的型腔和插铣削工序，首先加载模型，依次创建型腔铣削和插铣削，最后进行刀路模拟。创建连接件铣削刀路的思路和步骤如图 5-191 所示。

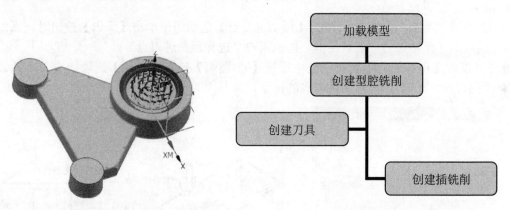

图 5-190   完成的连接件铣削刀路   图 5-191   创建连接件铣削刀路的步骤

练习案例的具体操作步骤如下。

step 01 加载模型，选择【文件】|【打开】命令，打开连接件文件，如图 5-192 所示。

step 02 创建型腔铣削，单击【插入】工具条中的【创建工序】按钮，弹出【创建工序】对话框，选择【型腔铣】按钮，单击【确定】按钮，创建型腔铣削工序，如图 5-193 所示。

step 03 在弹出的【型腔铣】对话框中，设置切削参数，如图 5-194 所示。

step 04 在【型腔铣】对话框中单击【选择或编辑切削区域几何体】按钮，弹出【切削区域】对话框，设置切削区域，如图 5-195 所示。

step 05 在【型腔铣】对话框的【工具】选项组中，单击【新建】按钮，弹出【新建刀具】对话框，选择普通铣刀，如图 5-196 所示。

step 06 在弹出的【铣刀-5 参数】对话框中，设置刀具参数，单击【确定】按钮，完成设置刀具参数，如图 5-197 所示。

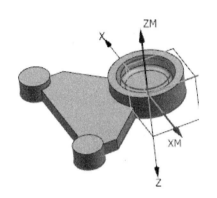

图 5-192　打开连接件模型

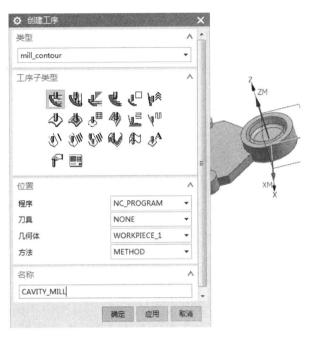

图 5-193　创建型腔铣削工序

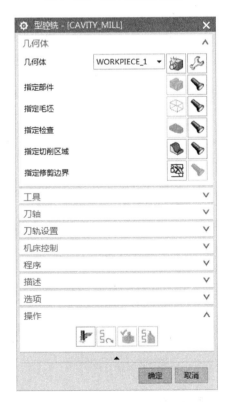

图 5-194　设置切削参数

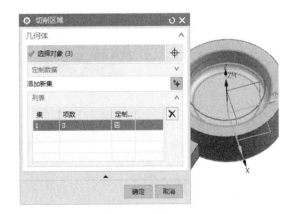

图 5-195　设置切削区域

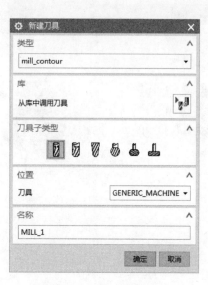

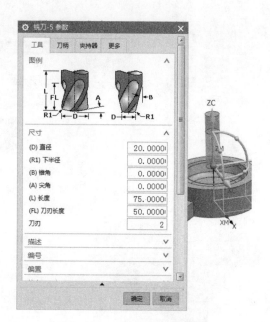

图 5-196　选择普通铣刀　　　　　　图 5-197　完成设置刀具参数

step 07　在【型腔铣】对话框的【操作】选项组中单击【生成】按钮，生成刀具轨迹，如图 5-198 所示。

step 08　创建插铣削工序，单击【插入】工具条中的【创建工序】按钮，弹出【创建工序】对话框，选择【插铣】按钮，选择几何体，单击【确定】按钮，创建插铣削工序，如图 5-199 所示。

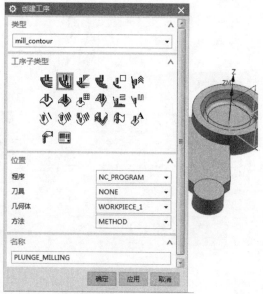

图 5-198　生成刀具轨迹　　　　　　图 5-199　创建插铣削工序

step 09　在弹出的【插铣】对话框中，设置切削参数，如图5-200所示。

step 10　在【插铣】对话框中单击【选择或编辑切削区域几何体】按钮，弹出【切削区域】对话框，设置切削区域，如图5-201所示。

图5-200　设置切削参数　　　　　　　　图5-201　设置切削区域

step 11　在【插铣】对话框的【工具】选项组中，单击【新建】按钮，弹出【新建刀具】对话框，选择斜铣刀，如图5-202所示。

step 12　在弹出的【倒斜铣刀】对话框中，设置刀具参数，单击【确定】按钮，完成刀具参数设置，如图5-203所示。

图5-202　选择斜铣刀　　　　　　　　图5-203　完成刀具参数设置

step 13 在【倒斜铣刀】对话框的【操作】选项组中单击【生成】按钮 ，生成刀具轨迹，如图 5-204 所示。

step 14 完成加工设置的连接件铣削刀路，如图 5-205 所示。

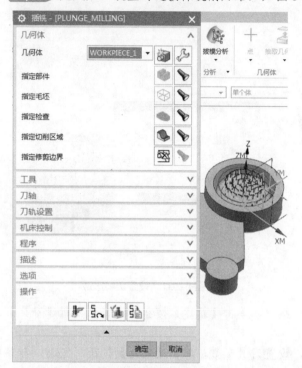

图 5-204　生成刀具轨迹

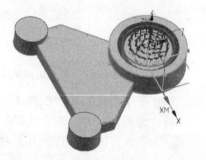

图 5-205　完成的连接件铣削刀路

机械设计实践：插铣削可减小工件变形；可降低作用于铣床的径向切削力；刀具悬伸长度较大，这对于工件凹槽或表面的铣削加工十分有利；能实现对高温合金材料的切槽加工。图 5-206 所示是插铣削加工刀路。

图 5-206　插铣削加工刀路

阶段进阶练习

本教学日首先介绍了数控编程和数控加工技术的基础知识，通过学习这些知识，希望读者了解数控技术和数控加工的特点，掌握数控加工工艺原理、数控编程基础知识等的基本知识，从而为后面学习 NX 的数控加工奠定基础。

如图 5-207 所示，创建下壳体模型后，使用本教学日学过的各种命令进行面铣削和型腔铣削。

一般创建步骤和方法如下。

(1) 创建模型。

(2) 创建面铣削。

(3) 创建型腔铣削。

(4) 铣削孔特征。

图 5-207　下壳体模型

设 计 师 职 业 培 训 教 程

第 6 教学日

本教学日主要介绍数控机床的基础知识、深度轮廓铣加工的创建方法、加工几何体的指定方法、深度轮廓铣加工的工序参数。深度轮廓铣加工与型腔铣削有很多相似之处，如加工几何的类型和指定方法基本相同(除毛坯几何外)，切削参数、切削层和进给速度等参数的设置方法也都基本相同。除上述内容外，还将介绍固定轮廓铣、点位加工及数控车削加工。在创建固定轮廓铣操作时，用户需要指定零件几何、驱动几何、驱动方法和投影矢量，系统沿着用户指定的投影矢量，将驱动几何上的驱动点投影到零件几何上，生成投影点。数控车削加工在机械、航空和汽车等领域具有非常广泛的应用，随着科学技术的不断进步，车削加工技术也发生了巨大的变化，车削加工的零部件质量和精度也得到了很大提高。

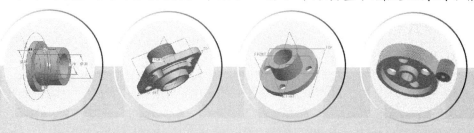

1课时 设计师职业知识——数控机床和系统

数控机床是数字控制机床(Computer numerical control machine tools)的简称，是一种装有程序控制系统的自动化机床。该控制系统能够逻辑地处理具有控制编码或其他符号指令规定的程序，并将其译码，用代码化的数字表示，通过信息载体输入数控装置；经运算处理由数控装置发出各种控制信号，控制机床的动作，按图纸要求的形状和尺寸，自动地将零件加工出来。数控机床较好地解决了复杂、精密、小批量、多品种的零件加工问题，是一种柔性的、高效能的自动化机床，代表了现代机床控制技术的发展方向，是一种典型的机电一体化产品。

6.1.1 数控机床特点

数控机床的操作和监控全部在这个数控单元中完成，它是数控机床的大脑。常见的数控机床如图6-1所示。

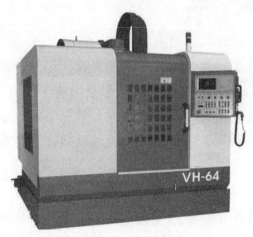

图6-1 数控机床

1. 数控机床与普通机床相比

数控机床与普通机床相比，数控机床有如下特点。

(1) 对加工对象的适应性强，适应模具等产品单件生产的特点，为模具的制造提供了合适的加工方法。

(2) 加工精度高，具有稳定的加工质量。

(3) 可进行多坐标的联动，能加工形状复杂的零件。

(4) 加工零件改变时，一般只需要更改数控程序，可节省生产准备时间。

(5) 机床本身的精度高、刚性大，可选择有利的加工用量，生产率高(一般为普通机床的3～5倍)。

(6) 机床自动化程度高，可以减轻劳动强度。

(7) 有利于生产管理的现代化。数控机床使用数字信息与标准代码处理、传递信息，使用了计算机控制方法，为计算机辅助设计、制造及管理一体化奠定了基础。

(8) 对操作人员的素质要求较高，对维修人员的技术要求更高。

(9) 可靠性高。

2. 数控机床与传统机床相比

数控机床与传统机床相比，具有以下一些特点。

(1) 具有高度柔性。在数控机床上加工零件，主要取决于加工程序，它与普通机床不同，不必制造和更换许多模具、夹具，不需要经常重新调整机床。因此，数控机床适用于加工零件频繁更换的场合，亦即适合单件、小批量产品的生产及新产品的开发，从而缩短了生产准备周期，节省了大量工艺装备的费用。

(2) 加工精度高。数控机床的加工精度一般可达 0.06～0.1mm。数控机床是按数字信号形式控制的，数控装置每输出一脉冲信号，则机床移动部件移动一具脉冲当量(一般为 0.001mm)，而且机床进给传动链的反向间隙与丝杆螺距平均误差可由数控装置进行曲补偿，因此，数控机床定位精度比较高。

(3) 加工质量稳定、可靠。加工同一批零件，在同一机床，在相同加工条件下，使用相同刀具和加工程序，刀具的走刀轨迹完全相同，零件的一致性好，质量稳定。

(4) 生产率高。数控机床可有效地减少零件的加工时间和辅助时间，数控机床的主轴声速和进给量的范围大，允许机床进行大切削量的强力切削。数控机床正进入高速加工时代，其移动部件的快速移动和定位及高速切削加工，极大地提高了生产率。另外，与加工中心的刀库配合使用，可实现在一台机床上进行多道工序的连续加工，减少了半成品的工序间周转时间，提高了生产率。

(5) 改善劳动条件。数控机床加工前经调整好后，输入程序并启动，机床就能自动连续地进行加工，直至加工结束。操作者要做的只是程序的输入、编辑、零件装卸、刀具准备、加工状态的观测、零件的检验等工作，劳动强度大大降低，机床操作者的劳动趋于智力型工作。另外，数控机床一般是封闭起来的，既清洁，又安全。

(6) 利用生产管理现代化。数控机床的加工，可预先精确估计加工时间，对所使用的刀具、夹具可进行规范化、现代化管理，易于实现加工信息的标准化，已和计算机辅助设计与制造(CAD/CAM)有机地结合起来，是现代化集成制造技术的基础。

6.1.2 数控机床构成

数控机床的基本组成包括加工程序载体、数控装置、伺服驱动装置、机床主体和其他辅助装置。图 6-2 所示是五轴联动加工中心的加工区域，下面分别对各组成部分的基本工作原理进行概要说明。

1. 加工程序载体

数控机床工作时，不需要工人直接去操作机床，要对数控机床进行控制，必须编制加工程序。零件加工程序中，包括机床上刀具和工件的相对运动轨迹、工艺参数(进给量主轴转速等)和辅助运动等。将零件加工程序用一定的格式和代码存储在一种程序载体上，如穿孔纸带、盒式磁带、软磁盘等，通过数控机床的输入装置，将程序信息输入到 CNC 单元。

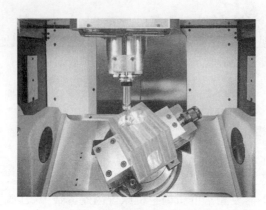

图 6-2 五轴联动加工中心

2. 数控装置

数控装置是数控机床的核心。现代数控装置均采用 CNC(Computer Numerical Control)形式，这种 CNC 装置一般使用多个微处理器，以程序化的软件形式实现数控功能，因此又称软件数控(Software NC)。CNC 系统是一种位置控制系统，它是根据输入数据插补出理想的运动轨迹，然后输出到执行部件加工出所需要的零件。因此，数控装置主要由输入、处理和输出 3 个基本部分构成。所有这些工作都由计算机的系统程序进行合理的组织，使整个系统协调地进行工作。

(1) 输入装置：将数控指令输入给数控装置，根据程序载体的不同，相应有不同的输入装置。主要有键盘输入、磁盘输入、CAD/CAM 系统直接通信方式输入和连接上级计算机的 DNC(直接数控)输入，现仍有不少系统还保留有光电阅读机的纸带输入形式。

① 纸带输入方式。可用纸带光电阅读机读入零件程序，直接控制机床运动，也可以将纸带内容读入存储器，用存储器中储存的零件程序控制机床运动。

② MDI 手动数据输入方式。操作者可利用操作面板上的键盘输入加工程序的指令，它适用于比较短的程序。

在控制装置编辑状态(EDIT)下，用软件输入加工程序，并存入控制装置的存储器中，这种输入方法可重复使用程序。一般手工编程均采用这种方法。

在具有会话编程功能的数控装置上，可按照显示器上提示的问题，选择不同的菜单，用人机对话的方法，输入有关的尺寸数字，就可自动生成加工程序。

③ 采用 DNC 直接数控输入方式。把零件程序保存在上级计算机中，CNC 系统一边加工一边接收来自计算机的后续程序段。DNC 方式多用于采用 CAD/CAM 软件设计的复杂工件并直接生成零件程序的情况。

(2) 信息处理：输入装置将加工信息传给 CNC 单元，编译成计算机能识别的信息，由信息处理部分按照控制程序的规定逐步存储并进行处理后，通过输出单元发出位置和速度指令给伺服系统和主运动控制部分。CNC 系统的输入数据包括：零件的轮廓信息(起点、终点、直线、圆弧等)、加工速度及其他辅助加工信息(如换刀、变速、冷却液开关等)，数据处理的目的是完成插补运算前的准备工作。数据处理程序还包括刀具半径补偿、速度计算及辅助功能的处理等。

(3) 输出装置：输出装置与伺服机构相连。输出装置根据控制器的命令接受运算器的输出脉冲，并把它送到各坐标的伺服控制系统，经过功率放大，驱动伺服系统，从而控制机床按规定要求运动。

3. 伺服与测量反馈系统

伺服系统是数控机床的重要组成部分，用于实现数控机床的进给伺服控制和主轴伺服控制。伺服系统的作用是把来自数控装置的指令信息，经功率放大、整形处理后，转换成机床执行部件的直线位移或角位移运动。由于伺服系统是数控机床的最后环节，其性能将直接影响数控机床的精度和速度等技术指标，因此，对数控机床的伺服驱动装置，要求具有良好的快速反应性能，准确而灵敏地跟踪数控装置发出的数字指令信号，并能忠实地执行来自数控装置的指令，提高系统的动态跟随特性和静态跟踪精度。

伺服系统包括驱动装置和执行机构两大部分。驱动装置由主轴驱动单元、进给驱动单元和主轴伺服电动机、进给伺服电动机组成。步进电动机、直流伺服电动机和交流伺服电动机是常用的驱动装置。

测量元件将数控机床各坐标轴的实际位移值检测出来并经反馈系统输入机床的数控装置中，数控装置对反馈回来的实际位移值与指令值进行比较，并向伺服系统输出达到设定值所需的位移量指令。

4. 机床主体

机床主机是数控机床的主体，包括床身、底座、立柱、横梁、滑座、工作台、主轴箱、进给机构、刀架及自动换刀装置等机械部件。它是在数控机床上自动地完成各种切削加工的机械部分。与传统的机床相比，数控机床主体具有如下结构特点。

(1) 采用具有高刚度、高抗震性及较小热变形的机床新结构。通常用提高结构系统的静刚度、增加阻尼、调整结构件质量和固有频率等方法来提高机床主机的刚度和抗震性，使机床主体能适应数控机床连续自动地进行切削加工的需要。采取改善机床结构布局、减少发热、控制温升及采用热位移补偿等措施，可减少热变形对机床主机的影响。

(2) 广泛采用高性能的主轴伺服驱动和进给伺服驱动装置，使数控机床的传动链缩短，简化了机床机械传动系统的结构。

(3) 采用高传动效率、高精度、无间隙的传动装置和运动部件，如滚珠丝杠螺母副、塑料滑动导轨、直线滚动导轨、静压导轨等。

5. 数控机床辅助装置

辅助装置是保证充分发挥数控机床功能所必需的配套装置，常用的辅助装置包括：气动、液压装置，排屑装置，冷却、润滑装置，回转工作台和数控分度头，防护，照明等各种辅助装置。

第 2 课 2课时 轮廓铣削

6.2.1 深度轮廓铣削加工

行业知识链接：铣削不规则的工件及使用虎钳、分度头、专用夹具持工件时，不规则工件的重心及虎钳、分度头、专用夹具等应尽可能放在工作台的中间部位，避免工作台受力不匀，产生变形。图 6-3 所示是不同的模型轮廓及不同的加工刀具。

图 6-3　模型面及加工刀具

1. 概述

1) 深度轮廓铣加工概述

深度轮廓铣加工是一种固定轴铣加工，它主要用来加工多层切削加工得到的零件外形轮廓。深度轮廓铣加工允许用户指定只加工部件的陡峭区域或者加工整个部件，从而可以进一步限制刀具的加工区域。如果用户不指定切削区域的几何形状，系统则默认整个部件的几何形状都是切削区域。在刀具轨迹的生成过程中，系统将根据切削区域的几何形状，根据用户指定的陡峭角，判断是否切削加工该区域，并且在每个切削层保持不发生过切工件的现象。适合于深度轮廓铣加工的典型零件如图 6-4 所示。

图 6-4　深度轮廓铣加工的典型零件

2) 深度轮廓铣加工的创建方法

创建深度轮廓铣操作的一般方法说明如下。

(1) 打开【创建工序】对话框。在【插入】工具条中单击【创建工序】按钮，打开如图 6-5 所示的【创建工序】对话框，系统提示用户"选择类型、子类型、位置，并指定工序名称"。

(2) 选择类型和子类型。在【创建工序】对话框的【类型】下拉列表框中选择 mill_contour，指定为轮廓铣加工操作模板，再在【工序子类型】选项组中单击【深度轮廓加工】按钮，指定【工序子类型】为【深度轮廓铣】。

(3) 指定工序的位置和操作名称。在【程序】、【刀具】、【几何体】和【方法】下拉列表框中分别选择【深度轮廓铣】操作的【程序】、【刀具】、【几何体】和【方法】；在【名称】文本框中输入工序名，或者直接使用系统默认的名称。

(4) 打开【深度轮廓加工】对话框。完成上述操作后，在【创建工序】对话框中单击【确定】按钮，打开图 6-6 所示的【深度轮廓加工】对话框，系统提示用户"指定参数"。

(5) 指定几何体。在【几何体】选项中，指定深度轮廓铣操作的几何体，如几何体、部件几何、检查几何、切削区域和修剪边界等。

(6) 指定陡峭空间范围。在【刀轨设置】选项组中，指定深度轮廓铣操作的陡峭空间范围。

深度轮廓铣操作的最主要特征之一是可以指定陡峭角。因此，【陡峭空间范围】选项是深度轮廓铣操作的最重要的参数之一。

(7) 设置其他相关参数。在【刀轨设置】选项组中，设置深度轮廓铣操作的其他相关参数，如切削层、切削参数、非切削移动和进给速度等。

(8) 设置刀具轨迹的显示参数。在【选项】选项组中，设置刀具轨迹的显示参数，如刀具轨迹的颜色、轨迹的显示速度、刀具的显示形式和显示前是否刷新等。

(9) 生成刀具轨迹。单击【操作】选项组中的【生成】按钮，生成刀具轨迹。

图 6-5 【创建工序】对话框

图 6-6 【深度轮廓加工】对话框

(10) 验证刀具轨迹。单击【操作】选项组中的【确认】按钮，验证几何零件是否产生了过切、有无剩余材料等。

(11) 关闭【深度轮廓加工】对话框。完成上述操作后，在【深度轮廓加工】对话框中单击【确定】按钮，关闭对话框，完成深度轮廓铣操作的创建工作。

2. 加工几何体

如图 6-7 所示，用户在创建一个深度轮廓铣操作时，需要指定 5 个不同类型的加工几何体，分别是几何体、部件几何、检查几何、切削区域和修剪几何。

与型腔铣削操作相比，深度轮廓铣操作不需要用户指定部件毛坯几何。部件几何、检查几何、切削区域和修剪几何的指定方法已经在前面进行了介绍，用户可以参考前面的内容，此处不再赘述。

3. 参数设置

如图 6-8 所示，【深度轮廓加工】对话框中的参数设置包括【刀轨设置】、【机床控制】、【程序】、【选项】和【操作】等，这些参数与【型腔铣】对话框中的参数大部分相同。下面将主要介绍一些与【型腔铣】对话框中的不同的操作参数。

1) 陡峭空间范围

在【陡峭空间范围】下拉列表框中包括【无】和【仅陡峭的】两个选项，这两个选项的含义分别说明如下。

图6-7 【几何体】选项组　　　　　　　　图6-8　参数设置

（1）无。当用户在【陡峭空间范围】下拉列表框中选择【无】时，系统将在整个切削区域进行切削，不区分陡峭区域和非陡峭区域，如图6-9所示。

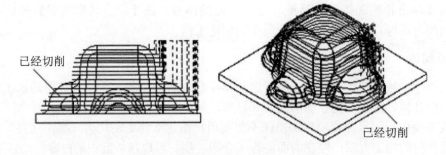

图6-9　无陡峭角

（2）仅陡峭的。当用户在【陡峭空间范围】下拉列表框中选择【仅陡峭的】时，指定刀具只切削陡峭区域，非陡峭区域不进行切削。【陡峭空间范围】下拉列表框下方将显示【角度】文本框。用户可以在【角度】文本框中输入数值，指定陡峭角的临界值。此时系统将只加工切削区域中大于陡峭角临界值的部分，如图6-10所示。

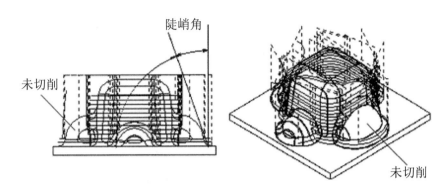

图 6-10　仅陡峭的

2)　合并距离

【合并距离】文本框用来指定合并距离。在刀具切削运动过程中，当刀具运动的两个端点小于用户指定的合并距离时，系统将把这两个端点进行合并，以减少刀具不必要的退刀运动，从而提高加工效率。

3)　切削参数

用户在【刀轨设置】选项组中单击【切削参数】按钮 时，系统将打开【切削参数】对话框，如图 6-11 所示，在其中单击【连接】标签，切换到【连接】选项卡。

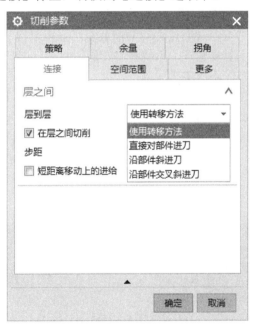

图 6-11　【切削参数】对话框

在【层之间】选项组中包括【层到层】下拉列表和【在层之间切削】复选框，这两个选项的含义分别说明如下。

(1)　【层到层】下拉列表。在【层之间】选项组的【层到层】下拉列表中包括【使用转移方法】、【直接对部件进刀】、【沿部件斜进刀】和【沿部件交叉斜进刀】4 个不同的选项，这 4 个选项的含义分别说明如下。

① 使用转移方法。当用户在【层到层】下拉列表框中选择【使用转移方法】，指定系统在层之间切削时，使用转移方法进行切削，如图 6-12(a)所示。

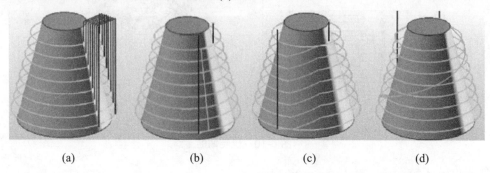

图 6-12　层到层

② 直接对部件进刀。当用户在【层到层】下拉列表框中选择【直接对部件进刀】，指定系统在层之间切削时，直接对部件进行切削，不使用转换方法，如图 6-12(b)所示。

③ 沿部件斜进刀。当用户在【层到层】下拉列表框中选择【沿部件斜进刀】，指定系统在层之间切削时，沿部件斜进刀进行切削，如图 6-12(c)所示。

④ 沿部件交叉斜进刀。当用户在【层到层】下拉列表框中选择【沿部件交叉斜进刀】，指定系统在层之间切削时，沿部件交叉斜进刀进行切削，如图 6-12(d)所示。

(2) 【在层之间切削】复选框。【在层之间切削】复选框用来指定系统是否在层之间进行切削。当用户取消启用【在层之间切削】复选框，系统将不在层之间进行切削，如图 6-13(a)所示。当用户启用【在层之间切削】复选框，系统将在层之间进行切削，如图 6-13(b)所示。

当用户启用【在层之间切削】复选框后，【步距】下拉列表框和【短距离移动上的进给】复选框都被激活。用户还可以指定刀具的步进距离，如【恒定】、【残余高度】、【刀具平直】和【使用切削深度】等，这些选项已经在前面进行了介绍，这里不再赘述。

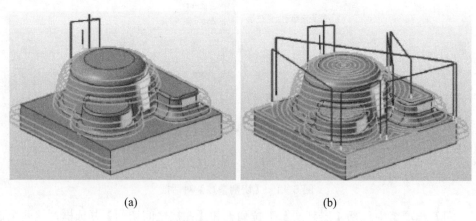

图 6-13　在层之间切削

6.2.2 固定轮廓铣削加工

行业知识链接：固定轮廓铣加工用来铣削得到曲面轮廓，因为它是三轴加工方式，所以可以加工得到形状较为复杂的曲面轮廓。固定轮廓铣加工主要用于半精加工和精加工。图 6-14 所示是一种固定轮廓铣削的走刀方式。

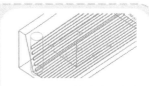

图 6-14　固定轮廓铣削走刀方式

1. 概述

1) 固定轮廓铣概述

固定轮廓铣的切削原理主要是：根据用户指定的零件几何、驱动几何、驱动方法和投影矢量，将驱动几何上的驱动点沿着指定的投影矢量方向投影到零件几何上，生成投影点。加工刀具从一个投影点移动到另一个投影点，从而生成刀具轨迹。

驱动点是指沿着投影矢量方向投影到零件几何上的投影点。投影矢量可以是刀轴方向、两个点、远离点的方向和远离直线的方向等。驱动点和投影矢量的类型都由驱动方法决定。当用户确

图 6-15　固定轮廓铣的典型零件

定驱动方法后，用户可以选用的驱动几何、投影矢量、刀轴矢量和切削方式等都随之确定，所以驱动方法应根据零件的表面形状、加工要求等多方面因素来慎重选取。

适用于固定轮廓铣加工的典型零件如图 6-15 所示。

2) 固定轮廓铣操作的创建方法

用户可以通过在【加工创建】工具条中单击【创建工序】按钮，创建一个固定轮廓铣工序，具体方法说明如下。

(1) 在【加工创建】工具条中单击【创建工序】按钮，打开如图 6-16 所示的【创建工序】对话框，系统提示用户"选择类型、子类型、位置，并指定工序名称"。

(2) 在【创建工序】对话框的【类型】下拉列表框中选择 mill_contour，在【工序子类型】中单击【固定轮廓铣】按钮，指定加工类型。

(3) 在【程序】、【刀具】、【几何体】和【方法】下拉列表框中分别选择固定轮廓铣操作的【程序】、【刀具】、【几何体】和【方法】，最后在【名称】文本框中输入工序名，或者直接使用系统默认的名称。

(4) 完成上述操作后，在【创建工序】对话框中单击【确定】按钮，打开如图 6-17 所示的【固定轮廓铣】对话框，系统提示用户"指定参数"。

(5) 在【驱动方法】选项的【方法】下拉列表框中选择固定轮廓铣操作的驱动方法。

(6) 在【几何体】选项中，指定加工几何体，如几何体、部件几何和检查几何等。

(7) 在【投影矢量】选项中，在【矢量】下拉列表框中选择固定轮廓铣操作的投影矢量。

(8) 在【刀轨设置】选项中，设置固定轮廓铣操作的相关参数，如切削参数、非切削移动和进给速度等。

(9) 在【选项】选项中，设置刀具轨迹的显示参数，如刀具轨迹的颜色、轨迹的显示速度、刀具的显示形式和显示前是否刷新等。

图 6-16 【创建工序】对话框　　　　图 6-17 【固定轮廓铣】对话框

(10) 单击【操作】选项组中的【生成】按钮，生成刀具轨迹。

(11) 单击【操作】选项组中的【确认】按钮，验证几何零件是否产生了过切、有无剩余材料等。

(12) 完成上述操作后，在【固定轮廓铣】对话框中单击【确定】按钮，关闭【固定轮廓铣】对话框，完成固定轮廓铣工序的创建工作。

3) 加工几何

(1) 加工几何体的类型。如图 6-18 所示，用户在创建固定轮廓铣操作时，需要指定 3 个不同类型的加工几何，包括几何体、部件几何和检查几何。与平面铣操作相比，在创建固定轮廓铣操作时，用户不需要指定底面等加工几何。

用户需要指定的加工几何的类型取决于用户选择的驱动方法。选择的驱动方法不同，用户需要指定的加工几何的类型也不相同。如图 6-18 所示的加工几何的类型是当用户选择【边界】驱动方法后需要指定的加工几何。

(2) 指定部件几何。用户在【固定轮廓铣】对话框中单击【选择或编辑部件几何体】按钮时，系统将打开如图 6-19 所示的【部件几何体】对话框，系统提示用户"选择部件几何"。

在【部件几何体】对话框中，用户可以指定部件几何体的对象、定制数据等参数。

(3) 指定检查几何。用户在【固定轮廓铣】对话框中单击【选择或编辑检查几何体】按钮时，系统将打开【检查几何体】对话框，系统提示用户选择检查几何。具体的操作方法这里不再赘述。

图6-18　【几何体】选项组

图6-19　【部件几何体】对话框

2. 驱动方法

驱动方法是固定轮廓铣工序的重要参数，它决定了用户可以选用的驱动几何、投影矢量、刀轴矢量和切削方式等。

如图 6-20 所示，在【固定轴轮廓】对话框的【驱动方法】下拉列表框中，系统为用户提供了多种驱动方法，它们是【边界】、【区域铣削】、【清根】、【文本】、【用户定义】等，这些驱动方法的含义、特点及其操作方法简单说明如下。

1)　边界驱动方法

边界驱动方法要求用户指定边界以定义切削区域，系统再根据指定的边界来生成驱动点。驱动点沿着指定的投影矢量方向投影到零件表面上以生成投影点，系统最后根据这些投影点，在切削区域内生成刀具轨迹。图6-21所示为选择边界驱动方法后生成的刀具轨迹。

图6-20　【方法】列表

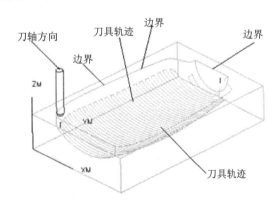

图6-21　边界驱动方法

当用户在【驱动方法】下拉列表框中选择【边界】选项，单击【编辑】按钮，系统将打开如图6-22所示的【边界驱动方法】对话框。

在【边界驱动方法】对话框中，用户可以设置驱动几何体、边界公差、边界偏置、空间范围、驱动设置和更多驱动等参数。

(1) 驱动几何体。当在【边界驱动方法】对话框中单击【选择或编辑驱动几何体】按钮 时，系统将打开如图 6-23 所示的【边界几何体】对话框。

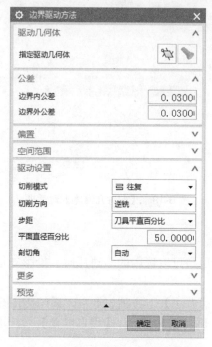

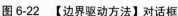

图 6-22　【边界驱动方法】对话框

图 6-23　【边界几何体】对话框

在【边界几何体】对话框中，用户可以选择边界的模式、名称、定制边界数据和凸边等参数。边界的模式包括【曲线/边…】、【边界】、【面】和【点…】4 种。

(2) 公差。在【边界驱动方法】对话框中，边界公差包括【边界内公差】和【边界外公差】两个文本框。用户可以直接在【边界内公差】和【边界外公差】文本框内输入数值，即可指定边界内公差和边界外公差。系统默认的边界内公差和边界外公差为 0.03mm。

(3) 偏置。在【边界驱动方法】对话框中，用户可以直接在【边界偏置】文本框内输入数值，指定边界偏置的距离。

(4) 空间范围。在【边界驱动方法】对话框中，部件空间范围包括【关】、【最大的环】和【所有环】3 个选项，这 3 个选项的含义分别说明如下。

① 当用户在【部件空间范围】下拉列表框中选择【关】时，指定不通过环来定义切削区域。

② 当用户在【部件空间范围】下拉列表框中选择【最大的环】时，指定系统根据最大的环来定义切削区域。

③ 当用户在【部件空间范围】下拉列表框中选择【所有环】时，指定系统根据所有的环来定义切削区域。

(5) 驱动设置。在【边界驱动方法】对话框中，【切削模式】下拉列表框中包括【跟随周边】、【轮廓加工】、【标准驱动】、【单向】、【往复】、【单向轮廓】、【单向步进】、【同心单向】、【同心往复】、【同心单向轮廓】、【同心单向步进】、【径向单向】、【径向往复】、【径向单向轮廓】、【径向单向步进】15 个选项，常用的几项说明如下。

① 跟随周边。当用户在【切削模式】下拉列表框中选择【跟随周边】按钮时，指定生成的刀具

轨迹的图样与轮廓形状相似，而且这些刀具轨迹是同心的。该选项与【平面铣】操作对话框中【切削模式】下拉列表框中的【跟随周边】按钮类似。

② 轮廓加工。当用户在【切削模式】下拉列表框中选择【轮廓加工】选项时，系统将生成一条或者多条沿轮廓切削的刀具轨迹。该选项与【平面铣】操作对话框中【切削模式】下拉列表框中的【轮廓加工】按钮类似。

③ 标准驱动。当用户在【切削模式】下拉列表框中选择【标准驱动】选项时，系统将生成一条或者多条沿轮廓切削的刀具轨迹。该选项与【平面铣】操作对话框中【切削模式】下拉列表框中的【标准驱动】按钮类似。

④ 单向。当用户在【切削模式】下拉列表框中选择【单向】选项时，系统将生成一系列平行线形式的刀具轨迹，如图 6-24 所示。

⑤ 径向单向。当用户在【切削模式】下拉列表框中选择【径向单向】选项时，系统将生成围绕某个中心点的放射状的刀具轨迹，即从中心点沿径向生成刀具轨迹，如图 6-25 所示。

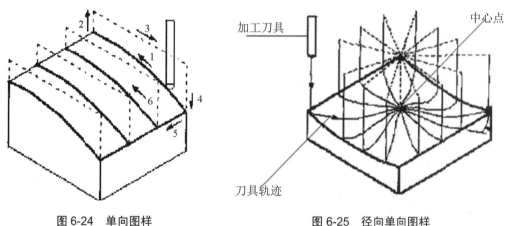

图 6-24 单向图样　　　　　　　　图 6-25 径向单向图样

⑥ 同心单向。当用户在【切削模式】下拉列表框中选择【同心单向】选项时，系统将生成围绕中心点的圆形刀具轨迹，即从中心点生成一系列半径逐渐变大或变小的刀具轨迹，如图 6-26 所示。

(6) 步距。在【边界驱动方法】对话框的【步距】选项中，用户可以通过选择【恒定】、【残余高度】、【刀具平直百分比】和【变量平均值】等方式来定义刀具的步进距离。

(7) 切削角。切削角是指刀具轨迹与工作坐标系的 X 轴之间形成的角度。

在【边界驱动方法】对话框中，【切削角】下拉列表框中包括【自动】、【指定】和【矢量】，其含义分别说明如下。

① 当用户在【切削角】下拉列表框中选择【自动】选项时，指定系统根据切削区域的形状和刀具大小自动决定切削角。该选项是系统默认的切削角选项。

② 当用户在【切削角】下拉列表框中选择【指定】或【矢量】选项时，指定由用户定义切削角或设置矢量方向。

当用户在【切削角】下拉列表框中选择【指定】时，【切削角】下拉列表框下方将显示【与 XC 的夹角】文本框。用户可以在文本框中输入数值，指定陡峭角的大小。图 6-27 所示为在文本框中输入 "-60" 后生成的刀具轨迹，从图中可以看出，刀具轨迹的切削角为-60°。

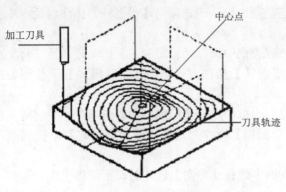

图 6-26 同心单向图样

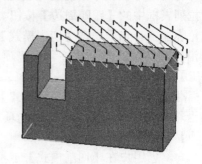

图 6-27 切削角为-60°效果图

(8) 更多参数。在【边界驱动方法】对话框中，用户除了可以设置驱动几何体、边界公差、边界偏置、空间范围、切削模式、切削方向、步距和切削角外，还可以设置其他更多的一些参数。在【边界驱动方法】对话框中打开【更多】选项组，如图 6-28 所示。

在【更多】选项组中，用户可以设置区域连接、边界逼近、岛清根、壁清理和切削区域等参数。

① 区域连接。当用户在【更多】选项中启用【区域连接】复选框时，在刀具轨迹的生成过程中，系统将把几个小区域的刀具轨迹连接起来。

② 边界逼近。用户在【更多】选项中启用【边界逼近】复选框，当边界和岛屿中包括二次曲线和 B 样条曲线时，采用近似的方法来代替这些二次曲线或 B 样条曲线，能够缩短加工路径的长度和加工时间。

③ 岛清根。当用户在【更多】选项中启用【岛清根】复选框，指定系统在切削过程中，遇到岛屿时，在岛屿的周围增加刀具轨迹。

④ 壁清理。在【更多】选项中，【壁清理】下拉列表框中包括【无】、【在起点】和【在终点】3 个选项，这 3 个选项分别说明如下。

● 【无】：指定不进行壁清理，即不清除工件壁面的残余材料。

● 【在起点】：指定在刀具轨迹的起点进行壁清理，即在刀具轨迹的起点处清除工件壁面的残余材料。

● 【在终点】：指定在刀具轨迹的终点进行壁清理，即在刀具轨迹的终点处清除工件壁面的残余材料。

⑤ 切削区域。当用户在【更多】选项中单击【选项】按钮 时，系统将打开如图 6-29 所示的【切削区域选项】对话框。

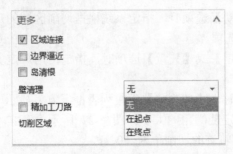

图 6-28 【更多】选项组

图 6-29 【切削区域选项】对话框

在【切削区域选项】对话框中用户可以设置【切削区域起点】和【切削区域显示选项】等参数，这些参数分别说明如下。

【切削区域起点】：如图 6-29 所示，用户可以通过选择【定制】和【自动】两种方式定义切削区域起点。

当用户在【切削区域起点】选项中选择【定制】选项时，指定用户自定义切削区域起点。此时【切削区域起点】选项下方的【添加】按钮、【选择】按钮和【显示】按钮将被激活，用户可以添加、选择和显示切削区域起点。

当用户在【切削区域起点】选项中选择【自动】选项时，指定由系统自动确定切削区域起点。

【切削区域显示选项】：如图 6-29 所示，【切削区域显示选项】复选框中包括【刀具末端】、【接触点】、【接触法向】和【投影上的刀具末端】等。用户可以根据需要，启用相应的复选框，则在切削区域显示刀具末端、接触点、接触法向和投影上的刀具末端等几何特征。

2) 区域铣削驱动方法

区域铣削驱动方法要求用户指定一个切削区域来生成刀具轨迹。用户可以通过指定曲面区域、片体或面来定义切削区域。与边界驱动方法相比，区域铣削驱动方法不需要驱动几何体，它可以直接利用零件表面作为驱动几何体。此外，还可以指定陡峭约束和修剪边界约束，以便进一步限制切削区域。

当用户在【驱动方法】下拉列表框中选择【区域铣削】，系统将打开如图 6-30 所示的【区域铣削驱动方法】对话框。

在【区域铣削驱动方法】对话框中，大部分的参数，如切削模式、切削方向、步距、切削角和更多驱动等都与【边界驱动方法】对话框中的参数相同，只有【陡峭空间范围】选项组的参数不同，因此下面仅介绍【陡峭空间范围】选项，其他参数的含义及其操作方法可以参考【边界驱动方法】对话框中的介绍。

图 6-30　【区域铣削驱动方法】对话框

(1) 陡峭空间范围的分类。根据切削区域陡峭角的大小，可以把切削区域分为陡峭区域和非陡峭区域。例如，当用户指定陡峭角的临界值为 60，则切削区域中大于等于 60°的切削区域部分为陡峭区域，小于 60°的切削区域部分为非陡峭区域。

陡峭角是指刀具轴与工件表面的法线方向之间的夹角，如图 6-31 所示。很显然，当工件表面水平时，陡峭角为 0°；当工件表面为竖直平面时，陡峭角为 90°。陡峭角的临界值可以通过用户指定。

(2) 陡峭空间范围的指定方法。在【陡峭空间范围】选项中，【方法】下拉列表框中包括【无】、【非陡峭】、【陡峭和非陡峭】和【定向陡峭】4 个选项，这 4 个选项的含义分别说明如下。

① 无。当用户在【陡峭空间范围】选项的【方法】下拉列表框中选择【无】时，指定切削区域不区分陡峭区域和非陡峭区域，此时系统将在整个切削区域进行切削。

② 非陡峭。当用户在【陡峭空间范围】选项的【方法】下拉列表框中选择【非陡峭】时，指定

刀具只切削非陡峭区域。

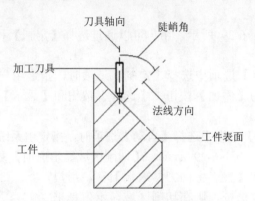

图 6-31　陡峭角的示意图

③　陡峭和非陡峭。当用户在【陡峭空间范围】选项的【方法】下拉列表框中选择【陡峭和非陡峭】后，【方法】下拉列表框下方将显示【陡角】文本框。用户可以在【陡角】文本框中输入数值，指定陡峭角的临界值。此时系统将只加工切削区域中小于陡峭角临界值的部分。

④　定向陡峭。当用户在【陡峭空间范围】选项的【方法】下拉列表框中选择【定向陡峭】时，指定刀具只切削用户指定方向的陡峭区域。

与【非陡峭】选项相同，当用户在【方法】下拉列表框中选择【定向陡峭】时，【方法】下拉列表框下方也显示【陡角】文本框。用户可以在【陡角】文本框中输入数值，指定陡峭角的临界值。

3)　清根驱动方法

清根驱动方法要求用户指定工件的凹角、凹谷和沟槽作为驱动几何体来生成驱动点。它可以清除工件的凹角、凹谷和沟槽等地方的残余材料。用户可以指定最大凹度、清根类型(单刀路和多个偏置等)和切削方向(顺铣和逆铣等)。

如果用户在粗加工时使用了较大直径的刀具进行切削，一般在凹角、凹谷和沟槽等地方有较多的残余材料，那么可以选择清根驱动方法进行半精加工，清除工件的凹角、凹谷和沟槽等地方的残余材料。图 6-32 所示为选择清根驱动方法后生成的刀具轨迹。

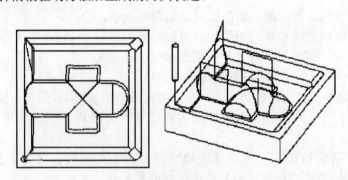

图 6-32　清根驱动方法

当用户在【驱动方法】下拉列表框中选择【清根】选项时，系统将打开如图 6-33 所示的【清根驱动方法】对话框。

图 6-33　【清根驱动方法】对话框

在【清根驱动方法】对话框中，用户可以设置驱动几何体、陡峭切削、驱动设置、非陡峭切削、参考刀具和输出等选项，这些选项的含义分别说明如下。

(1) 驱动几何体。在【清根驱动方法】对话框中，【驱动几何体】选项包括【最大凹度】、【最小切削长度】和【连接距离】选项，这些选项的含义分别说明如下。

① 最大凹度。【最大凹度】文本框用来指定刀具进行清根操作的最大凹角。当零件的凹角大于用户指定的最大凹角时，系统将不清除区域的残余材料。系统默认的最大凹角为179°。

② 最小切削长度。【最小切削长度】文本框用来指定刀具进行清根操作的最小切削深度。当零件的切削深度小于用户指定的最小切削深度时，系统将不清除区域的残余材料，即不在该区域产生道具轨迹。系统默认的最小切削深度为0。

③ 连接距离。【连接距离】文本框用来指定刀具连接不连续刀具轨迹的距离。当两个相邻的不连续刀具轨迹之间的距离小于指定的连接距离时，系统将把这两段相邻的不连续刀具轨迹连接起来，以消除不必要的间隙。

连接不连续刀具轨迹的前提条件是保证零件不发生过切的现象。

(2) 陡峭切削。在【清根驱动方法】对话框中，【陡峭切削】选项组包括【陡峭切削模式】、【切削方向】和【陡峭切削方向】选项。其中，【陡峭切削方向】下拉列表框中包括【混合】、【高到低】和【低到高】3个选项，这3个选项的含义分别说明如下。

① 混合。当用户在【陡峭切削方向】下拉列表框中选择【混合】，指定刀具在进行陡峭切削时，刀具轨迹中既包括从高到低的切削，也包括从低到高的切削。

② 高到低。当用户在【陡峭切削方向】下拉列表框中选择【高到低】，指定刀具在进行陡峭切削时，刀具轨迹是从高到低的切削，如图 6-34(a)所示。

③ 低到高。当用户在【陡峭切削方向】下拉列表框中选择【低到高】，指定刀具在进行陡峭切削时，刀具轨迹是从低到高的切削，如图 6-34(b)所示。

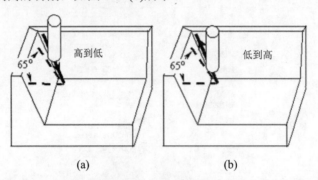

(a)　　　　　　　　　　　　　(b)

图 6-34　陡峭切削

(3) 驱动设置。在【清根驱动方法】对话框的【清根类型】下拉列表框中包括【单刀路】、【多刀路】和【参考刀具偏置】3 个选项。

当用户在【清根类型】下拉列表框中选择【单刀路】，指定刀具在清根切削时，沿着凹角、凹谷或沟槽生成一条单一的刀具轨迹，如图 6-35 所示。

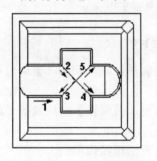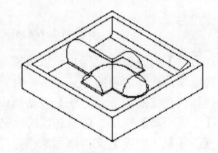

图 6-35　单刀路轨迹图

当用户在【清根类型】下拉列表框中选择【多刀路】，指定刀具在清根切削时，生成多个偏置的刀具轨迹。此时用户可以指定刀具轨迹的偏置数量，如图 6-36 所示。

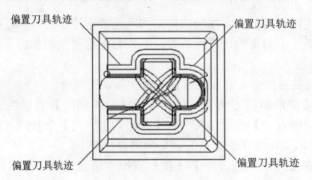

图 6-36　多个刀路轨迹

当用户在【清根类型】下拉列表框中选择【参考刀具偏置】，指定刀具在清根切削时，根据指定的参考刀具直径和重叠距离，生成参考刀具偏置的刀具轨迹。

(4) 非陡峭切削，包括【非陡峭切削模式】、【切削方向】、【步距】等。

① 切削模式。【非陡峭切削模式】下拉列表框中包括【单向】、【往复】、【往复上升】3 个选项。这 3 个选项与【边界驱动方法】对话框中【切削模式】中的参数相同，这里不再赘述。

② 切削方向。【切削方向】下拉列表框中包括【混合】、【顺铣】和【逆铣】3 个选项，这 3 个选项的含义分别说明如下。

● 【混合】：指定刀具轨迹中既包括顺铣的刀具轨迹，也包括逆铣的刀具轨迹。

● 【顺铣】：指定刀具的切削方向为顺铣，即刀具轨迹中只有顺铣的刀具轨迹。

● 【逆铣】：指定刀具的切削方向为逆铣，即刀具轨迹中只有逆铣的刀具轨迹。

(5) 参考刀具。当用户在【清根类型】下拉列表框中选择【参考刀具偏置】时，【参考刀具】选项中将显示【参考刀具】文本框和【重叠距离】文本框，这两个文本框的含义分别说明如下。

① 参考刀具直径。【参考刀具】文本框用来指定参考刀具的直径大小。用户在【参考刀具】文本框内输入直径数值，即可指定参考刀具直径。

② 重叠距离。【重叠距离】文本框用来指定切削区域的重叠距离，系统将根据重叠距离计算内部进刀的步距。在【重叠距离】文本框内输入直径数值，即可指定重叠距离。

(6) 输出。在【输出】选项中，【切削顺序】下拉列表框中包括【自动】和【用户定义】两个选项，这两个选项的含义分别说明如下。

① 自动。当用户在【切削顺序】下拉列表框中选择【自动】时，指定系统自动确定刀具的切削顺序。系统将根据加工的最佳法则来确定切削顺序。

② 用户定义。当用户在【切削顺序】下拉列表框中选择【用户定义】时，指定用户确定刀具的切削顺序。

4) 文本驱动方法

文本驱动方法要求用户指定字符或者其他符号。文本驱动方法可以将一些数字或者符号，如零件的编号或者模具的编号直接雕刻在零件上，如图 6-37 所示。

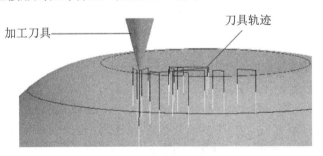

图 6-37　文本驱动方法

当用户在【驱动方法】下拉列表框中选择【文本】选项，系统将打开如图 6-38 所示的【文本驱动方法】对话框。

在【文本驱动方法】对话框中，用户可以通过单击【显示】按钮在绘图区显示数字或者字符等文本内容。

5) 用户定义驱动方法

用户定义驱动方法要求用户指定自定义的设置。系统将根据用户指定自定义的设置，如用户定义的一些内部功能程序等，生成刀具轨迹的驱动路径。用户定义驱动方法具有较大的灵活性，用户可以调用 NX 外部的一些操作路径作为驱动路径。

当用户在【驱动方法】下拉列表框中选择【用户定义】选项时，系统将打开如图 6-39 所示的【用户定义驱动方法】对话框。

图 6-38 【文本驱动方法】对话框　　　　图 6-39 【用户定义驱动方法】对话框

在【用户定义驱动方法】对话框中，包括【用户定义的设置】和【预览】，这些参数的含义分别说明如下。

(1) 用户定义的设置。在【用户定义的设置】选项组中，包括【CAM 出口名称】和【用户参数】。

【CAM 出口名称】文本框用来指定操作的环境变量的名称，该环境变量中包括用户自定义的一些功能程序。

当用户单击【用户参数】按钮时，可以交互式地指定刀具路径的参数。用户自定义的一些功能程序将与用户参数相关联。

(2) 预览。在【预览】选项中单击【显示】按钮，系统将根据用户指定的刀具轨迹的参数，在绘图区临时显示驱动路径。

3. 投影矢量

如图 6-40 所示，【固定轴轮廓】对话框中的【矢量】下拉列表中包括【指定矢量】、【刀轴】、【刀轴向上】、【远离点】、【朝向点】、【远离直线】、【朝向直线】和【用户定义】，这些参数的含义及其设置方法分别说明如下。

图 6-40 投影矢量

1) 指定矢量

当用户在【矢量】下拉列表框中选择【指定矢量】时，指定系统由用户指定一个矢量作为投影矢量。此时，系统打开矢量构造器，用户可以在矢量构造器中选择一种方法指定某一矢量作为投影矢量。

2) 刀轴

当用户在【矢量】下拉列表框中选择【刀轴】或【刀轴向上】时，指定投影矢量为刀轴方向。刀轴方向是系统默认的投影矢量。

3) 远离点

当用户在【矢量】下拉列表框中选择【远离点】时，系统要求用户指定一个点作为焦点，投影矢量的方向以焦点为起点，指向零件几何表面。

4) 朝向点

当用户在【矢量】下拉列表框中选择【朝向点】时，系统要求用户指定一个点作为焦点，投影矢量的方向从零件几何表面指向焦点，即以焦点为终点。

5) 远离直线

当用户在【矢量】下拉列表框中选择【远离直线】时，系统要求用户指定一条直线作为中心线，投影矢量的方向以该直线上的点为起点，指向零件几何表面。

6) 朝向直线

当用户在【矢量】下拉列表框中选择【朝向直线】时，系统要求用户指定一条直线作为中心线，投影矢量的方向从零件几何表面指向直线上的点，即以直线上的点为终点。

7) 用户定义

当用户在【矢量】下拉列表框中选择【用户定义】时，系统允许用户指定自定义的矢量作为投影矢量。用户定义投影矢量增加了 NX 的灵活性，用户可以调用 NX 外部的一些投影矢量作为当前操作的投影矢量。

课后练习

> 案例文件：ywj\06\01.prt 及所有模具文件
>
> 视频文件：光盘\视频课堂\第 6 教学日\6.2

练习案例的分析如下。

本课课后练习创建连接件模型的轮廓铣削。轮廓铣削包括深度铣削和固定轮廓铣削，在创建工序时可以选用已经创建完成的几何体，这样便于设置。图 6-41 所示是完成的连接件轮廓铣削刀路。

本课案例主要练习 NX 加工模块的深度轮廓铣削和固定轮廓铣削工序，在创建的时候要注意区别两种不同的铣削方法。创建连接件轮廓铣削刀路的思路和步骤如图 6-42 所示。

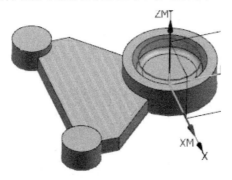

图 6-41　完成的连接件轮廓铣削刀路

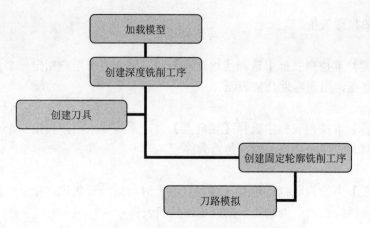

图 6-42　创建连接件轮廓铣削刀路的步骤

练习案例的具体操作步骤如下。

step 01　加载模型，选择【文件】|【打开】命令，打开连接件模型，如图 6-43 所示。

step 02　创建深度轮廓铣削工序，单击【插入】工具条中的【创建工序】按钮，弹出【创建工序】对话框，选择【深度轮廓加工】按钮，选择几何体，单击【确定】按钮，创建深度轮廓铣削工序，如图 6-44 所示。

step 03　在弹出的【深度轮廓加工】对话框中，设置切削参数，如图 6-45 所示。

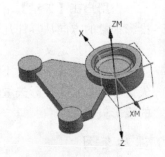

图 6-43　打开连接件模型

图 6-44　创建深度轮廓铣削工序

图 6-45　设置切削参数

step 04　在【深度轮廓加工】对话框中单击【选择或编辑切削区域几何体】按钮，弹出【切削区域】对话框，选择切削区域，如图 6-46 所示。

step 05 在【深度轮廓加工】对话框中单击【选择或编辑修剪边界】按钮，弹出【修剪边界】
对话框，选择修剪边界，如图 6-47 所示。

step 06 在【深度轮廓加工】对话框的【工具】选项组中，单击【新建】按钮，弹出【新建刀
具】对话框，选择斜铣刀，如图 6-48 所示。

step 07 在弹出的【倒斜铣刀】对话框中，设置刀具参数，如图 6-49 所示，单击【确定】按钮，
完成设置刀具参数。

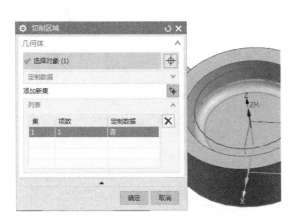

图 6-46　选择切削区域

图 6-47　选择修剪边界

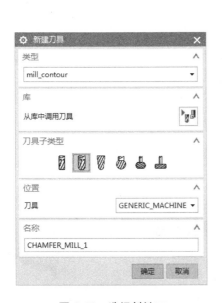

图 6-48　选择斜铣刀

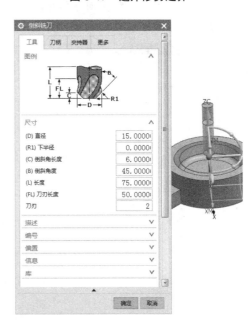

图 6-49　设置刀具参数

step 08 单击【深度轮廓加工】对话框的【操作】选项组中的【生成】按钮，生成刀具轨迹，
如图 6-50 所示。

step 09 创建固定轴轮廓铣削工序，单击【插入】工具条中的【创建工序】按钮，弹出【创建
工序】对话框，选择【固定轮廓铣】按钮，选择几何体，单击【确定】按钮，创建固定轮

廓铣削工序，如图 6-51 所示。

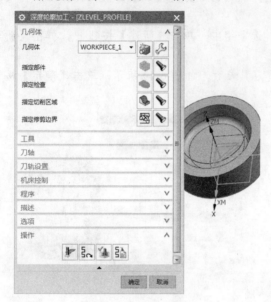

图 6-50　生成刀具轨迹

图 6-51　创建固定轮廓铣削工序

step 10　在弹出的【固定轮廓铣】对话框中设置切削参数，如图 6-52 所示。

step 11　在【固定轮廓铣】对话框中单击【选择或编辑切削区域几何体】按钮🖼，弹出【切削区域】对话框，选择切削区域，如图 6-53 所示。

图 6-52　设置切削参数

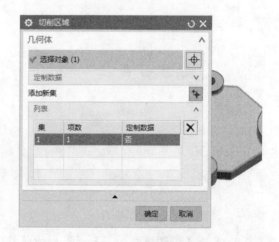

图 6-53　选择切削区域

step 12　在【固定轮廓铣】对话框的【驱动方法】组中选择【边界】选项，在弹出的【边界驱动方法】对话框中，设置驱动边界，如图 6-54 所示。

step 13 ▶ 在【固定轮廓铣】对话框的【工具】选项组中，单击【新建】按钮🔧，弹出【新建刀具】对话框，选择球头铣刀，如图 6-55 所示。

图 6-54　设置驱动边界

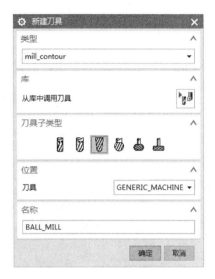

图 6-55　选择球头铣刀

step 14 ▶ 在弹出的【铣刀-球头铣】对话框中，设置刀具参数，单击【确定】按钮，完成刀具参数设置，如图 6-56 所示。

step 15 ▶ 单击【固定轮廓铣】对话框的【操作】选项组中的【生成】按钮🔧，生成刀具轨迹，如图 6-57 所示。

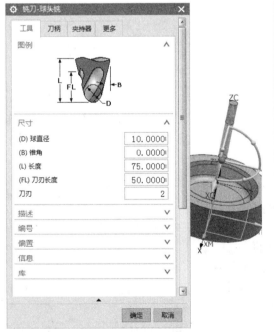

图 6-56　完成刀具参数设置

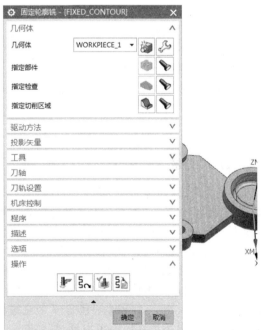

图 6-57　生成刀具轨迹

step 16 完成加工设置的连接件及轮廓铣削刀路，如图 6-58 所示。

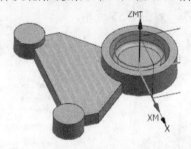

图 6-58　完成的连接件轮廓铣削刀路

　　机械设计实践：曲面类零件的特点是加工表面为空间曲面，在加工过程中，加工面与铣刀始终为点接触。表面精加工多采用球头铣刀进行。如图 6-59 所示，曲面加工过程中要使用球头铣刀。

图 6-59　曲面加工区域

2 课时　点位铣削

6.3.1　概述

　　行业知识链接：点位加工指的是对孔的加工，生产中最常见的孔加工设备是钻床。图 6-60 所示是立式钻床，主要用于钻孔。

图 6-60　立式钻床

1. 点位加工概述

　　点位加工可以创建多种孔加工的刀具轨迹，如钻孔、镗孔、沉孔、铰孔、扩孔、攻丝、铣螺纹、点焊和铆接等加工操作。生成刀具轨迹后，NX 可以直接生成数控程序，然后通过传输软件传送到数控机床上，最后加工得到零件上的孔。

　　在创建点位加工操作时，用户只需要指定孔的加工位置、工件表面和加工底面，而不需要指定部件几何体、毛坯几何体和检查几何体等。此外，当零件中包含多个直径相同的孔时，

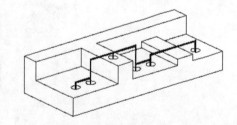

图 6-61　点位加工的典型零件

用户不需要分别指定每个孔，而可以通过指定不同的循环方式和循环参数组来进行。这样就减少了加工时间，提高了生产效率。适合于点位加工的典型零件如图 6-61 所示。

2. 点位加工的创建方法

用户可以通过在【加工创建】工具条中单击【创建工序】按钮，创建一个点位加工操作，具体方法说明如下。

(1) 在【加工创建】工具条中单击【创建工序】按钮，打开如图 6-62 所示的【创建工序】对话框，系统提示用户"选择类型、子类型、位置，并指定工序名称"。

(2) 在【创建工序】对话框的【类型】下拉列表框中选择 drill，指定为点位加工类型，在【操作子类型】中选择一种合适的加工子类型。系统为用户提供了多种点位加工类型，有【孔加工】、【定心钻】、【钻孔】、【啄钻】、【断屑钻】、【镗孔】、【铰孔】、【沉头孔加工】、【攻丝】、【螺纹铣】、【用户定义的铣削】等。

(3) 在【程序】、【刀具】、【几何体】和【方法】下拉列表框中分别选择点位加工操作的【程序】、【刀具】、【几何体】和【方法】，最后在【名称】文本框中输入操作名，或者直接使用系统默认的名称。

(4) 完成上述操作后，在【创建工序】对话框中单击【确定】按钮，打开如图 6-63 所示的【钻孔】对话框，系统提示用户"指定参数"。

图 6-62 【创建工序】对话框

图 6-63 【钻孔】对话框

(5) 在【循环类型】选项的【循环】下拉列表框中选择循环类型并设置最小安全距离等参数。

(6) 在【几何体】选项中，指定点位加工操作的几何体，如指定孔、指定部件表面和指定底面等。

(7) 在【深度偏置】选项中，指定通孔安全距离和盲孔余量等参数。

(8) 在【刀轨设置】选项中，设置点位加工操作的相关参数，如避让和进给速度等。

(9) 在【选项】选项中，设置刀具轨迹的显示参数，如刀具轨迹的颜色、轨迹的显示速度、刀具的显示形式和显示前是否刷新等。

(10) 单击【操作】选项组中的【生成】按钮，生成刀具轨迹。

(11) 单击【操作】选项组中的【确认】按钮，验证几何零件是否产生了过切、有无剩余材料等。

(12) 完成上述操作后，在【钻孔】对话框中单击【确定】按钮，关闭对话框，完成点位加工操作的创建工作。

6.3.2 加工几何

行业知识链接：麻花钻直径规格大小不等，钻头的刃口角度标准为 118°。钻头角度对加工的影响：根据所加工的材料来定，一般情况下，材料越硬越脆，钻头的角度越小越好加工；材料越软越有韧性的情况下，钻头的角度越大越好。图 6-64 所示是点位铣削的示意图。

图 6-64 点位铣削

1. 加工几何体的类型

如图 6-65 所示，用户在创建一个点位加工操作时，需要指定 4 个不同类型的加工几何体，包括几何体、孔、部件表面和底面等。其中，几何体的指定方法已经在前面进行了介绍，下面仅介绍孔、部件表面和底面等几何体的指定方法。

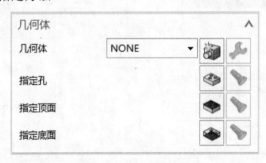

图 6-65 加工几何体选项

2. 指定孔

当用户在【几何体】选项中单击【选择或编辑孔几何体】按钮时，系统将打开如图 6-66 所示的【点到点几何体】对话框。

在【点到点几何体】对话框中，用户可以进行【选择】、【附加】、【省略】、【优化】、【显示点】、【避让】、【反向】、【圆弧轴控制】、【Rapto 偏置】、【规划完成】和【显示/校核循环参数组】等操作，这些操作的方法说明如下。

1) 选择点

当用户在【点到点几何体】对话框中单击【选择】按钮，系统将打开如图 6-67 所示的【选择几何体】对话框，系统提示用户"选择点/圆弧/孔"。

在【选择几何体】对话框中，用户可以指定一种选择几何的方式，如指定几何的名称、参数组、一般点、分组、类选择、面上所有孔、预钻点、最小直径、最大直径、选择结束等方式，这些方式的含义分别说明如下。

(1) 名称。该选项用来指定几何体的名称。用户可以在【名称】文本框内输入点、圆弧或孔的名称，也可以直接在绘图区选择点、圆弧或孔。

(2) 参数组。当用户在【选择几何体】对话框中单击【Cycle 参数组-1】按钮时，系统将打开如图 6-68 所示的【循环参数组】对话框，系统提示"选择循环参数组"。

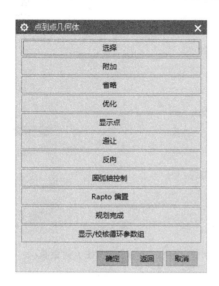

图 6-66 【点到点几何体】对话框

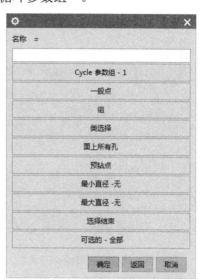

图 6-67 【选择几何体】对话框

用户可以任意选择一个参数组作为当前加工几何的参数组，使当前加工几何(如孔、圆弧和点等)与用户指定的循环参数组建立联系。

在【循环参数组】对话框中，用户最多可以定义 5 个循环参数组。当用户在【循环参数组】对话框中选择一个循环参数组后，系统将返回【选择几何体】对话框，同时在【Cycle 参数组】按钮中显示循环参数组的编号。例如，用户在【循环参数组】对话框中选择【循环参数组 3】，系统将在【Cycle 参数组】按钮上显示【Cycle 参数组-3】。

(3) 一般点。当用户在【选择几何体】对话框中单击【一般点】按钮时，系统将打开【点构造器】对话框，用户可以在【点构造器】对话框选择合适的方式，选择点作为加工孔的中心。当用户选择一个点后，系统将在绘图区显示一个"*"号，并在旁边标一个数字号码。

(4) 分组。当用户在【选择几何体】对话框中单击【分组】按钮时，系统将打开选择组对话框，用户可以选择点或圆弧作为加工几何。

(5) 类选择。当用户在选择几何体对话框中单击【类选择】按钮时，系统将打开如图 6-69 所示【类选择】对话框，系统提示用户"选择对象"。用户可以在【类选择】对话框中选择一种合适的选择方式，选择点或圆弧作为加工几何。

(6) 面上所有孔。当用户在【选择几何体】对话框中单击【面上所有孔】按钮时，系统将打开如图 6-70 所示的【选择面】对话框，系统提示用户"选择面"。

用户可以在绘图区选择一个面，则该面上所有的孔都将作为加工几何或者选择面后，指定孔的最大直径和最小直径。当用户在选择面对话框中单击【最小直径-无】按钮后，系统将打开如图 6-71 所示的【直径】对话框,系统提示用户"指定最小直径"。用户可以在【直径】文本框中输入数值,作为孔的最小直径。此时,在用户选择的面上直径大于该数值的孔都被选中。

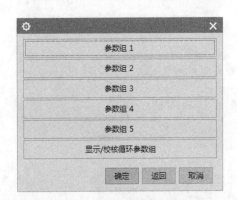

图 6-68　【循环参数组】对话框

图 6-69　【类选择】对话框

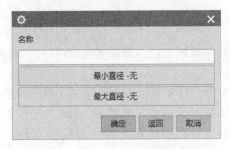

图 6-70　【选择面】对话框

图 6-71　【直径】对话框

　　当用户在【选择面】对话框中单击【最大直径-无】按钮后,系统仍将打开【直径】对话框,用户可以在【直径】文本框中输入数值,作为孔的最大直径。此时,在用户选择的面上直径小于该数值的孔都被选中。

　　(7) 预钻点。该选项指定预钻点为加工几何,即在预钻点处加工一个孔。

　　(8) 最小直径。当用户在【选择几何体】对话框中单击【最小直径-无】按钮时,系统将打开直径对话框,系统提示用户"指定最小直径"。用户可以在直径文本框中输入数值,作为孔的最小直径。此时,在用户选择的面上直径大于该数值的孔都被选中。

　　(9) 最大直径。当用户在【选择几何体】对话框中单击【最大直径-无】按钮时,系统仍将打开【直径】对话框,用户可以在【直径】文本框中输入数值,作为孔的最大直径。此时,在用户选择的面上直径小于该数值的孔都被选中。

　　(10) 选择结束。当用户在【选择几何体】对话框中单击【选择结束】按钮时,系统将结束选择,返回到【点到点几何体】对话框。

(11) 可选的。当用户在【选择几何体】对话框中单击【可选的】按钮时，系统将打开如图 6-72 所示的【可选的】对话框，系统提示用户"指定可选的"。

在【可选的】对话框中用户可以指定几何类型。几何类型包括点、圆弧、孔和全部等。用户可以通过单击【Points Only(仅点)】、【仅圆弧】、【仅孔】、【点和圆弧】和【全部】按钮来指定所选取几何对象的类型。

2) 附加点

当用户在【点到点几何体】对话框中单击【附加】按钮时，系统仍将打开【选择几何体】对话框，用户可以新增加一个加工几何，如点、圆弧或者孔。

3) 省略点

当用户选择一个加工几何，如点、圆弧或者孔后，如果需要取消选择，可以在【点到点几何体】对话框中单击【省略】按钮来完成，然后在绘图区选择该加工几何。

4) 优化点

当用户在【点到点几何体】对话框中单击【优化】按钮时，系统将打开如图 6-73 所示的优化点对话框。

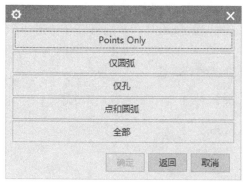

图 6-72 【可选的】对话框   图 6-73 【优化点】对话框

用户可以在【优化点】对话框中选择【最短刀轨】、【Horizontal Bands(水平路径)】和【Vertical Bands(垂直路径)】和【Repaint Points(重新绘制)-是】来优化点。这些选项的含义分别说明如下。

(1) 最短刀轨。当用户在优化点对话框中单击【最短刀轨】按钮时，系统将打开如图 6-74 所示的【最短刀轨】对话框。

用户可以在【最短刀轨】对话框中选择【水平】、【基准】、【起点】、【终点】、【起点刀轴】、【终点刀轴】(已翻译)和【优化】等选项来设置最短路径的参数。

① 水平。当用户在【最短路径】对话框中单击【水平】按钮时，系统将在【标准】和【高级】之间进行切换。例如，当用户在【最短路径】对话框中单击【Level-标准】按钮时，系统将切换到高级水平，此时显示【Level-高级】按钮。

② 基准。当用户在【最短路径】对话框中单击【基准-距离】按钮时，指定系统按照刀具轨迹的距离来优化，即使刀具轨迹的路径最短。

③ 起点。当用户在【最短路径】对话框中单击【起点(Start Point)-自动】按钮时，系统将打开如图 6-75 所示的【选择点】对话框。用户可以在绘图区选择一个点作为最优刀具轨迹的起点。

图 6-74 【最短刀轨】对话框

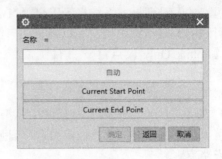

图 6-75 【选择点】对话框

④ 终点。当用户在【最短路径】对话框中单击【终点-自动】按钮时，系统仍将打开【选择点】对话框。用户可以在绘图区选择一个点作为最优刀具轨迹的终点。

⑤ 起点刀轴。【最短路径】对话框中的【起点刀轴-N/A】按钮显示为不可用，这是因为当前操作不是可变轴点位加工操作。该选项仅在可变轴点位加工操作可用。

⑥ 终点刀轴。该选项与起点刀轴类似，仅在可变轴点位加工操作可用。

⑦ 优化。当用户在【最短路径】对话框中单击【优化】按钮时，系统将打开如图 6-76 所示的优化对话框。

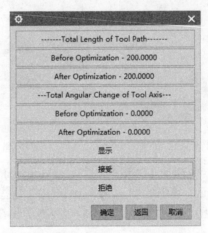

图 6-76 【优化】对话框

【优化】对话框用来显示刀具轨迹优化后的结果。【优化】对话框将显示刀具路径的总长、优化前和优化后的总长、刀具轴向的变化角度、优化前和优化后的角度。此外，用户还可以在【优化】对话框中选择是否接受优化结果。

(2) 水平路径。当用户在【优化点】对话框中单击 Horizontal Bands 按钮时，系统将打开如图 6-77 所示的【水平路径】对话框。

当用户在【水平路径】对话框中单击【升序】或者【降序】按钮时，系统将打开如图 6-78 所示的【水平带 1】对话框，系统提示用户"定义在第一条直线上的点"。当用户在绘图区选择一点后，系统将自动生成一条通过该点，且平行于工作坐标系 XC 轴的水平直线。然后再指定一条，系统将自动生成另外一条水平直线，这样两条直线就形成了一个水平带。处于该水平带内的孔将按照升序或者降序排列。

图 6-77 【水平路径】对话框

图 6-78 【水平带 1】对话框

如图 6-79 所示，其中左图所示为单击【升序】，然后生成带 1 和带 2 后的刀具轨迹；右图所示为单击【降序】，然后生成带 1 和带 2 后的刀具轨迹。

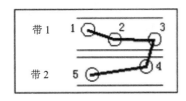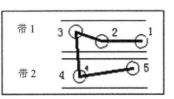

图 6-79 升序和降序示意图

(3) 垂直路径。当用户在【优化点】对话框中单击 Vertical Bands 按钮时，系统仍将打开水平路径对话框。与水平路径的定义方法相同，用户可以首先选择【升序】或者【降序】，再在绘图区指定点生成直线，然后生成垂直带。与水平路径不同的是，用户在绘图区指定点后，系统将生成一条通过该点且平行于工作坐标系 YC 轴的垂直直线，同样地，生成的也是垂直带。

(4) 重新绘制。当用户在【优化点】对话框中单击 Repaint Points 按钮时，系统将在绘图区显示优化后的孔的位置。

5) 显示点

当用户在【点到点几何体】对话框中单击【显示点】按钮时，系统将在绘图区显示选择的点、附加的点和优化后的点等。

6) 避让

当用户在【点到点几何体】对话框中单击【避让】按钮时，系统将打开避让对话框，系统提示用户"选择起点"。用户可以在绘图区选择一个点作为避让几何的起点，然后再在绘图区选择一个点作为避让几何的终点。

7) 反向

当用户在【点到点几何体】对话框中单击【反向】按钮时，可以使孔的加工顺序进行反向。

8) 圆弧轴控制

当用户在【点到点几何体】对话框中单击【圆弧轴控制】按钮时，系统将打开如图 6-80 所示的【圆弧轴控制】对话框。

用户在【圆弧轴控制】对话框中可以控制圆弧的显示或者反向。无论用户在【圆弧轴控制】对话框中单击【显示】按钮或者【反向】按钮，系统都将打开如图 6-81 所示的【圆弧范围】对话框。用户可以指定显示或者反向单个圆弧，此时需要用户指定需要显示或者反向的圆弧。用户也可以指定显示或者反向全部的圆弧，此时不需要用户选择圆弧。

图 6-80　【圆弧轴控制】对话框　　　　　图 6-81　【圆弧范围】对话框

9)　Rapto 偏置

当用户在【点到点几何体】对话框中单击【Rapto 偏置】按钮时，系统将打开如图 6-82 所示的【RAPTO 偏置】对话框。

用户可以在【RAPTO 偏置】对话框中指定刀具快速移动时的偏置距离。用户可以首先在【RAPTO 偏置】文本框内输入偏置距离，然后再选择一个或者多个点、圆弧或者孔作为加工几何，最后在【RAPTO 偏置】对话框中单击【应用】，即可指定加工该点、圆弧和孔时，刀具快速运动的偏置距离。

10)　规划完成

当用户在【点到点几何体】对话框中单击【规划完成】按钮时，系统将返回到【钻孔】对话框。

11)　显示/校核循环参数组

当用户在【点到点几何体】对话框中单击【显示/校核循环参数组】按钮时，系统将打开如图 6-83 所示的【校核循环参数组】对话框。

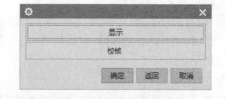

图 6-82　【RAPTO 偏置】对话框　　　　图 6-83　【校核循环参数组】对话框

用户可以在【校核循环参数组】对话框中选择一个循环参数组，然后显示或者校核该循环参数组，也可以选择所有的循环参数组，然后显示或者校核所有循环参数组。

3. 指定部件顶部表面

当用户在【几何体】选项中单击【选择或编辑部件表面几何体】按钮 时，系统将打开如图 6-84 所示的【顶面】对话框。

在【顶面】对话框中，用户可以通过 4 种方式指定一个平面作为部件表面，即面、刨、ZC 常数和无，这 4 种方式的含义及其定义方法分别说明如下。

1)　面

当用户在【顶面】对话框的【顶面选项】中选择【面】选项时，用户可以在绘图区选择一个零件表面或者在【面名称】文本框内输入平面的名称。

2) 刨

当用户在【顶面】对话框的【顶面选项】中选择【刨】选项时，系统将打开如图 6-85 所示【顶面】对话框。用户可以使用【平面构造器】对话框选择一种方式，定义一个平面作为部件表面。

图 6-84 【顶面】对话框

图 6-85 【顶面】对话框

3) ZC 常数

当用户在【顶面】对话框的【顶面选项】中选择【ZC 常数】选项时，【ZC 平面】文本框被激活。用户可以在【ZC 平面】文本框内输入数值，即可指定一个 ZC 平面作为部件表面。

4) 无

当用户在【顶面】对话框的【顶面选项】中选择【无】选项时，指定不选择面。

4. 指定部件底面

当用户在【几何体】选项中单击【选择或编辑底面几何体】按钮 时，系统仍将打开【顶面】对话框。用户可以选择一种方式，选择一个平面作为部件底面。指定部件底面的方法与指定部件表面的方法相同，这里不再赘述。

6.3.3 固定循环

行业知识链接：预钻孔的钻头角度要比扩孔的钻头角度小一些，原因在于扩孔时钻头的角度偏小容易导致往下拉刀的现象，从而影响加工的质量。一般情况下转速越快钻头的摆动越小，故钻头越小转速越快，反之钻头越大转速越慢(铣刀同样如此)。图 6-86 所示为多头钻孔设备。

图 6-86 多头钻孔设备

如图 6-87 所示，【钻】对话框中的【循环类型】共包括【无循环】、【啄钻…】、【断屑…】、【标准文本…】、【标准钻…】、【标准钻，埋头孔…】、【标准钻，深孔…】、【标准钻，断屑…】、【标准攻丝…】、【标准镗…】、【标准镗，快退…】、【标准镗，横向偏置后快退…】、【标准背镗…】和【标准镗，手工退刀…】14 种类型，这 14 种循环类型的含义及其设置方法分别说明如下。

图 6-87　【循环】下拉列表

1. 无循环

当用户在【循环】下拉列表框中选择【无循环】时，指定系统不使用循环，用户不需要设置循环参数组和循环参数，系统将直接生成刀具轨迹。

2. 啄钻…

当用户在【循环】下拉列表框中选择【啄钻…】时，指定系统在每个加工几何，如点或者孔上产生一个啄钻循环。啄钻一般用来加工深度较大的孔，它的加工过程如下：在加工一个孔时，首先钻削到较浅的一个深度，然后退刀移动到安全点，接着再次进行该孔的钻削，钻削到比上一个深度更深的深度，再退刀，这样重复钻削完成一个孔的加工。

当用户在【循环】下拉列表框中选择【啄钻…】时，系统将打开如图 6-88 所示的【距离】对话框，系统提示用户"指定安全距离"。

用户可以在【距离】文本框中输入数值指定安全距离。指定安全距离后在距离对话框中单击【确定】按钮，打开如图 6-89 所示的【指定参数组】对话框，系统提示用户"指定参数组"。

图 6-88　【距离】对话框

图 6-89　【指定参数组】对话框

用户可以在【指定参数组】对话框的 Number of Sets 文本框内输入参数组的编号 1～5，也可以单击【显示循环参数组】按钮，打开循环参数组对话框，然后选择一个循环参数组。

选择一个循环参数组后，在【指定参数组】对话框中单击【确定】按钮，打开如图 6-90 所示的【Cycle 参数】对话框，显示循环参数组的一些参数，如模型深度、进给率和 Dwell 等。

3. 断屑…

当用户在【循环】下拉列表框中选择【断屑…】时，指定系统在每个加工几何(如点或者孔)上产生一个断屑循环。断屑钻循环方式一般用来在韧性材料上钻孔。断屑循环与啄钻循环的定义方法相同，只是加工过程略有不同。在啄钻循环中，刀具退刀时将移动到安全点，而在断屑循环时，刀具退刀时只移动到当前切削深度再向上偏置的位置上，以便刀具拉断切屑。

4. 标准文本…

当用户在【循环】下拉列表框中选择【标准文本…】时，系统将打开如图 6-91 所示的文本对话框，系统提示用户"输入循环文本"。

用户可以在【文本】对话框中输入循环文本。输入循环文本后，在文本对话框中单击打开【指定参数组】对话框，其余的设置方法与啄钻循环相同，这里不再赘述。

图 6-90　【Cycle 参数】对话框　　　　　图 6-91　【文本】对话框

5. 标准钻…

当用户在【循环】下拉列表框中选择【标准钻…】时，系统将打开【指定参数组】对话框。用户在【指定参数组】对话框的 Number of Sets 文本框内输入参数组的编号，在【循环参数组】对话框中选择一个循环参数组后，系统将打开【Cycle 参数】对话框。用户可以在【Cycle 参数】对话框中设置标准钻的一些参数，如孔的直径、进给率和 Dwell 等。

当用户在【循环】下拉列表框中选择【标准钻…】时，输出的刀具轨迹列表信息框内显示的循环命令以 CYCLE/DRILL 开头，以 CYCLE/OFF 结尾。

6. 标准钻，埋头孔…

当用户在【循环】下拉列表框中选择【标准钻，埋头孔…】时，指定系统生成一个标准埋头钻循环。标准埋头钻循环的设置方法与标准钻循环基本相同，不同的是需要用户指定埋头孔直径和刀尖角，系统将根据埋头孔直径和刀尖角来计算切削深度。

7. 标准钻，深孔…

当用户在【循环】下拉列表框中选择【标准钻，深孔…】时，指定系统生成一个标准深孔钻循环。标准深孔钻循环的设置方法与标准钻循环基本相同，不同的是需要用户指定孔的直径和深度。

8. 标准钻，断屑…

当用户在【循环】下拉列表框中选择【标准钻，断屑…】时，指定系统生成一个标准断屑钻循环。标准断屑钻循环的设置方法与标准钻循环基本相同，这里不再赘述。

9. 标准攻丝…

当用户在【循环】下拉列表框中选择【标准攻丝…】时，指定系统生成一个标准攻丝循环。标准攻丝循环的设置方法与标准钻循环基本相同，这里不再赘述。

在标准攻丝循环过程中，刀具在退刀时，主轴是反转的。

10. 标准镗…

当用户在【循环】下拉列表框中选择【标准镗…】时，系统将打开【指定参数组】对话框，如图 6-92 所示，指定系统生成一个标准镗循环。标准镗循环的设置方法与标准钻循环基本相同，这里不再赘述。

图 6-92 【指定参数组】对话框

11. 标准镗，快退…

当用户在【循环】下拉列表框中选择【标准镗，快退…】时，指定系统生成一个标准镗快退循环。标准镗快退循环的设置方法与标准镗循环基本相同，这里不再赘述。

标准镗快退循环的运动过程大致如下：刀具钻削一定的深度，然后主轴停止旋转，最后快速退刀。在输出的刀具轨迹列表信息框内显示的循环命令以 CYCLE//BORE，DRAG 开头，以 CYCLE/OFF 结尾。

12. 标准镗，横向偏置后快退…

当用户在【循环】下拉列表框中选择【标准镗，横向偏置后快退…】时，指定系统生成一个标准镗横向偏置后快退循环。用户需要指定方位角和偏置距离。

标准镗横向偏置后快退循环的运动过程大致如下：刀具钻削一定的深度，然后主轴停止旋转，停在用户指定的方位上，最后刀具横向偏置一定的距离后快速退刀。在输出的刀具轨迹列表信息框内显示的循环命令以 CYCLE//BORE，DRAG，q 开头，以 CYCLE/OFF 结尾，其中 q 为指定的方位角。

13. 标准背镗…

当用户在【循环】下拉列表框中选择【标准背镗…】时，指定系统生成一个标准背镗循环。用户需要指定方位角和偏置距离。

当用户在【循环】下拉列表框中选择【标准背镗…】时，在输出的刀具轨迹列表信息框内显示的循环命令以 CYCLE//BORE，DRAG，BACK，q 开头，以 CYCLE/OFF 结尾，其中 q 为指定的方位角。

14. 标准镗，手工退刀…

当用户在【循环】下拉列表框中选择【标准镗，手工退刀…】时，指定系统生成一个标准镗手工退刀循环。标准镗手工退刀循环中的退刀运动由操作人员手动控制。

当用户在【循环】下拉列表框中选择【标准镗，手工退刀…】时，在输出的刀具轨迹列表信息框内显示的循环命令以 CYCLE//BORE，MANUAL 开头，以 CYCLE/OFF 结尾。

6.3.4 切削参数

> **行业知识链接：** 加工较软、韧性大的材料时，铣刀的前后刃口角度可以偏大些，以此提高加工效率。加工较硬、塑性小的材料时，前后刃口角度稍偏小些，以减少铣刀的磨损。图 6-93 所示的法兰零件，在孔的加工部分需要使用点位加工，并制定相同的切削参数。

图 6-93　法兰图纸

如图 6-94 所示，【钻孔】对话框中的切削参数除了上一节介绍的循环类型外，还包括【最小安全距离】、【通孔安全距离】和【盲孔余量】等，这些参数的含义及其设置方法分别说明如下。

图 6-94　切削参数选项

1. 最小安全距离

【最小安全距离】文本框用来指定加工孔的安全点。安全点是指从部件表面沿着刀轴方向偏置最小安全距离，位于加工孔上方的位置。【最小安全距离】是为了防止刀具在钻削加工过程中与零件表面发生碰撞，如图 6-95 所示。

2. 通孔安全距离

【通孔安全距离】文本框用来指定加工通孔的安全距离。通孔的安全距离是为了防止刀具在钻削时没有完全钻通孔，而使刀具钻到孔底后继续向下钻削的距离，如图 6-96 所示。

3. 盲孔余量

【盲孔余量】文本框来指定加工盲孔时的余量，如图 6-96 所示。

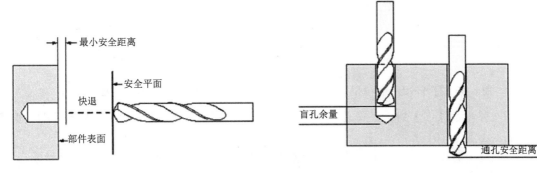

图 6-95　最小安全距离示意图　　　　　图 6-96　通孔安全距离示意图

课后练习

📋 案例文件：ywj\06\01.prt 及所有模具文件

🎬 视频文件：光盘\视频课堂\第 6 教学日\6.3

练习案例的分析如下。

本课课后练习创建连接件模型的点位铣削，点位铣削也指孔加工，本例的点位铣削可以一次钻孔得到。图 6-97 所示是完成的连接件点位铣削刀路。

本课案例主要练习 NX 加工模块的点位铣削工序，在创建之前需要创建孔特征，之后创建点位加工工序和进行刀路模拟。创建连接件点位铣削刀路的思路和步骤如图 6-98 所示。

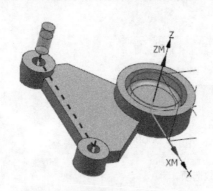

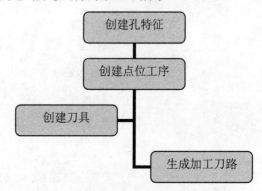

图 6-97　完成的连接件点位铣削刀路　　　　图 6-98　创建连接件点位铣削刀路的步骤

练习案例的具体操作步骤如下。

step 01 创建孔特征，选择【文件】|【打开】命令，打开连接件模型，如图 6-99 所示。

step 02 在【特征】工具条中，单击【孔】按钮🔲，弹出【孔】对话框，创建孔特征，如图 6-100 所示。

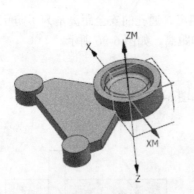

图 6-99　打开的连接件模型　　　　图 6-100　创建孔特征

step 03 在弹出的【孔】对话框中单击【绘制截面】按钮🔲，弹出【创建草图】对话框，选择草绘面，如图 6-101 所示。

step 04 在【直接草图】工具条中单击【点】按钮＋，在圆形中创建点，如图 6-102 所示。

图 6-101 选择草绘面　　　　图 6-102 绘制点

step 05 在【创建草图】对话框中，设置孔的【直径】为 20，【深度】为 50，单击【确定】按钮，完成孔的创建，如图 6-103 所示。

step 06 创建钻孔工序，在【应用模块】选项卡中单击【加工】按钮，单击【插入】工具条中的【创建工序】按钮，弹出【创建工序】对话框，选择【钻孔】按钮，选择几何体，单击【确定】按钮，创建钻孔工序，如图 6-104 所示。

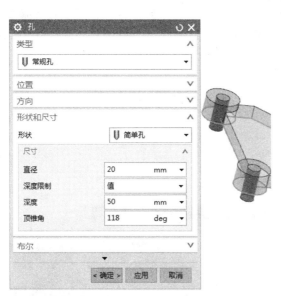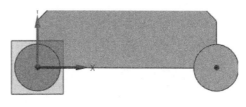

图 6-103 完成孔的创建　　　　图 6-104 创建钻孔工序

step 07 在弹出的【钻孔】对话框中，设置钻孔参数，如图 6-105 所示。

step 08 在【钻孔】对话框中单击【选择或编辑孔几何体】按钮，弹出【点到点几何体】对话框，选择【选择】选项，如图 6-106 所示，选择孔的位置。

327

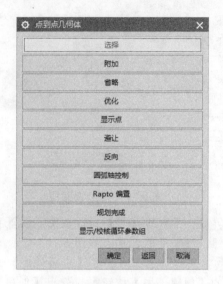

图 6-105　设置钻孔参数　　　　　　　　　图 6-106　选择孔的位置

step 09　在模型上选择孔特征，单击【确定】按钮，完成孔位置的选取，如图 6-107 所示。

step 10　在【钻孔】对话框中单击【选择或编辑部件表面几何体】按钮 ◈，弹出【顶面】对话框，选择【面】选项，选择顶面，如图 6-108 所示。

图 6-107　完成孔位置的选取　　　　　　　　图 6-108　选择顶面

step 11　在【钻孔】对话框中单击【选择或编辑部件底面几何体】按钮 ◈，弹出【底面】对话框，选择【面】选项，选择底面，如图 6-109 所示。

step 12 在【钻孔】对话框中【工具】选项组中，单击【新建】按钮 ，弹出【新建刀具】对话框，选择钻刀，如图 6-110 所示。

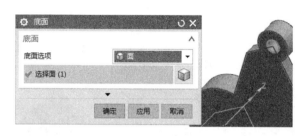

图 6-109　选择底面

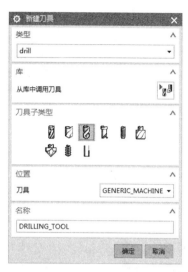

图 6-110　选择钻刀

step 13 在弹出的【钻刀】对话框中，设置刀具参数，如图 6-111 所示，单击【确定】按钮，完成刀具参数的设置。

step 14 在【钻孔】对话框的【操作】选项组中单击【生成】按钮 ，生成刀具轨迹，如图 6-112 所示。

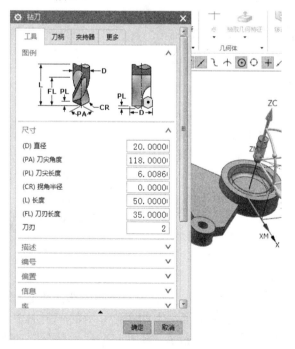

图 6-111　设置刀具参数

图 6-112　生成刀具轨迹

step 15 完成加工设置的连接件点位刀路，如图 6-113 所示。

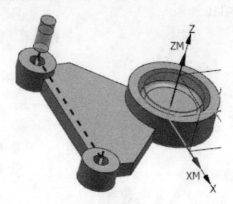

图 6-113　完成连接件点位刀路

机械设计实践：钻孔起始部位称孔口，侧部称孔壁，底部称孔底。钻孔的直径 D 简称孔径，孔口直径称开孔口径，孔底直径称终孔直径。从孔口至孔底的距离 H 称钻孔深度，简称孔深。如图 6-114 所示的法兰零件，在加工不同位置的孔时，使用不同的刀具。

图 6-114　法兰零件

第4课 2课时 车削加工

6.4.1　概述

行业知识链接：车床加工是机械加工的一部份。车床加工主要用车刀对旋转的工件进行车削加工。在车床上还可用钻头、扩孔钻、铰刀、丝锥、板牙和滚花工具等进行相应的加工。车床主要用于加工轴、盘、套和其他具有回转表面的工件，是机械制造和修配工厂中使用最广的一类机床加工。图 6-115 所示是普通车床。

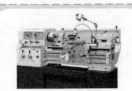

图 6-115　普通车床

1. 数控车削加工概述

车削加工具有非常广泛的应用，很多零部件，如机械、航空和汽车等领域的一些零部件都是通过车削加工得到的。随着科学技术的不断进步，车削加工技术也发生了巨大的变化。新的车削加工设备的不断涌现，使得车削加工的零部件质量和精度也得到了很大的提高。图 6-116 所示是车削加工设备。

图 6-116　车削加工设备

NX 的车削加工模块通过操作导航器来管理车削加工操作及其参数。用户可以在操作导航器中创建【外径粗车】工序、【外径精车】工序和【中心线点钻】工序等。一些操作参数，如定义主轴、加工几何体、加工方法和加工刀具等都被作为共享参数组显示在操作对话框中。其他的一些参数则显示在相应的操作对话框中。

由于很多部件都是通过多道加工工序完成的，因此部件的加工顺序对部件具有十分重要的意义。用户可以在操作导航器中观察部件的加工顺序。如果不满足加工要求，还可以在操作导航器中重新调整部件的加工顺序。

2. 数控车削加工的操作流程

下面将简单介绍创建一个车削加工操作的大概过程，详细的创建过程将在后面的内容中进行介绍。数控车削加工的操作流程如下。

1) 准备工作
(1) 获取实体模型，该模型将作为车削加工操作的部件几何和毛坯几何。
(2) 设置加工坐标系的零点。
(3) 指定车削加工操作的部件几何和毛坯几何。
(4) 选择车削加工操作的加工刀具。
2) 创建车削加工操作
(1) 创建一个端面车削加工操作。
(2) 创建一个中心钻孔加工操作。
(3) 创建一个粗车加工操作。
(4) 创建一个精车加工操作。
3) 后续工作
(1) 检查和验证车削加工操作(包括放大局部区域、可视化和切削加工 3D 模拟等)。
(2) 后处理。
(3) 创建车间文档。

6.4.2　加工几何体

行业知识链接：车削一般分粗车和精车（包括半精车）两类。粗车力求在不降低切速的条件下，采用大的切削深度和大进给量以提高车削效率，但加工精度只能达到 IT11，表面粗糙度为 $Ra20\sim10\mu m$；半精车和精车尽量采用高速而较小的进给量和切削深度，加工精度可达 IT7$\sim$10，表面粗糙度为 $Ra10\sim0.16\mu m$。图 6-117 所示是需要不同车削加工方式的零件。

图 6-117　不同的车削零件

1. 加工几何体的类型

当用户在【插入】工具条中单击【创建几何体】按钮 时，系统将打开如图 6-118 所示的【创建几何体】对话框，提示用户"选择类型、子类型、位置，并指定几何体的名称"。在【创建几何体】对话框的【类型】下拉列表框中选择 turning，指定加工几何体的类型为车削加工。

用户在创建一个车削加工操作时，可以指定 6 个不同类型的加工几何体，包括加工坐标系、工件、车削工件、车削部件、空间范围和避让几何等。

2. 创建加工坐标系

用户在【创建几何体】对话框的【几何体子类型】选项组中单击【MCS_SPINDLE(加工坐标系)】按钮 ，然后单击【确定】按钮，此时系统将打开如图 6-119 所示的【MCS 主轴】对话框。

图 6-118　【创建几何体】对话框

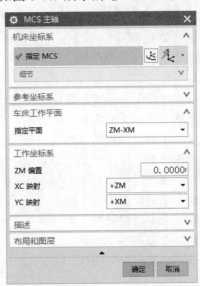

图 6-119　【MCS 主轴】对话框

在【MCS 主轴】对话框中，用户可以创建机床坐标系、参考坐标系、工作坐标系和工作平面等加工坐标系，这些加工坐标系的含义及其创建方法说明如下。

1) 机床坐标系

用户可以单击【CSYS 对话框】按钮🖫，然后在绘图区选择一个点、圆弧、圆或者基准平面等几何来指定机床坐标系。

机床坐标系是刀具实际加工零件时的加工坐标系。每个数控机床都有一个机床原点，这个原点在机床的制造过程中已经确定，用户可以根据机床供应商提供的数据来正确定义机床原点和机床坐标系。

2) 参考坐标系

用户可以单击【CSYS 对话框】按钮🖫，然后在绘图区选择一个点、圆弧或者圆等几何来指定参考坐标系。

3) 工作平面和工作坐标系

用户可以在【指定平面】下拉列表框中选择一个选项，指定车削加工的工作平面。系统默认的车削工作平面为 ZM-XM。

完成加工坐标系的创建后，在【MCS 主轴】对话框中单击【确定】按钮，关闭【MCS 主轴】对话框。

3. 创建车削工件

车削工件几何体用来指定部件边界或者毛坯边界。

用户在【创建几何体】对话框的【几何体子类型】选项组中单击【TURNING_WORKPIECE(车削工件)】按钮⚙，然后再单击【确定】按钮，此时系统将打开如图 6-120 所示的【车削工件】对话框。

用户可以在【车削工件】对话框中指定部件边界和指定毛坯边界，具体的指定方法分别说明如下。

1) 部件边界

当用户在【车削工件】对话框的【几何体】选项组中单击【选择或编辑部件边界】按钮🌐时，系统将打开如图 6-121 所示的【部件边界】对话框。

图 6-120 【车削工件】对话框

图 6-121 【部件边界】对话框

用户可以在【部件边界】对话框中选择边界的类型，如【平面】、【曲线】或者【点】，指定边界所在的平面、边界的类型和材料侧等，这些参数的具体设置方法已经在前面做了介绍，这里不再赘述。

2) 毛坯边界

当用户在【车削工件】对话框的【几何体】选项组中单击【选择或编辑毛坯边界】按钮 时，系统将打开如图 6-122 所示的【毛坯边界】对话框。在【毛坯边界】对话框中，用户可以选择 4 种不同类型的毛坯，分别是【棒料】、【管材】、【曲线】和【工作区】。这 4 种类型的含义及其操作方法分别说明如下。

图 6-122 【毛坯边界】对话框

(1) 棒料。当用户在【毛坯边界】对话框中选择【棒料】选项时，指定选择一个中间没有孔的实体杆状材料。指定一个【棒料】毛坯的大致步骤如下。

① 用户可以在【毛坯边界】对话框中单击【选择】按钮，打开【点】对话框来定义点作为毛坯的安装位置。

② 直接在【毛坯边界】对话框中的【长度】文本框中输入数值即可。

③ 直接在【毛坯边界】对话框中的【直径】文本框中输入数值即可。

(2) 管材。当用户在【毛坯边界】对话框中选择【管材】选项时，指定选择一个中间有孔的实体管材材料。指定一个【管材】毛坯的大致步骤如下。

① 指定毛坯的安装位置；

② 指定毛坯的长度；

③ 指定毛坯的外直径；

④ 指定毛坯的内直径。

当用户在【毛坯边界】对话框中选择【管材】选项后，【内径】文本框被激活，用户直接在【内径】文本框中输入数值即可。

(3) 曲线。当用户在【毛坯边界】对话框中选择【曲线】选项时，指定选择一个按照一定曲线成形的实体材料，而不是棒料或者管材材料。指定一个【曲线】毛坯的大致步骤如下。

① 用户可以在【毛坯边界】对话框中单击【选择】按钮，然后选择一条曲线作为毛坯的形状曲线。

② 输入偏置距离。

③ 输入用户边界信息。如果用户需要输入用户边界信息，可以在选择毛坯后，单击【编辑】按钮，然后利用方向箭头按钮在不同的边界成员之间切换。

(4) 工作区。

当用户在【毛坯边界】对话框中选择【工作区】选项时，指定选择上一个操作的主轴方向作为当前主轴方向。当车削加工中有多根主轴或者主轴加工多个部件时，用户可以指定上一个操作输出的结果作为下一个操作主轴参数组。指定一个【工作区】毛坯的大致步骤如下。

① 选择参考点。用户可以在【毛坯边界】对话框中单击【选择】按钮，然后选择一个点作为参考点。

② 选择目标点。用户可以在【毛坯边界】对话框中单击【选择】按钮，然后选择一个点作为目标点。用户指定目标点后，系统将把上一个毛坯的参考点移动到目标点。

4. 创建车削部件

车削工件几何体用来指定车削部件几何体。用户可以指定部件的边界作为部件几何的 2D 形状，系统将利用该 2D 形状定义用户成员数据和投影到车削工作平面，以便创建车削操作的数控程序。

用户在【创建几何体】对话框的【几何体子类型】选项组中单击【TURNING_PART(车削部件)】按钮⑩后，单击【确定】按钮，此时系统将打开如图 6-123 所示的【车削部件】对话框。

用户可以在【车削部件】对话框中指定部件边界。当用户在【车削部件】对话框中单击【选择或编辑部件边界】按钮🖦时，系统将打开【部件边界】对话框。【部件边界】对话框已经在上文做了介绍，这里不再赘述。

5. 创建空间范围

空间范围可以用来进一步限制切削区域，它可以限制刀具切削指定区域以外的材料。用户可以通过半径、轴向剪切平面、剪切点和剪切角来定义空间范围。

用户在【创建几何体】对话框的【几何体子类型】选项组中单击【CONTAINMENT(空间范围)】按钮🖦后，单击【确定】按钮，此时系统将打开如图 6-124 所示的【空间范围】对话框。

图 6-123 【车削部件】对话框

图 6-124 【空间范围】对话框

用户可以在【空间范围】对话框中设置两个径向修剪平面、两个轴向修剪平面和两个修剪点，这些剪切平面和剪切点的指定方法说明如下。

1) 径向修剪平面

如图 6-124 所示，【径向修剪平面】选项中的【限制选项】下拉列表框中包括【无】、【点】和【距离】3 个选项，这 3 个选项的含义分别说明如下。

(1) 无。当用户在【径向修剪平面】选项中的【限制选项】下拉列表框中选择【无】时，指定不设置径向修剪平面。这是系统默认的选项。

(2) 点。当用户在【径向修剪平面】选项中的【限制选项】下拉列表框中选择【点】时，指定通过点来设置径向修剪平面。此时可以在绘图区选择点来定义一个半径剪切平面。

(3) 距离。当用户在【径向修剪平面】选项中的【限制选项】下拉列表框中选择【距离】时，指定通过距离来设置径向修剪平面。此时用户可以指定距离数值来定义一个径向修剪平面。

2) 轴向修剪平面

如图 6-124 所示，【轴向修剪平面】选项中的【限制选项】下拉列表框中也包括【无】、【点】和【距离】3 个选项，这 3 个选项的含义及其操作方法与径向修剪平面相同，用户可以参考上文的详细说明，这里不再赘述。

当用户指定两个修剪平面后，系统将切削加工这两个修剪平面的相交部分。图 6-125 所示的区域 1 就是修剪平面 1 和修剪平面 2 的相交部分。

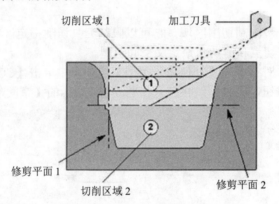

图 6-125　两个修剪平面

3) 修剪点

如图 6-124 所示，【修剪点】选项中的【限制选项】下拉列表框中包括【无】和【点】两个选项，这两个选项的含义分别说明如下。

(1) 无。当用户在【修剪点】选项中的【限制选项】下拉列表框中选择【无】时，指定不设置修剪点。这是系统默认的选项。

(2) 点。当用户在【修剪点】选项中的【限制选项】下拉列表框中选择【点】时，指定通过设置修剪点来限制切削区域。用户指定的两个修剪点将作切削起点和切削终点，只有处于两个修剪点之间的部件边界部分被切削，其他部分则被忽略，如图 6-126 所示。

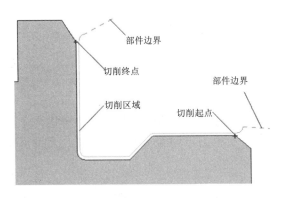

图 6-126　2 个修剪点

6. 创建避让

避让几何体用来指定刀具不需要切削加工的区域或者指定其他几何体，如部件和夹具等，以防止刀具与这些几何体发生碰撞。

用户在【创建几何体】对话框的【几何体子类型】选项组中单击【AVOIDANCE(避让)】按钮后，单击【确定】按钮，此时系统将打开如图 6-127 所示的【避让】对话框。

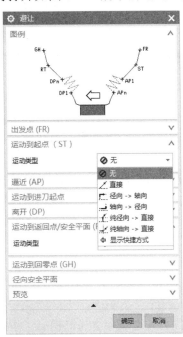

图 6-127　【避让】对话框

用户可以在【避让】对话框中指定出发点、运动起点、进刀起点、退刀点和回归零点等刀具运动的一些运动位置。此外，用户还可以选择刀具运动的运动类型。

刀具运动的运动类型基本相同，因此下面以【运动到起点】选项中的运动类型为例进行介绍。

如图 6-127 所示，在【运动到起点】选项的【运动类型】下拉列表框中包括【无】、【直接】、【径向→轴向】、【轴向→径向】、【纯径向→直接】、【纯轴向→直接】6 个选项，这 6 个选项的含义分别说明如下。

1) 无

当用户在【运动到起点】选项的【运动类型】下拉列表框中选择【无】时，指定不设置运动类型。这是系统默认的选项。

2) 直接

当用户在【运动到起点】选项的【运动类型】下拉列表框中选择【直接】时，指定加工刀具直接运动到出发点、运动起点、进刀点、退刀点和回归零点等位置，而不需要进行碰撞检查，即检查加工刀具是否与部件和夹具等发生碰撞。

3) 径向→轴向

当用户在【运动到起点】选项的【运动类型】下拉列表框中选择【径向→轴向】时，指定加工刀具的运动方向为先沿着刀轴的垂直方向运动，然后再平行于刀轴方向运动。

4) 轴向→径向

当用户在【运动到起点】选项的【运动类型】下拉列表框中选择【轴向→径向】时，指定加工刀具的运动方向为先平行于刀轴方向运动，然后再沿着刀轴的垂直方向运动。

5) 纯径向→直接

当用户在【运动到起点】选项的【运动类型】下拉列表框中选择【纯径向→直接】时，指定加工刀具的运动方向为先沿着刀轴的垂直方向运动到径向平面，再从径向平面直接运动到出发点、运动起点、进刀点、退刀点和回归零点等位置。

用户在【运动到起点】选项的【运动类型】下拉列表框中选择【纯径向→直接】后，首先需要指定径向平面。

6) 纯轴向→直接

当用户在【运动到起点】选项的【运动类型】下拉列表框中选择【纯轴向→直接】时，指定加工刀具的运动方向为先平行于刀轴方向运动到轴向平面，再从轴向平面直接运动到出发点、运动起点、进刀点、退刀点和回归零点等位置。

用户在【运动到起点】选项的【运动类型】下拉列表框中选择【纯轴向→直接】后，首先需要指定轴向平面。

至此，完成加工坐标系、工件、车削工件、车削部件、空间范围和避让几何 6 个不同类型加工几何体创建方法的介绍，下面将介绍创建加工刀具的方法。

6.4.3　加工刀具

行业知识链接：车削加工时，如果在工件旋转的同时，车刀也以相应的转速比(刀具转速一般为工件转速的几倍)与工件同向旋转，就可以改变车刀和工件的相对运动轨迹，加工出截面为多边形(三角形、方形、棱形和六边形等)的工件。图 6-128 所示是常见的车刀刀具。

图 6-128　车刀刀具

当用户在【插入】工具条中单击【创建刀具】按钮　时，系统将打开如图 6-129 所示的【创建刀具】对话框，提示用户"选择类型、子类型、位置，并指定刀具名"或者从刀库中调用刀具。在【创建刀具】对话框的【类型】下拉列表框中选择 turning，指定加工几何体的类型为车削加工，此时【创建刀具】对话框显示如图 6-129 所示。

用户可以在【创建刀具】对话框中选择刀具的加工类型、刀具子类型、刀具的位置，还可以指定刀具名称。

用户创建加工刀具的方法有两种，分别是从刀库中调用刀具和用户自定义刀具并指定刀具的参数，这两种方法分别说明如下。

1. 从刀库中调用刀具

在刀具库中，系统为用户提供了很多标准的加工刀具和一些常用的加工刀具。用户直接从刀库中调用一把合适的加工刀具即可。在调用刀具时，用户需要选择加工刀具的加工类型，然后输入一些参数，系统将按照用户指定的加工类型和刀具参数在刀具库中搜索与条件匹配的加工刀具，最后用户在其中选择一把加工刀具即可。具体的操作方法说明如下。

1) 打开刀具库

在【创建刀具】对话框中单击【从库中调用刀具】按钮 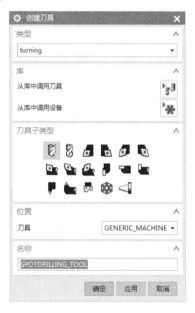，系统将打开如图 6-130 所示的【库类选择】对话框。

图 6-129　【创建刀具】对话框　　　　图 6-130　【库类选择】对话框

2) 选择刀具的加工类型

在【库类选择】对话框中显示了多种加工类型的加工刀具，分别是【铣】、【钻孔】、【车】、【实体】、【线切割】和【软】。用户可以按照加工刀具的类型，选择一种合适的加工类型。此处以【车】为例进行讲解。

如图 6-130 所示，首先单击【车】前面的"+"号，展开【车】选项。在【车削加工刀具】选项中选择【外径车削】，即选择标准车削加工刀具。最后在【库类选择】对话框中单击【确定】按钮，系统将打开如图 6-131 所示的【搜索准则】对话框。

3) 输入搜索准则

在【搜索准则】对话框中，用户可以输入一些刀具参数作为搜索条件，如刀尖半径、刀尖角度、方向角度和切削边长等。此外,用户还可以在【附加搜索准则】选项的【输入查询】文本框中输入其他的附加条件,以便更准确地搜索到用户需要的加工刀具。

输入搜索条件后,用户可以单击【计算匹配数】按钮 ❓ ,显示与搜索条件相匹配的加工刀具。此外,还可以显示与搜索条件相匹配的加工刀具的信息。最后选择一把合适的车削加工刀具,即可完成车削加工刀具的创建。

2. 用户自定义刀具

除了可以从刀库中调用加工刀具外,用户还可以自定义刀具并指定刀具的参数。用户自定义刀具的具体操作方法说明如下。

由于用户自定义车削加工刀具的方法基本相同,下面将以创建一把标准车削加工刀具为例,介绍用户自定义车削加工刀具的方法。

1) 打开【车刀-标准】对话框

用户在【创建刀具】对话框中的【刀具子类型】选项组中选择刀具类型按钮后,单击【确定】按钮,此时系统将打开如图6-132所示的【车刀-标准】对话框。

图6-131　【搜索准则】对话框

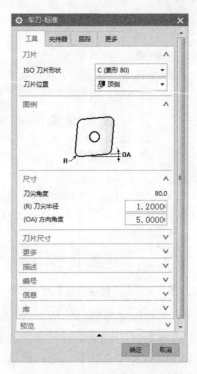

图6-132　【车刀-标准】对话框

2) 定义车削加工刀具的参数

用户可以在【车刀-标准】对话框中指定一些参数,这些参数主要是【刀片】、【尺寸】和【刀片尺寸】。

(1)【刀片】选项组。用户可以设置刀片形状和刀片位置,分别说明如下。

【刀片形状】可以是【平行四边形】、【菱形】、【六角形】和【矩形】等。

【刀片位置】包括【顶侧】和【底侧】两个位置。

(2) 【尺寸】选项组。用户可以定义刀尖半径和方向角度。直接在【刀尖半径】文本框和【方向角度】文本框中输入数值即可。

刀具的刀尖半径不能在【车刀-标准】对话框中进行修改。刀尖半径在用户选择【刀具子类型】时已经确定。

(3) 【刀片尺寸】选项组。用户可以指定刀具插入尺寸的测量方法和长度等。测量方法包括【切削边】、【内切圆(IC)】和【ANSI(IC)】3 种。插入长度直接在【长度】文本框中输入数值即可。

3) 定义刀具的夹持器参数

在【车刀-标准】对话框中完成加工刀具的参数设置后，用户还可以定义加工刀具的夹持器参数。

在【车刀-标准】对话框中单击【夹持器】标签，切换到【夹持器】选项卡，如图 6-133 所示。

在【车刀-标准】对话框中启用【使用车刀夹持器】复选框，【图例】选项组中将显示车刀夹持器的参数示意图，【尺寸】选项组中将显示车刀夹持器的参数。用户可以在车刀夹持器相应的参数文本框中指定夹持器的参数。这些夹持器参数的含义用户可以通过车刀夹持器的参数示意图来理解，这里不做详细介绍。

4) 定义跟踪点

【车刀-标准】对话框中除了上面介绍的【工具】标签和【夹持器】标签外，还有【跟踪】标签，下面介绍跟踪点的定义方法。

在【车刀-标准】对话框中单击【跟踪】标签，切换到【跟踪】选项卡，如图 6-134 所示。

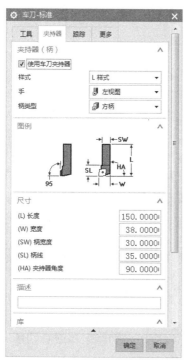

图 6-133 【夹持器】选项卡

图 6-134 【跟踪】选项卡

用户可以在【车刀-标准】对话框中定义跟踪点。系统将根据用户定义的跟踪点计算刀具轨迹。定义跟踪点的方法说明如下。

(1) 添加跟踪点。用户首先需要指定跟踪点的操作类型，即添加跟踪点。如果用户需要添加跟踪点，可以单击【车刀-标准】对话框中【添加新集】按钮，此时新添加的跟踪点将显示在跟踪点列表框中。

(2) 编辑跟踪点。用户可以编辑新添加的跟踪点。用户可以指定跟踪点的名称、半径 ID 号、P 值、X 偏置、Y 偏置、补偿寄存器和刀具补偿寄存器。

完成加工刀具的创建后，在【车刀-标准】对话框中单击【确定】按钮，系统将关闭【车刀-标准】对话框。

6.4.4　粗车操作

行业知识链接：粗车是为了去除大部分的毛坯余量。因为热加工工艺的原因，往往留有较多的余量，如果直接加工到图纸尺寸，会因热应力、工件热变形等原因造成废品，所以工件毛坯有较大余量时，都要安排粗加工环节。图 6-135 所示是车刀粗车。

图 6-135　车刀粗车

【粗车操作】主要用来快速切除工件的大量材料。用户可以选择合适的车削方式，如单向线性切削类型、线性往复切削类型、倾斜往复切削类型、倾斜单向切削类型和单向轮廓切削类型等进行粗车加工。

1. 创建粗车操作的方法

创建粗车操作的一般方法说明如下。

(1) 打开【创建工序】对话框。在【插入】工具条中单击【创建工序】按钮，打开如图 6-136 所示的【创建工序】对话框，系统提示用户"选择类型、子类型、位置，并指定工序名称"。

(2) 选择类型和子类型。在【创建工序】对话框中的【类型】下拉列表框中选择 turning，指定为车削加工操作模板。此时，在【工序子类型】选项组中将显示多种【工序子类型】的按钮。在【工序子类型】选项组中单击【外径粗车】按钮，指定操作子类型为粗车加工。

(3) 指定操作的位置和操作名称。在【程序】、【工具】、【几何体】和【方法】下拉列表框中分别选择车削操作的【程序】、【工具】、【几何体】和【方法】。其中，【方法】下拉列表框中选择 LATHE_ROUGH 并指定为粗加工方法。最后在【名称】文本框中输入操作名，或者直接使用系统默认的名称。

(4) 打开【外径粗车】对话框。完成上述操作后，在【创建工序】对话框中单击【确定】按钮，打开如图 6-137 所示的【外径粗车】对话框，系统提示用户"指定参数"。

(5) 选择车削策略。在【外径粗车】对话框中显示了 12 种车削策略，用户可以根据切削区域的几何形状选择合适的车削策略。

(6) 显示切削区域。检查切削区域是否正确。如果用户没有定义切削区域或者切削区域不正确，用户可以在【外径粗车】对话框中重新选择或者编辑切削区域。

第
6
教
学
日

图 6-136 【创建工序】对话框

图 6-137 【外径粗车】对话框

(7) 几何体。用户可以在【外径粗车】对话框的【几何体】选项组中选择相应的按钮,进行【几何体】、【定制部件边界数据】和【切削区域】的选择,如图 6-138 所示。

图 6-138 【几何体】选项组

(8) 设置切削深度。用户可以选择切削深度的类型,设置切削深度的最大值和最小值。

(9) 设置进给率和速度。用户可以单击【进给率和速度】按钮 来设置车削操作的进给和速度。

(10) 设置切削参数。用户可以单击【切削参数】按钮 来设置车削操作的切削余量。

(11) 生成刀具轨迹。单击【操作】选项组中的【生成】按钮 ,生成刀具轨迹。

(12) 验证刀具轨迹。单击【操作】选项组中的【确认】按钮 ,验证几何零件是否产生了过切、有无剩余材料等。

(13) 关闭【外径粗车】对话框。完成上述操作后，在【外径粗车】对话框中单击【确定】按钮，关闭对话框，完成粗车操作的创建工作。

2. 粗车操作的车削策略

在【外径粗车】对话框的【切削策略】选项组的【策略】下拉列表框中显示了多种车削策略，如图 6-139 所示。这些车削策略的含义说明如下。

图 6-139　多种车削策略

(1) 单向线性切削。当用户在【策略】下拉列表框中选择【单向线性切削】选项时，指定系统在每一次切削过程中，刀具的切削深度不变，并且沿着同一个方向切削。

(2) 线性往复切削。当用户在【策略】下拉列表框中选择【线性往复切削】选项的，指定系统在每一次切削过程中，刀具的切削深度不变，但是方向发生交替变化。【线性往复切削】的优点是缩短了加工刀具的运动路径，减小了加工刀具的非切削时间，因此能够较快地切削大量材料，提高加工效率。

(3) 倾斜单向切削。当用户在【策略】下拉列表框中选择【倾斜单向切削】选项时，指定系统在每一次切削过程中，刀具的切削深度从刀具轨迹的起点到刀具轨迹的终点逐渐增大或者减小，并且沿着同一个方向切削。

(4) 倾斜往复切削。当用户在【策略】下拉列表框中选择【倾斜往复切削】选项时，指定系统在每一次切削过程中，刀具的切削深度从刀具轨迹的起点到刀具轨迹的终点逐渐增大或者减小，但是方向发生交替变化。与【线性往复切削】相同，【倾斜往复切削】也能够较快地切削大量材料，提高加工效率。

(5) 单向轮廓切削。当用户在【策略】下拉列表框中选择【单向轮廓切削】选项时，指定系统在每一次的切削过程中，刀具沿着部件的轮廓进行切削，并且沿着同一个方向切削。

(6) 轮廓往复切削。当用户在【策略】下拉列表框中选择【轮廓往复】选项时，指定系统在每一次切削过程中，刀具沿着部件的轮廓进行切削，并且方向发生交替变化。【轮廓往复】也能够较快地切削大量材料，提高加工效率。

(7) 单向插削。当用户在【策略】下拉列表框中选择【单向插削】选项时，指定系统在每一次切削过程中，刀具沿着同一个方向单向插铣。

(8) 往复插削。当用户在【策略】下拉列表框中选择【往复插削】选项时，指定系统在每一次切削过程中，刀具往复插铣直到插铣切削区域的底部。

(9) 交替插削。当用户在【策略】下拉列表框中选择【交替插削】选项时，指定系统下一次切削的位置处于上一次切削的另一边。例如上一次切削的位置在左边，则下一次切削的位置在右边。

(10) 交替插削(余留塔边)。当用户在【策略】下拉列表框中选择【交替插削(余留塔边)】选项，指定每一次系统在切削过程中，通过偏置连续插削(即第一个刀轨从槽一肩运动至另一肩之后，"塔"保留在两肩之间)在刀片两侧实现对称刀具磨平。当在反方向执行第二个刀轨时，将切除这些塔。

(11) 部件分离。当用户在【策略】下拉列表框中选择【部件分离】选项时，指定系统在每一次切削过程中，部件会进行分离操作。

(12) 毛坯单向轮廓铣削。当用户在【策略】下拉列表框中选择【毛坯单向轮廓铣削】选项时，指定系统在每一次切削过程中，刀具单向插铣直到插铣切削区域的底部。

6.4.5　精车操作

行业知识链接：粗加工后的表面余量会误差较大，为了保证精加工时有稳定的加工余量，以达到最终产品的统一性，所以会安排半精加工，而精加工是为了满足图纸要求。图 6-140 所示是精车工序。

图 6-140　精车工序

【精车操作】主要用来在粗车加工的基础上精车部件的剩余材料。【精车操作】可以自动检查部件的剩余材料，并且提供了 8 种精车切削方式，方便用户根据剩余材料的位置和形状，选择合适的精车切削方式，加工得到满足设计要求的零件。

1. 创建精车操作的方法

创建精车操作的一般方法说明如下。

(1) 打开【创建工序】对话框。在【插入】工具条中单击【创建工序】按钮，打开如图 6-141 所示的【创建工序】对话框，系统提示用户"选择类型、子类型、位置，并指定工序名称"。

(2) 选择类型和子类型。在【创建工序】对话框中的【类型】下拉列表框中选择 turning，指定为车削加工操作模板。此时，在【工序子类型】选项组中将显示多种【工序子类型】的按钮。在【工序子类型】选项组中单击【外径精车】按钮，指定工序子类型为精车加工。

(3) 指定操作的位置和操作名称。在【程序】、【工具】、【几何体】和【方法】下拉列表框中分别选择车削操作的【程序】、【工具】、【几何体】和【方法】。其中，【方法】下拉列表框中选择 LATHE_FINISH 并指定为精加工方法。最后在【名称】文本框中输入操作名，或者直接使用系统默认的名称。

(4) 打开【外径精车】对话框。完成上述操作后，在【创建工序】对话框中单击【确定】按钮，打开如图 6-142 所示的【外径精车】对话框，系统提示用户"指定参数"。

图 6-141　【创建工序】对话框

图 6-142　【外径精车】对话框

(5) 选择车削策略。在【外径精车】对话框中有 8 种车削策略，用户可以根据切削区域的几何形状选择合适的车削策略。

(6) 显示切削区域。检查切削区域是否正确。如果用户没有定义切削区域或者切削区域不正确，用户可以在【外径精车】对话框中重新选择或者编辑切削区域。

在【外径精车】对话框中重新选择或者编辑切削区域的方法与在【外径粗车】对话框中的方法类似，即在【外径精车】对话框【几何体】选项组中单击【显示】按钮 ，接着再单击【选择】按钮或者【编辑】按钮，即可选择几何体或者编辑几何体。

(7) 设置进给率和速度。用户可以单击【进给率和速度】按钮 来设置车削操作的进给和速度。

(8) 设置切削参数。用户可以单击【切削参数】按钮 来设置车削操作的切削余量。

(9) 生成刀具轨迹。单击【操作】选项组中的【生成】按钮 ，生成刀具轨迹。

(10) 验证刀具轨迹。单击【操作】选项组中的【确认】按钮 ，验证几何零件是否产生了过切、有无剩余材料等。

(11) 关闭【外径精车】对话框。完成上述操作后，在【外径精车】对话框中单击【确定】按钮，关闭【外径精车】对话框，完成精车操作的创建工作。

图 6-143   8 种车削方式

2. 精车操作的车削策略

在【外径精车】对话框的【切削策略】选项组的【策略】下拉列表框中显示了 8 种车削策略，如图 6-143 所示。这 8 种车削策略的含义分别说明如下。

(1) 仅周面。当用户在【策略】下拉列表框中选择【仅周面】选项时，指定系统在每一次精车过程中，只加工周面，如图 6-144(a)所示。

(2) 仅面。当用户在【策略】下拉列表框中选择【仅面】选项时，指定系统在每一次精车过程中，只加工面，如图 6-144(b)所示。

(3) 首先周面，然后面。当用户在【策略】下拉列表框中选择【首先周面，然后面】选项时，指定系统在每一次精车过程中，首先加工周面，然后再加工面，如图 6-144(c)所示。

(4) 首先面，然后周面。当用户在【策略】下拉列表框中选择【首先面，然后周面】选项时，指定系统在每一次精车过程中，首先加工面，然后再加工周面，如图 6-144(d)所示。

(5) 指向拐角。当用户在【策略】下拉列表框中选择【指向拐角】选项时，指定系统在每一次精车过程中，刀具的切削方向指向部件的拐角，如图 6-145(a)所示。

(6) 离开拐角。当用户在【策略】下拉列表框中选择【离开拐角】选项时，指定系统在每一次精车过程中，刀具的切削方向背向部件的拐角，即沿着远离拐角的方向切削，如图 6-145(b)所示。

(7) 仅向下。当用户在【策略】下拉列表框中选择【仅向下】选项时，指定系统在每一次精车过程中，刀具的切削方向仅向下，如图 6-145(c)所示。

(8) 全部精加工。当用户在【策略】下拉列表框中选择【全部精加工】选项时，指定系统在每一次精车过程中，不管是面还是周面，始终沿着部件的轮廓切削，完成所有面的切削力，如图 6-145(d)所示。

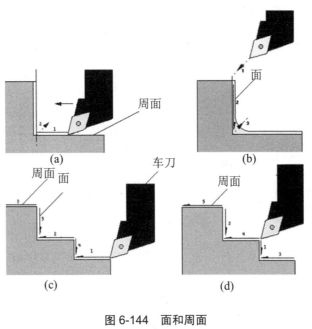

图 6-144　面和周面

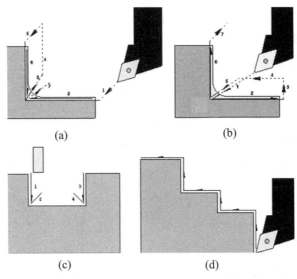

图 6-145　拐角和完成

课后练习

📝 案例文件：ywj\06\02.prt 及所有模具文件

💿 视频文件：光盘\视频课堂\第 6 教学日\6.4

练习案例的分析如下。

本课课后练习创建接头零件模型的轮廓车削。首先是创建零件模型，再进行车削加工，车削分为粗车和精车。图 6-146 所示是完成的接头零件车削刀路。

本课案例主要练习 NX 加工模块的车削工序，在建立车削模型的时候，要注意草图的绘制面在 XY 平面，因为车削轴位于 Z 轴，之后依次创建粗车和精车工序。创建接头零件车削刀路的思路和步骤如图 6-147 所示。

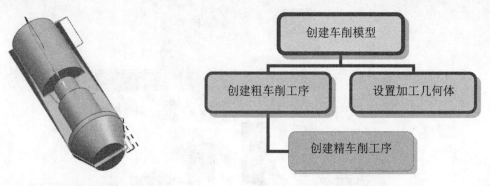

图 6-146　完成的接头零件车削刀路　　　　图 6-147　创建接头零件车削刀路的步骤

练习案例的具体操作步骤如下。

step 01 创建车削模型，在【直接草图】工具条中单击【草图】按钮，弹出【创建草图】对话框，选择草绘平面，如图 6-148 所示，单击【确定】按钮。

step 02 在【直接草图】工具条中单击【矩形】按钮，弹出【矩形】对话框，绘制 60×20 的矩形，如图 6-149 所示。

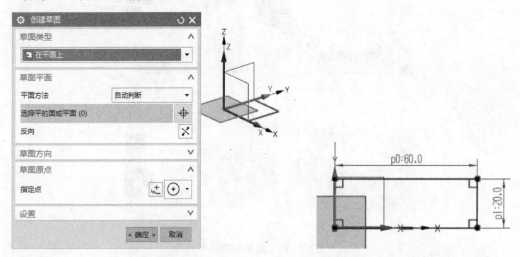

图 6-148　选择草绘面　　　　图 6-149　绘制 60×20 的矩形

step 03 在【直接草图】工具条中单击【矩形】按钮，弹出【矩形】对话框，绘制 20×10 的矩形，如图 6-150 所示。

step 04 在【直接草图】工具条中单击【矩形】按钮，弹出【矩形】对话框，绘制 40×15 的矩形，如图 6-151 所示。

step 05 在【直接草图】工具条中单击【直线】按钮，绘制梯形，尺寸如图 6-152 所示。

step 06 在【直接草图】工具条中单击【快速修剪】按钮，修剪草图，如图 6-153 所示。

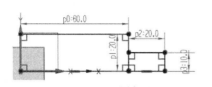

图 6-150　绘制 20×10 的矩形

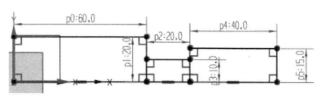

图 6-151　绘制 40×15 的矩形

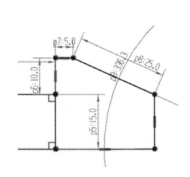

图 6-152　绘制梯形

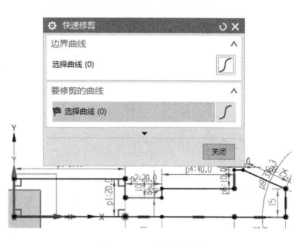

图 6-153　修剪草图

step 07 在【特征】工具条中单击【旋转】按钮，弹出【旋转】对话框，选择草图和轴，单击
【确定】按钮，创建旋转特征，如图 6-154 所示。

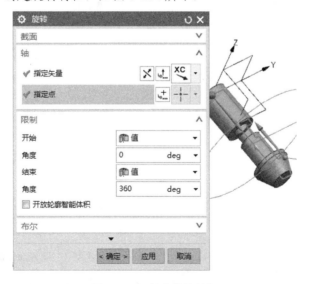

图 6-154　创建旋转特征

step 08 设置加工几何体，在【应用模块】选项卡中单击【加工】按钮，弹出【加工环境】对
话框，选择车削选项，单击【确定】按钮，创建车削工序，如图 6-155 所示。

step 09 单击【插入】工具条中的【创建几何体】按钮，打开【创建几何体】对话框，选择
TURNING_WORKPIECE 按钮，单击【确定】按钮，设置工件几何体，如图 6-156 所示。

图 6-155　创建车削工序

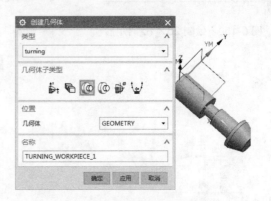

图 6-156　设置工件几何体

step 10　在打开的【车削工件】对话框中，设置部件和工件毛坯，如图 6-157 所示。

step 11　单击【车削工件】对话框中的【选择或编辑部件边界】按钮 ，打开【部件边界】对话框，依次选择边界曲线，如图 6-158 所示。

图 6-157　设置部件和工件毛坯

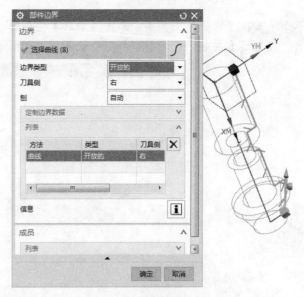

图 6-158　设置部件边界曲线

step 12　单击【车削工件】对话框中的【选择或编辑毛坯边界】按钮 ，打开【毛坯边界】对话框，设置棒料尺寸，如图 6-159 所示。

step 13　在【插入】工具条中单击【创建刀具】按钮 ，打开【创建刀具】对话框，选择 OD_80_L 按钮 ，单击【确定】按钮，创建车刀，如图 6-160 所示。

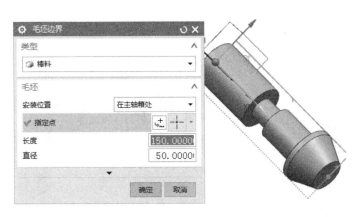

图 6-159　设置棒料尺寸

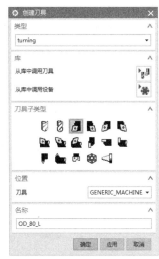

图 6-160　创建车刀

step 14 在弹出的【车刀-标准】对话框中，设置刀具参数，如图 6-161 所示，单击【确定】按钮，完成车刀参数的设置。

step 15 创建粗车工序，单击【插入】工具条中的【创建工序】按钮，弹出【创建工序】对话框，选择【外径粗车】按钮，设置刀具和几何体，单击【确定】按钮，创建粗车工序，如图 6-162 所示。

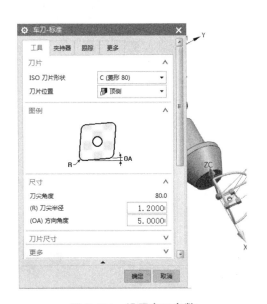

图 6-161　设置车刀参数

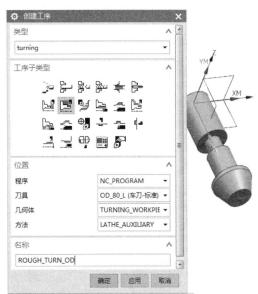

图 6-162　创建粗车工序

step 16 在弹出的【外径粗车】对话框中，设置切削策略，单击【生成】按钮，生成粗车刀路，如图 6-163 所示。

step 17 创建精车工序，单击【插入】工具条中的【创建工序】按钮，弹出【创建工序】对话框，选择【外径精车】按钮，设置刀具和几何体，单击【确定】按钮，创建精车工序，如

图 6-164 所示。

图 6-163 生成粗车刀路

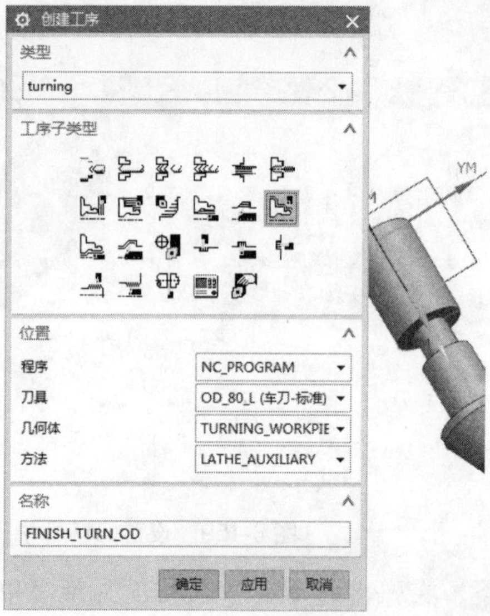

图 6-164 创建精车工序

step 18 在弹出的【外径精车】对话框中，单击【进给率和速度】按钮🐾，弹出【进给率和速度】对话框，设置切削速度，如图 6-165 所示，单击【确定】按钮。

step 19 在弹出的【外径精车】对话框中，设置切削参数，单击【生成】按钮💂，生成精车刀路，如图 6-166 所示。

图 6-165 设置切削速度

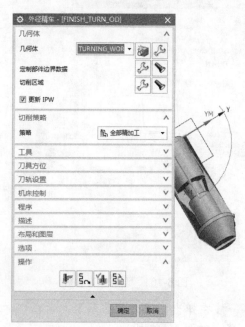

图 6-166 生成精车刀路

step 20 完成加工设置的接头零件刀路，如图 6-167 所示。

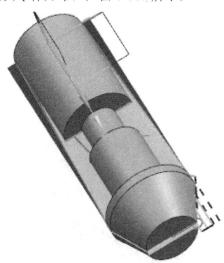

图 6-167　完成车削的接头零件刀路

> **机械设计实践：**车床是利用卡盘安装工件的，卡盘利用前后顶尖固定工件。卡盘的回转轴线既是两顶尖的中心连线，又是车床主轴的回转轴线。两个回转轴线平行才能保证车削断面的水平。图 6-168 所示为车削端面。

图 6-168　车削端面

阶段进阶练习

　　本教学日主要介绍了深度轮廓铣加工和固定轮廓铣加工的创建方法和参数设置。深度轮廓铣操作的加工几何包括几何体、部件几何、检查几何、切削区域和修剪几何等。与平面铣削加工和型腔铣削加工相比，固定轮廓铣加工是三轴加工方式，所以可以加工得到形状更为复杂的曲面轮廓和零件几何。还讲解了铣削加工中较常见的加工类型——点位加工。点位加工主要用来创建各种孔的刀具轨迹，如钻孔、镗孔、沉孔、铰孔、扩孔和螺纹等操作的刀具轨迹。

　　本教学日最后介绍了数控车削加工的创建方法和参数设置方法。在创建车削加工时，用户需要指定加工几何体和加工刀具。加工几何体和加工刀具的指定方法是：在创建车削加工之前，用户提前创建好加工几何体和加工刀具；然后在创建车削加工时，在【创建工序】对话框中的【工具】下拉列表框中选择加工刀具，在【几何体】下拉列表框中选择加工几何体。

　　创建粗车操作和创建精车操作的一般方法大致相同。在创建工序时，选择合适的粗车切削策略或者精车切削策略，然后设置一些切削参数，如选择切削深度的类型、设置加工余量和设置进给和速度等即可创建粗车操作和创建精车操作。

　　如图 6-169 所示，创建下壳体模型后，使用本教学日学过的各种命令来创建壳体模型的轮廓加工和点位孔的加工。

一般创建步骤和方法如下。

(1) 创建下壳体模型。

(2) 设置几何体和刀具。

(3) 创建型腔加工工序。

(4) 创建点位加工工序。

图 6-169　下壳体